MATLAB 图像处理——
程序实现与模块化仿真
（第 2 版）

赵小川　编著

北京航空航天大学出版社

内 容 简 介

本书深入浅出地介绍了 MATLAB 2014a 计算机视觉工具箱(Computer Vision System)、数字图像处理工具箱的最新功能,并以此为编程工具阐述了数字图像/视频的基础理论、关键技术、应用实例、解决方案、发展前沿。本书共 8 章,内容包括:MATLAB 数字图像/视频处理技术基础、数字图像变换、数字图像分析、图像特征提取、视频图像运动估计与跟踪、图像压缩编码、双目立体视觉、应用案例详解。

读者可登录 MATLAB 中文论坛(http://www.ilovematlab.cn/)到相应书籍答疑版块与作者进行交流。

本书可作为电子信息工程、计算机科学技术相关专业本科生、研究生的教材,也可作为本科毕业设计、研究生学术论文的参考资料,还可作为对数字图像技术感兴趣、打算系统学习的读者的参考用书。

图书在版编目(CIP)数据

MATLAB 图像处理:程序实现与模块化仿真 / 赵小川

编著. -- 2 版. -- 北京:北京航空航天大学出版社,

2018.11

　ISBN 978 - 7 - 5124 - 2895 - 9

Ⅰ.①M… Ⅱ.①赵… Ⅲ.①Matlab 软件－应用－数字图像处理 Ⅳ.①TN911.73

中国版本图书馆 CIP 数据核字(2018)第 271441 号

MATLAB 图像处理——程序实现与模块化仿真(第 2 版)

赵小川　编著

责任编辑　胡晓柏　张楠

＊

北京航空航天大学出版社出版发行

北京市海淀区学院路 37 号(邮编 100191)　http://www.buaapress.com.cn

发行部电话:(010)82317024　传真:(010)82328026

读者信箱:emsbook@buaacm.com.cn　邮购电话:(010)82316936

艺堂印刷(天津)有限公司印装　各地书店经销

＊

开本:710×1 000　1/16　印张:20　字数:426 千字

2018 年 12 月第 2 版　2018 年 12 月第 1 次印刷　印数:3 000 册

ISBN 978 - 7 - 5124 - 2895 - 9　定价:59.00 元

第 2 版前言

随着信息处理技术和计算机技术的飞速发展,数字图像处理技术已在工业检测、航空航天、星球探测、军事侦察、公安防暴、人机交互、文化艺术等领域受到了广泛的重视,并取得了众多成就。采用 MATLAB 软件进行数字图像处理,具有高效、可视化效果好的特点。特别是 2012 年以来,MATLAB 软件针对数字图像处理技术推出了诸多新功能。

本书紧扣读者需求,采用循序渐近的叙述方式,深入浅出地介绍了 MATLAB 2014a 计算机视觉工具箱(Computer Vision System)、数字图像处理工具箱的最新功能,并以此为编程工具阐述了数字图像/视频的基础理论、关键技术、应用实例、解决方案、发展前沿。本书共 8 章,内容包括:MATLAB 数字图像/视频处理技术基础、数字图像变换、数字图像分析、图像特征提取、视频图像运动估计与跟踪、图像压缩编码、双目立体视觉、应用案例详解。

本书具有如下特点:

➤ **例程丰富,解释翔实**

古人云:"熟读唐诗三百首,不会做诗也会吟。"本书根据编者多年从事数字图像处理教学、科研的经验,列举了近 100 个关于数字图像处理的 MATLAB 源代码实例,并附有详细注释。通过对源代码的解析,不但可以加深读者对相关理论的理解,而且可以有效地提高读者在数字图像处理方面的编程能力。本书所提供程序的编程思想、经验技巧也可为读者采用其他计算机语言进行数字图像处理编程提供借鉴。

➤ **与时俱进,瞄准前沿**

本书详细介绍了最新 MATLAB Computer Vision Tool Box 的使用方法、编程技巧以及热点的计算机视觉算法及其实现,如 SURF 等。

MATLAB图像处理——程序实现与模块化仿真(第 2 版)

2

➤ **资源共享,超值服务**

读者可登录:

MATLAB 中文论坛本书在线交流版块(http://www.ilovematlab.cn/forum-227-1.html)

人人网"数字图像处理小组"(http://xiaozu.renren.com/xiaozu/252226)

下载推荐的阅读材料和其他相关资源。此外,您在阅读本书的过程中有任何疑问,都可以在 MATLAB 中文论坛本书在线交流版块(http://www.ilovematlab.cn/forum-227-1.html)向作者提问,作者也会在此与读者进行互动!

➤ **图文并茂,语言生动**

为了更加生动地诠释知识要点,本书配备了大量新颖的图片,以便提升读者的兴趣,加深对相关理论的理解。在文字叙述上,本书摒弃了枯燥的平铺直叙,采用案例与问题引导式,用通俗易懂的语言描述枯燥复杂的原理,并列举实例进行精讲,同时,还增加了"经验分享"板块,将作者做项目时的经验分享给读者。

本书的读者对象:

➤ 对数字图像技术感兴趣、打算系统学习的读者;

➤ 电子信息工程、计算机科学技术相关专业的本科生、研究生;

➤ 相关工程技术人员。

感谢寇宇翔、李喜玉、牛金喆、刘祥、李阳、肖伟、常之光、王萱、梁冠豪、苏晓东、赵国建、王浩浩、丁宇、徐鹏飞、徐如强、郐威、孙祥溪、龚汉越、王鑫、常青、李杰、姚猛、刘剑锋等博士、硕士在本书的资料整理及校对过程中所付出的辛勤劳动。

限于编者的水平和经验,疏漏或错误之处在所难免,敬请读者批评指正。感兴趣的读者可发送邮件到:zhaoxch1983@sina.com 与作者进行交流;也可发送邮件到:emsbook@buaacm.com.cn,与本书策划编辑进行交流。

赵小川

2018 年 7 月于北京

目　录

第1章

MATLAB 数字图像/视频处理技术基础

1.1 数字图像处理的基本概念

1.1.1 认识"数字图像"

不同领域的人对"图像"的概念有着不同的理解。从工程学角度上讲,"图"是物体透射或反射光的分布;"像"是人的视觉系统对图的接收在大脑中形成的印象或认识。因此,图像常与光照、视觉等概念联系在一起,光的强弱、光的波长以及物体的反射等特点决定了图像的客观属性,而人(动物)的大脑是图像的主观载体。

图像与图形是两个不同的概念。图像具有不规则性、自然性、复杂性,从数学的角度来讲,图像是一个复杂的数学函数,这个数学函数很难用解析式来表示。而图形很多时候可以用数学函数来描述。

图像的种类有很多,根据人眼的视觉特性可将图像分为可见图像和不可见图像。可见图像包括单张图像、绘图、图像序列等;不可见图像包括不可见光成像和不可见量形成的图,如电磁波谱图、温度计压力等的分布图。图像按像素空间坐标和亮度(或色彩)的连续性可以分为模拟图像和数字图像。

图像处理是一门年轻的、充满活力的交叉学科,并随着计算机技术、认知心理学、神经网络技术以及数学理论的新成果(如数学形态学、小波分析、分形理论)而飞速发展着。当前,图像处理技术研究的对象是数字图像。

那么,什么是数字图像呢? 数字图像是相对于模拟图像而言的。简而言之,模拟图像就是物理图像,人眼能够看到的图像,它是连续的。计算机无法直接处理模拟图像,因此,数字图像应运而生。数字图像是模拟图像经过采样和量化使其在空间上和数值上都离散化,形成一个数字点阵。

数字图像处理有如下特点:

① 目前,数字图像处理的信息大多是二维信息,处理信息量很大。如一幅 256×256 低分辨率黑白图像,要求约 64 kbit 的数据量;对高分辨率彩色 512×512 图像,则要求 768 kbit 的数据量;如果要处理 30 帧/s 的电视图像序列,每秒要求 500 kbit~22.5 Mbit 的数据量。因此对计算机的计算速度、存储容量等要求较高。

② 数字图像处理占用的频带较宽。与语言信息相比，数字图像占用的频带要大几个数量级，如电视图像的带宽约 5.6 MHz，而语音带宽仅为 4 kHz 左右。所以，在成像、传输、存储、处理、显示等各个环节的实现上，技术难度大、成本高，这就对频带压缩技术提出了更高的要求。

③ 数字图像中各个像素是不独立的，其相关性大。在图像画面上，经常有很多像素有相同或接近的灰度。就电视画面而言，同一行中相邻两个像素或相邻两行间的像素，其相关系数可达 0.9 以上，而相邻两帧之间的相关性比帧内相关性一般来说还要大些。因此，数字图像处理中信息压缩的潜力很大。

数字图像处理对以往的图像处理方法而言无疑是一次新的革命，它彻底改变了以往人们处理图像时所采用的方法。数字图像处理具有如下优点：

① 再现性好。数字图像处理与模拟图像处理的根本不同在于：它不会因图像的存储、传输或复制等一系列变换操作而导致图像质量的退化；只要图像在数字化时准确地表现了原稿，则数字图像处理过程始终能保持图像的再现。

② 处理精度高。按目前的技术，几乎可将一幅模拟图像数字化为任意大小的二维数组，这主要取决于图像数字化设备的能力。现代扫描仪可以把每个像素的灰度等级量化为 16 位甚至更高，这意味着图像的数字化精度可以达到满足任何应用需求。对计算机而言，不论数组大小，也不论每个像素的位数多少，其处理程序几乎是一样的。换而言之，从原理上讲不论图像的精度有多高，处理总是能实现的，只要在处理时改变程序中的数组参数就可以了。回想一下图像的模拟处理，为了要把处理精度提高一个数量级，就要大幅度地改进处理装置，这在经济上是极不合算的。

③ 适用面宽。图像可以来自多种信息源，它们可以是可见光图像，也可以是不可见的波谱图像，例如，射线图像、超声波图像或红外图像等。从图像反映的客观实体尺度看，可以小到电子显微镜图像，大到航空照片、遥感图像甚至天文望远镜图像。这些来自不同信息源的图像只要被变换为数字编码形式后，均是用二维数组表示的灰度图像（彩色图像也是由灰度图像组合成的，例如 RGB 图像由红、绿、蓝三个灰度图像组合而成）组合而成，因而均可用计算机来处理。即只要针对不同的图像信息源，采取相应的图像信息采集措施，图像的数字处理方法适用于任何一种图像。

④ 灵活性高。由于图像的光学处理从原理上讲只能进行线性运算，这极大地限制了光学图像处理能实现的目标。而数字图像处理不仅能完成线性运算，而且能实现非线性处理，即凡是可以用数学公式或逻辑关系来表达的一切运算均可用数字图像处理实现。

为了加深大家对数字图像的理解，下面着重讨论数字图像的形成过程。

1.1.2　基本概念一点通

从理论上讲，图像是一种二维的连续函数，然而在计算机上对图像进行数字处理时，首先必须对其在空间和亮度上进行数字化，这就是图像的采样和量化的过程，如

图 1.1-1 所示。空间坐标(x,y)的数字化称为图像采样,而幅值数字化称为灰度级量化。

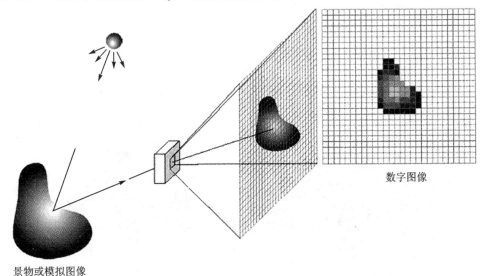

图 1.1-1　物理图像数字化的过程

(1) 图像采样

　　图像采样是对图像空间坐标的离散化,它决定了图像的空间分辨率。采样可以这样形象地理解:用一个方格把待处理的图像覆盖,然后把每一小格上模拟图像的亮度取平均值,作为该小方格中点的值,如图 1.1-2 所示。

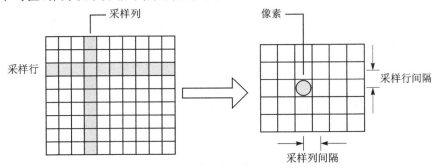

图 1.1-2　图像采样过程示意图

　　对一幅图像采样时,若每行(横向)采样数为 M,每列(纵向)采样数为 N,则图像大小为 $M×N$ 个像素,$f(x,y)$ 表示点 (x,y) 处的灰度值,则 $F(x,y)$ 构成一个 $M×N$ 实数矩阵:

$$F(x,y) = \begin{bmatrix} f(0,0) & f(0,1) & \cdots & f(0,N-1) \\ f(1,0) & f(1,1) & \cdots & f(1,N-1) \\ \vdots & \vdots & & \vdots \\ f(M-1,0) & f(M-1,1) & \cdots & f(M-1,N-1) \end{bmatrix} \quad (1.1.1)$$

> **经验分享**　"像素"的英文为 pixel,它是 picture 和 element 的合成词,表示图像元素的意思。可以对"像素"进行如下理解:
>
> 像素是一个面积概念,是构成数字图像的最小单位。

像素的大小与图像的分辨率有关,分辨率越高,像素就越小,图像就越清晰,如图 1.1-3 所示。

(a) 像素为320×240的图像　　　　　　(b) 像素为80×60的图像

图 1.1-3　像素不同的图像比较

(2) 灰度量化

把采样后所得的各像素灰度值从模拟量到离散量的转换称为图像灰度的量化。量化是对图像幅度坐标的离散化,它决定了图像的幅度分辨率。

量化的方法包括分层量化、均匀量化和非均匀量化。分层量化是把每一个离散样本的连续灰度值分成有限多的层次;均匀量化是把原图像灰度层次从最暗至最亮均匀分为有限个层次,如果采用不均匀分层就称为非均匀量化。

当图像的采样点数一定时,采用不同量化级数的图像质量不一样。量化级数越多,图像质量越好;量化级数越少,图像质量越差。量化级数小的极端情况就是二值图像。

> **经验分享**　"灰度"可以认为是图像色彩亮度的深浅。图像所能够展现的灰度级越多,也就意味着图像可以表现更强的色彩层次。如果把黑-灰-白连续变化的灰度值量化为 256 个灰度级,即灰度值的范围为 0~255,表示亮度从深到浅,对应图像中的颜色为从黑到白。

(3) 几种常见的数字图像类型

① 黑白图像(图 1.1-4):图像的每个像素只能是黑或白,没有中间的过渡,故又称为二值图像。二值图像的像素值为 0、1。

② 灰度图像(图 1.1-5):灰度图像是指每个像素的信息由一个量化的灰度级来

描述的图像,没有彩色信息。

图 1.1－4　黑白图像及其表示

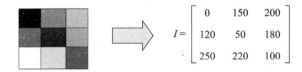

图 1.1－5　灰度图像及其表示

③ 彩色图像(图 1.1－6):彩色图像是指每个像素的信息由 RGB 三原色构成的图像,其中 RGB 是由不同的灰度级来描述的。

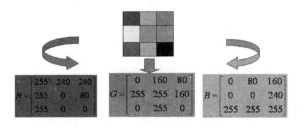

图 1.1－6　彩色图像及其表示

④ 序列图像(图 1.1－7):把具有一定联系的、具有时间先后关系的图像称为序列图像。我们经常看到的电视剧或电影图像主要是由序列图像构成的。序列图像是数字多媒体的重要组成部分。序列图像是单幅数字图像在时间轴上的扩展,可以将视频的每一帧视为一幅静止的图像。由此可见,视频序列图像是由一帧一帧具有相

图 1.1－7　序列图像

互关联的图像构成,这种相互关联性为我们进行视频图像处理提供了便利。视频图像中所含的帧数、每帧图像的大小以及播放的速率是衡量视频图像的重要指标。

1.1.3　数字图像的矩阵表示

二维图像进行均匀采样并进行灰度量化后,就可以得到一幅离散化成 $M \times N$ 样本的数字图像,该数字图像是一个整数阵列,因而可用矩阵来直观地描述该数字图像。如果采用图 1.1-8 所示的采样网络来对图像进行采样量化,则可得到如式(1.1.1)所示的数字化图像表示。

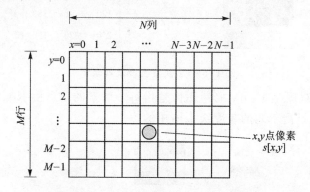

图 1.1-8　图像采样网格示意图

这样,一幅数字图像在 MATLAB 中可以很自然地表示为矩阵:

$$f = \begin{bmatrix} f(1,1) & f(1,2) & \cdots & f(1,N) \\ f(2,1) & f(2,2) & \cdots & f(2,N) \\ \vdots & \vdots & & \vdots \\ f(M,1) & f(M,2) & \cdots & f(M,N) \end{bmatrix} \qquad (1.1.2)$$

> **经验分享**　由于在 MATLAB 中矩阵的第一个元素的下标为(1,1),因此在式(1.1.2)中 $f(1,1)$ 等于式(1.1.1)中的 $f(0,0)$。式(1.1.1)和式(1.1.2)在表示上意思是一样的,只是原点坐标不同。

因此,对数字图像进行处理,也就是对特定的矩阵进行处理。在 C 语言中,对 $M \times N$ 数字图像处理的核心代码如下:

```
for(j=1;j<N+1;j++)
   for(i=1;i<M+1;i++)
   { 对 I(i,j)的具体运算
     };
```

在 MATLAB 中,对 $M \times N$ 数字图像处理的核心代码如下:

```
for i = 1:N
    for j = 1:M
        对 I(i,j)的具体运算
    end
end
```

1.2　数字图像处理的数学知识

1.2.1　回顾"矩阵"

矩阵首先是由 J. J. Sylvester 提出(图 1.2 - 1);Auther Cayley(图 1.2 - 1)给出了矩阵运算规则;从此,矩阵理论逐步成为数学的重要分支之一——线性代数的主要内容。矩阵理论也是数字图像处理的基础理论。

J.J. Sylvester (1814−1897)　　　A. Cayley (1821−1895)

图 1.2 - 1　矩阵的发明者与应用推动者

(1) 矩阵的概念

由 $s \times n$ 个数 $a_{ij}(i = 1, 2, \cdots, s; j = 1, 2, \cdots, n)$ 排成 s 行 n 列的数表:

$$\begin{bmatrix} a_{11} & a_{12} & \cdots & a_{1n} \\ a_{21} & a_{22} & \cdots & a_{2n} \\ \cdots & \cdots & \cdots & \cdots \\ a_{n1} & a_{n2} & \cdots & a_{nn} \end{bmatrix}$$

称为 s 行 n 列矩阵,简记为 $\boldsymbol{A} = (a_{ij})_{sn}$。

设 $\boldsymbol{A} = (a_{ij})_{mn}$,$\boldsymbol{B} = (b_{ij})_{lk}$,如果 $m = l, n = k$,且 $a_{ij} = b_{ij}, i = 1, 2, \cdots, m; j = 1, 2, \cdots, n$ 都成立,则称 $\boldsymbol{A}$ 与 $\boldsymbol{B}$ 相等,记 $\boldsymbol{A} = \boldsymbol{B}$。

(2) 矩阵的运算

① 矩阵的加减法。

设 $\boldsymbol{A} = (a_{ij})_{sn}$,$\boldsymbol{B} = (b_{ij})_{sn}$ 是两个 $s \times n$ 矩阵,则矩阵 $\boldsymbol{C} = (c_{ij})_{sn} = (a_{ij} + b_{ij})_{sn}$ 称为 $\boldsymbol{A}$ 和 $\boldsymbol{B}$ 的和,记为 $\boldsymbol{C} = \boldsymbol{A} + \boldsymbol{B}$。

矩阵加法有如下运算规律:

$$A + B = B + A$$
$$(A + B) + C = A + (B + C)$$
$$A + 0 = A$$
$$A + (-A) = 0$$

矩阵的减法：$A - B = A + (-B)$。

② 矩阵的数乘。

设 $A = (a_{ij})_{sn}$ 是数域 P 上的 $s \times n$ 矩阵，k 是数域 P 上的数，则称 $(ka_{ij})_{s \times n}$ 为数 k 与矩阵 A 的数量乘积，简称数乘，记为 kA。

矩阵数乘的运算规律如下：

$$(k + l)A = kA + lA$$
$$k(A + B) = kA + kB$$
$$k(lA) = (kl)A$$
$$1 \cdot A = A$$

③ 矩阵的乘法。

设 $A = (a_{ik})_{sn}$，$B = (b_{kj})_{nm}$，那么矩阵 $C = (c_{ij})_{sn}$，其中：

$$c_{ij} = a_{i1}b_{1j} + a_{i2}b_{2j} + \cdots + a_{in}b_{nj} = \sum_{k=1}^{n} a_{ik}b_{kj}$$

称为 A 与 B 的乘积，记为 $C = AB$。

矩阵乘法的运算规律如下：

$$AB \neq BA$$
$$AB = AC, A \neq 0, \text{不能推出 } B = C$$
$$AB = 0, \text{不能推出 } A = 0 \text{ 或 } B = 0$$

④ 方阵的幂。

设 A 是一个 n 阶方阵，规定：$A^0 = E$，$A^1 = A$，$A^{k+1} = A^k A$，即 $A^m = \underbrace{AA \cdots A}_{m \uparrow A}$。若 k，l 为任意自然数，则：

$$A^k A^l = A^{k+l}$$
$$(A^k)^l = A^{kl}$$

⑤ 矩阵多项式。

设 $f(x) = a_0 + a_1 x + a_2 x^2 + \cdots + a_n x^n$ 是 $P[x]$ 中的一个多项式，而 A 是一个 n 阶方阵，则 $a_0 E + a_1 A + a_2 A^2 + \cdots + a_n A^n$ 有意义，而且它也是一个 n 阶方阵，记为 $f(A)$：

$$f(A) = a_0 E + a_1 A + a_2 A^2 + \cdots + a_n A^n$$

设 $f(x), g(x) \in F[x]$，A 是一个 n 阶矩阵，若 $u(x) = f(x) + g(x)$，$v(x) = f(x)g(x)$，则：

$$u(A) = f(A) + g(B), v(A) = f(A)g(B)$$

⑥ 矩阵的转置。

设

$$A = \begin{pmatrix} a_{11} & a_{12} & \cdots & a_{1n} \\ a_{21} & a_{22} & \cdots & a_{2n} \\ \cdots & \cdots & \cdots & \cdots \\ a_{n1} & a_{n2} & \cdots & a_{nn} \end{pmatrix}_{s \times n}$$

A 的转置就是指矩阵

$$A' = \begin{pmatrix} a_{11} & a_{12} & \cdots & a_{1n} \\ a_{21} & a_{22} & \cdots & a_{2n} \\ \cdots & \cdots & \cdots & \cdots \\ a_{n1} & a_{n2} & \cdots & a_{nn} \end{pmatrix}_{n \times s}$$

A' 成为 A 的转置矩阵。

矩阵转置具有如下运算规律：

$$(A')' = A$$
$$(A + B)' = A' + B'$$
$$(AB)' = B'A'$$
$$(kA)' = kA'$$

若 $A' = A$，则称 A 为对称矩阵；若 $A' = -A$，则称 A 为反对称矩阵。

⑦ 方阵的行列式。

设方阵 $A = (a_{ij})$，A 的行列式为 $|A|$，方阵的行列式满足：

$$|A'| = |A|$$
$$|kA| = k|A|$$
$$|AB| = |A||B| = |BA|，这里 A,B 均为 n 阶方阵$$

　　经验分享　对数字图像进行处理，也就是对特定的矩阵进行处理，因此，矩阵变换及其运算贯穿于数字图像技术研究的始终。

1.2.2　精讲"卷积"

已知输入信号 $x(t)$，经过一个线性系统 f，得到输出信号 $y(t)$，这一过程可用下式表示：

$$y(t) = \int_{-\infty}^{\infty} f(t,\tau)x(\tau)\mathrm{d}\tau \qquad (1.2.1)$$

式(1.2.1)一般性地表达了任何线性系统输入 $x(t)$ 和 $y(t)$ 之间的关系。当然，对任何线性系统，必须要选择一个二元函数 $f(t,\tau)$ 使式(1.2.1)成立。然而，我们却希望用一个一元函数来刻画线性系统。

为了简化式(1.2.1)，加入线性移不变约束条件，即有：

$$y(t-T) = \int_{-\infty}^{\infty} f(t,\tau)x(\tau-T)\mathrm{d}\tau \qquad (1.2.2)$$

进行变量替换,将 t 和 τ 同时加上 T,得到:

$$y(t) = \int_{-\infty}^{\infty} f(t+T,\tau+T)x(\tau)\mathrm{d}\tau \qquad (1.2.3)$$

由此可得:

$$f(t,\tau) = f(t+T,\tau+T) \qquad (1.2.4)$$

要使式(1.2.3)对所有 T 都成立,意味着当两变量增加同样的量时, $f(t,\tau)$ 的值不变,即只要 t 和 τ 的差不变, $f(t,\tau)$ 的函数值也不变。为此,可有如下定义:

$$g(t-\tau) = f(t,\tau) \qquad (1.2.5)$$

从而,有:

$$y(t) = \int_{-\infty}^{\infty} g(t-\tau)x(\tau)\mathrm{d}\tau \qquad (1.2.6)$$

式(1.2.5)就表示 $x(t)$ 和 $g(t)$ 的卷积运算。该式说明,线性移不变系统的输出可通过输入信号与表征系统特性的函数卷积得到。这个特性函数就称为系统的冲激相应。

图 1.2-2 是一维卷积积分的图解表示。

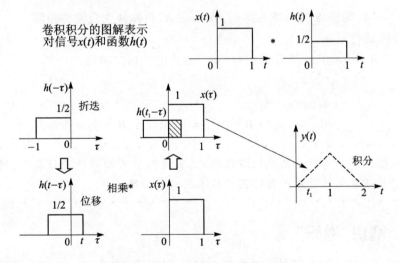

图 1.2-2　一维卷积积分的图解表示

以上表征的是一维卷积计算,下面来得到二维卷积的定义。假设系统的二维输入信号为 $f(x,y)$,系统的冲激响应函数为 $h(x,y)$,输出的二维信号为:

$$g(x,y) = h(x,y)*f(x,y) = \int_{-\infty}^{\infty}\int_{-\infty}^{\infty} f(u,v)h(x-u,y-v)\mathrm{d}\mu\mathrm{d}\upsilon \qquad (1.2.7)$$

应用于数字图像处理的离散卷积形式为:

$$g(i,j) = \sum_{m}\sum_{n} f(m,n)h(i-m,j-n) \qquad (1.2.8)$$

如果 $h(x,y)$ 具有可分离性,即有下式:

$$h(x,y) = h_1(x)h_2(y) \qquad (1.2.9)$$

那么,二维卷积计算可以分成两次一维卷积分别计算:

$$g(x,y) = h(x,y) * f(x,y) = \int_{-\infty}^{\infty} \int_{-\infty}^{\infty} f(u,v)h_1(x-u)h_2(y-v)\,\mathrm{d}\mu\mathrm{d}v$$

$$= \int_{-\infty}^{\infty} \left[\int_{-\infty}^{\infty} f(u,v)h_1(x-u)\,\mathrm{d}\mu \right] h_2(y-v)\,\mathrm{d}v \qquad (1.2.10)$$

其对应的离散形式为:

$$g(i,j) = \sum_n \left[\sum_m f(m,n)h_1(i-m) \right] h_2(j-n) \qquad (1.2.11)$$

图 1.2-3 是二维卷积示意图。

> **经验分享**　在图像处理中的卷积运算都是针对某像素的邻域进行的,其实质就是对图像邻域像素加权和得到输出像素值,其中的权矩阵被称为卷积核,也就是图像滤波器。

假如图像矩阵为:

$$\mathbf{A} = \begin{bmatrix} 17 & 24 & 1 & 8 & 15 \\ 23 & 5 & 7 & 14 & 16 \\ 4 & 6 & 13 & 20 & 22 \\ 10 & 12 & 19 & 21 & 3 \\ 11 & 18 & 25 & 2 & 9 \end{bmatrix}$$

卷积核为:

$$\mathbf{h} = \begin{bmatrix} 8 & 1 & 6 \\ 3 & 5 & 7 \\ 4 & 9 & 2 \end{bmatrix}$$

图 1.2-4 表示的是利用卷积核 $\mathbf{h}$ 计算输出图像像素(2,4)的方法。该方法可分成 4 步:

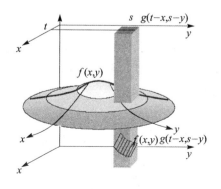

图 1.2-3　二维卷积示意图

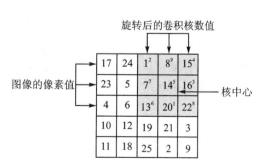

图 1.2-4　二维卷积运算原理图

MATLAB 图像处理——程序实现与模块化仿真(第 2 版)

11

① 以卷积的中心为中心旋转卷积核 $180°$；

② 滑动卷积核的中心到输入图像的像素点$(2,4)$；

③ 将旋转后的卷积核与像素点$(2,4)$的邻域像素值对应相乘；

④ 将上一步的乘积求和。

根据上述步骤,图像像素$(2,4)$的值为:$1\times2+8\times9+15\times4+16\times3+22\times8+20\times1+13\times6+7\times7=575$。

在 MATLAB 中,可调用函数 $C=\text{conv2}(\boldsymbol{A},\boldsymbol{B})$ 来计算矩阵 $\boldsymbol{A}$ 和 $\boldsymbol{B}$ 的二维卷积。

卷积定理是线性系统分析中最常用、最重要的定理之一,该定理得到傅里叶变换的一个重要性质:时域中的卷积运算相当于频域中的相乘,即如果有傅里叶变换关系 $f(t)\Leftrightarrow F(\omega),g(t)\Leftrightarrow G(\omega)$,则有:

$$f(t)*g(t)\Leftrightarrow F(\omega)G(\omega),f(t)g(t)\Leftrightarrow F(\omega)*G(\omega)$$

由此可知,时域中的卷积运算可以在频域中通过简单的乘法来实现:首先,对两个函数进行傅里叶变换,然后对变换结果求乘积,最后求出积的傅里叶变换,就得到了两个函数的卷积结果。如果需要利用卷积进行图像的滤波或其他运算,就可以利用卷积定理,从而大大减少计算量,因为傅里叶变换可以使用 FFT 计算得到。

1.2.3　解析"相关"

两个函数 $f(x,y)$ 与 $g(x,y)$ 的相关性定义如下:

$$f(x,y)\circ g(x,y)=\frac{1}{MN}\sum_{m=0}^{M-1}\sum_{n=0}^{N-1}f^*(m,n)g(x+m,y+n)\qquad(1.2.12)$$

这里 f^* 表示 f 的复共轭。

相关操作与卷积运算比较相似,也是计算邻域像素的加权和,不同之处在于相关运算中的权矩阵被称为相关核,在计算时不需要旋转。输入图像仍为 A,相关核为 h,则相关计算包括以下 3 步:

① 滑动相关核的中心到图像 A 的像素点$(2,4)$;

② 将卷积核与像素点$(2,4)$的邻域像素对应相乘;

③ 将上一步的乘积求和。

因此,经过相关计算得到的输出像素点$(2,4)$的像素值为:

$1\times8+8\times1+15\times6+7\times3+14\times5+16\times7+13\times4+20\times9+22\times2=585$

对应卷积定理,相关性定理也是线性系统理论中比较重要的一个定理。由傅里叶变换的性质可以推出以下关系式。

如果有傅里叶变换关系 $f(x,y)\Leftrightarrow F(u,v),g(x,y)\Leftrightarrow G(u,v)$,则有:

$$f(x,y)\circ g(x,y)\Leftrightarrow F^*(x,y)G(u,v)$$

$$f^*(x,y)g(x,y)\Leftrightarrow F(u,v)\circ G(u,y)$$

式中 $F^*(u,v)$ 表示 $F(u,v)$ 的复共轭,$f^*(x,y)$ 表示 $f(x,y)$ 的复共轭。

由以上定理可知,可以通过计算图像的傅里叶变换,并依此定理,得到图像相关计算的结果。

　　在 MATLAB 中,可调用函数 $C = xcorr2(A, B)$ 来计算矩阵 A 和 B 的相关矩阵。

1.2.4　理解"正交"

　　变换是一种工具,它的用途归根到底是用来描述事物,特别是描述信号。例如,看到一个复杂的时序信号,我们希望能够对它进行描述,特别是希望用一些经济有效的方式进行描述。描述事物的基本方法之一是将复杂的事物化成简单事物的组合,或对其进行分解,分析其组成的成分。例如,看一列波形,我们希望知道它是快速变化的(高频),还是缓慢变化的(低频),或是一成不变的(常量)。如它既有快速变化的成分,又有缓慢变化的成分,又有常量部分,那么往往希望将它的成分分析取出来。这时就要用到变换。变换的实质是一套度量用的工具,例如用大尺子度量大的东西,用小尺子度量小的东西,在信号处理中用高频、低频或常量来衡量一个信号中的各种不同成分。某一套完整的工具就称为某种变换,如傅里叶变换就是用一套随时间正弦、余弦信号作为度量的工具,这些正弦、余弦信号的频率是各不相同的,这才能度量出信号中相应的不同频率成分。例如,图 1.2-5 中的信号只有一个单一频率的简谐信号,而图 1.2-6 中信号就不是一个简谐波号所描述的,它起码可以分解两个成分。

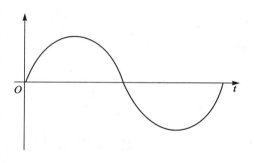

图 1.2-5　单一频率的简谐信号

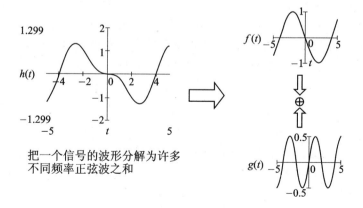

把一个信号的波形分解为许多
不同频率正弦波之和

图 1.2-6　信号分解

　　由此可以看出,对事物可以有不同的描述方法,当将一事物从一种描述转换成另一种描述时,就要用不同的工具。每一套工具称为一种变换。

　　为了对复杂事物进行经济有效的描述,可将其分解成相互独立的成分,例如在分析其快速变化的成分时,就希望它不再混杂其他成分。以傅里叶变换为例,希望它分析出某种频率的成分,就不要包含其他任何频率的成分。这就要求,作为变换的工具中的每个成分是相互独立的,用其中某一个工具就只能从信号中分析出一种成分,而分析不出其他成分。

用变换对信号进行分析,所使用的数学工具是点积。点积的实质就是两个信号中相同成分之间乘积之总和,点积运算的结果是一个数值,或大于零、小于零或等于零。

在图 1.2-7 中出现在 A 与 B 之间夹角为 $90°$,这表明 B 中没有 A 的成分,A 中也没有 B 的成分,因此又称相互正交。由此知道作为一种变换,如果这种变换中的每一种成分与其他成分都正交时,它们之间的关系就相互独立了,每一种成分的作用是其他成分所不能代替的。

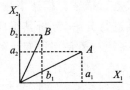

图 1.2-7　信号分解示意图

因此,对连续函数集合的正交性有如下定义:正交集合 $U = \{u_0(t), u_1(t), \cdots\}$ 满足:

$$\int_{t_0}^{t_0+T} u_m(t) u_n(t) dt = \begin{cases} C & \text{(如果 } m = n) \\ 0 & \text{(其他)} \end{cases} \tag{1.2.13}$$

当 $C = 1$ 时,称集合为归一化正交函数集合,即每一个向量为单位向量。

1.3　MATLAB 编程快速入门

MATLAB 是由美国 MathWorks 公司发布的主要面对科学计算、可视化以及交互式程序设计的高科技计算环境,其最新版本的界面如图 1.3-1 所示。它将数值分析、矩阵计算、科学数据可视化以及非线性动态系统的建模和仿真等诸多强大功能集成在一个易于使用的视窗环境中,为科学研究、工程设计以及必须进行有效数值计算的众多科学领域提供了一种全面的解决方案,并在很大程度上摆脱了传统非交互式程序设计语言(如 C、FORTRAN)的编辑模式,代表了当今国际科学计算软件的先进水平。MATLAB 和 Mathematica、Maple 并称为三大数学软件。它在数学类科技应用软件中在数值计算方面首屈一指。MATLAB 可以进行矩阵运算、绘制函数和数据、实现算法、创建用户界面,主要应用于工程计算、控制设计、信号处理与通信、图像处理、信号检测、金融建模设计与分析等领域。

MATLAB 的基本数据单位是矩阵,它的指令表达式与数学、工程中常用的形式十分相似,故用 MATLAB 来解算问题要比用 C、FORTRAN 等语言完成相同的事情简捷得多,并且 MATLAB 也吸收了像 Maple 等软件的优点,使 MATLAB 成为一个强大的数学软件。在新的版本中也加入了对 C、FORTRAN、C++、JAVA 的支持。

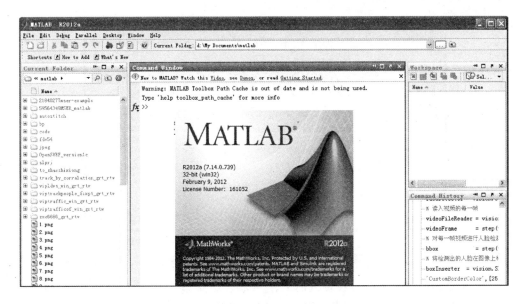

图 1.3-1　MATLAB 软件最新版本的界面

1.3.1　矩阵的输入与生成

不管是任何矩阵(向量),可以直接按行方式输入每个元素:同一行中的元素用逗号或者用空格符来分隔,且空格个数不限;不同的行用分号分隔。所有元素处于一对方括号内,如图 1.3-2 和 1.3-3 所示。

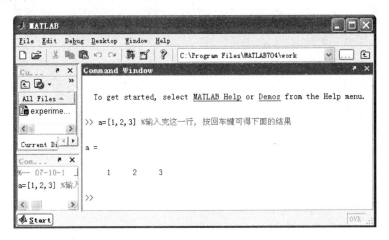

图 1.3-2　输入一个行矩阵

命令行中的百分号(%)起注释的作用,MATLAB 自动将%以及其后的内容显示为绿色,在执行这个命令行的命令时,自动忽略%以及其后的内容。这一点与其他高级计算机语言是类似的。

MATLAB 图像处理——程序实现与模块化仿真（第2版）

16

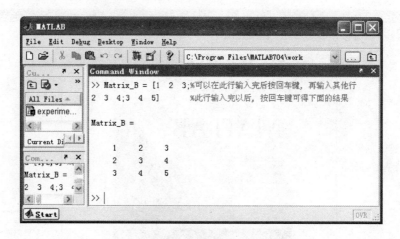

图 1.3－3　可以分行输入一个行矩阵

　　上面提到的逗号和分号在输入时要注意输入法状态。以"智能 ABC 输入法"为例,在"全角"或"中文标点"格式下输入的逗号和分号将会被 MATLAB 用红色提示为错误输入,如图 1.3－4 所示。因此,应该在"半角"及"英文标点"格式下输入标点符号,如逗号、分号、句号/小数点。

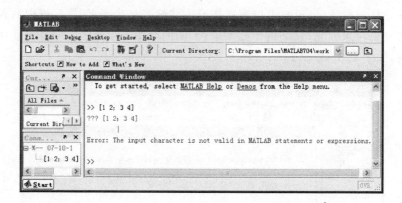

图 1.3－4　MATLAB 提示出现错误

　　在 MATLAB 环境中,生成几种特殊矩阵的方法如下:
　　① 全零矩阵,生成方法如图 1.3－5 所示。
　　② 单位矩阵,生成方法如图 1.3－6 所示。
　　③ 全 1 矩阵,可以调用 ones( )函数,其调用格式如下:

```
Y = ones(n)            %生成 n×n 全 1 阵

Y = ones(m,n)          %生成 m×n 全 1 阵

Y = ones(size(A))      %生成与矩阵 A 相同大小的全 1 阵
```

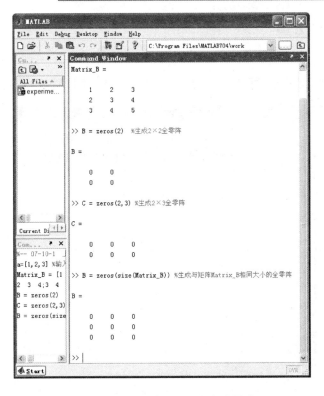

图 1.3 - 5　用函数 zeros 生成全零阵

图 1.3 - 6　用函数 eye 生成全零阵

1.3.2　矩阵运算

① 加减运算。

两个矩阵进行加减运算的 MATLAB 实现过程如图 1.3 - 7 所示。

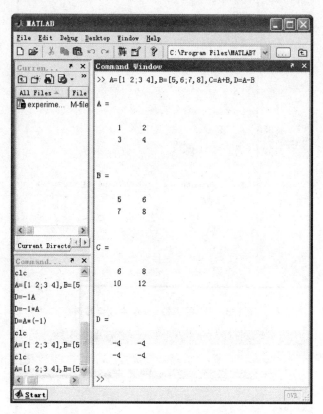

图 1.3 - 7　矩阵的加减运算

② 乘法运算。

两个矩阵相乘的 MATLAB 实现过程如图 1.3 - 8 所示。

矩阵的数乘的 MATLAB 实现过程如图 1.3 - 9 所示。

矩阵的向量点积(dot)的 MATLAB 实现过程如图 1.3 - 10 所示。

图 1.3 - 10 中的 a 和 b 都是二维行向量,c 是二维列向量。比较 d_1 和 d_2 可以看出,MATLAB 允许行向量 a 和列向量 c 进行向量的点积运算(只要维数相同即可)。

矩阵的向量叉乘(cross)的 MATLAB 实现过程如图 1.3 - 11 所示。

矩阵的混合积运算的 MATLAB 实现过程如图 1.3 - 12 所示。

③ 除法运算。

MATLAB 提供了两种除法运算:左除(\)和右除(/)。

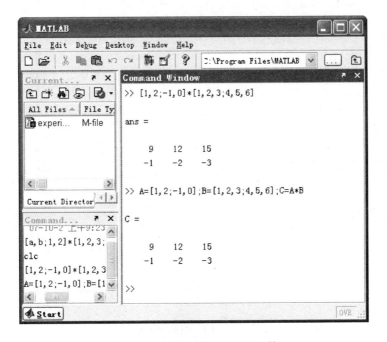

图 1.3-8　两个矩阵的乘法运算

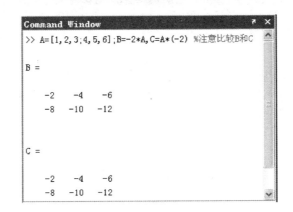

图 1.3-9　矩阵的数乘运算

当矩阵 A 可逆时,X＝A\B 是方程 A＊X＝B 的解(这里当然还要求 A 的行数＝B 的行数),而 X＝C/A 是方程 X＊A＝C 的解(这里当然还要求 A 的列数＝C 的列数)。两种除法运算的 MATLAB 实现过程如图 1.3-13 所示。

④ 矩阵乘方(⌃)。

矩阵的乘方运算的 MATLAB 实现过程如图 1.3-14 所示。

⑤ 矩阵转置(')。

矩阵的转置运算的 MATLAB 实现过程如图 1.3-15 所示。

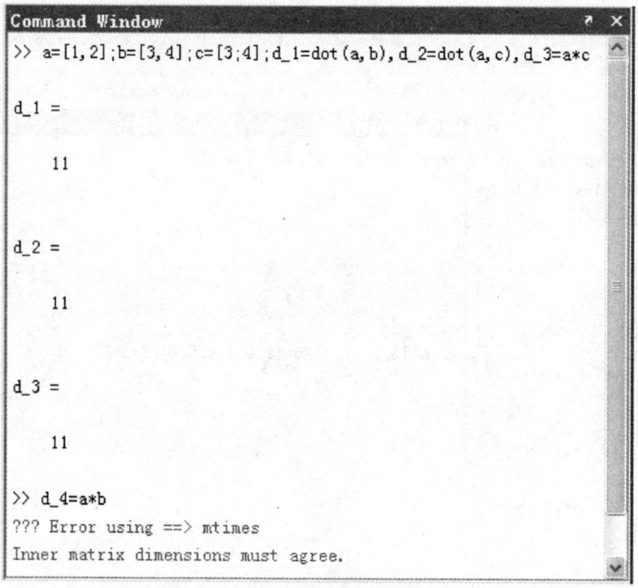

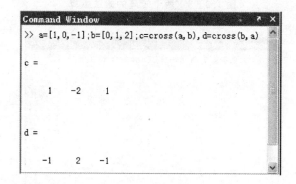

```
Command Window
>> a=[1,2];b=[3,4];c=[3;4];d_1=dot(a,b),d_2=dot(a,c),d_3=a*c

d_1 =

    11


d_2 =

    11


d_3 =

    11

>> d_4=a*b
??? Error using ==> mtimes
Inner matrix dimensions must agree.
```

图 1.3 - 10　向量的点积

```
Command Window
>> a=[1,0,-1];b=[0,1,2];c=cross(a,b),d=cross(b,a)

c =

    1    -2     1


d =

    -1     2    -1
```

图 1.3 - 11　向量的叉乘

⑥ 方阵的行列式。

计算方阵的行列式可调用 det( )函数。其调用格式如下：

det(A)

例如：

>>det([1,2;3,4])
ans =

 - 2

```
Command Window                                              ⤢ ×
>> a=[1, 0, -1];b=[0, 1, 2];c=[1, 1, 0]; %比较下列运算的结果
>> d_1=dot(cross(a, b), c), d_2=dot(a, cross(b, c)), d_3=dot(cross(c, a), b)

d_1 =

    -1


d_2 =

    -1


d_3 =

    -1
```

图 1.3 - 12　向量的混合积

```
Command Window                                              ⤢ ×
>> A=[1, 2;0, 1];B=[3, 2, 1;1, 2, 3];C=[-2, 1];X_1=A\B,X_2=C/A

X_1 =

    1    -2    -5
    1     2     3


X_2 =

    -2     5
```

图 1.3 - 13　左除和右除

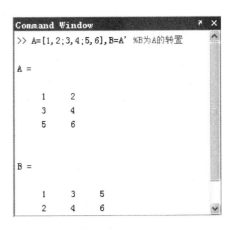

```
Command Window                                    ⤢ ×
>> A=[1, 2;2, 1];B=A^10,C=[1, 2;2, 1]^(-2)

B =

    29525        29524
    29524        29525


C =

    0.5556    -0.4444
    -0.4444    0.5556
```

```
Command Window                                    ⤢ ×
>> A=[1, 2;3, 4;5, 6],B=A' %B为A的转置

A =

    1    2
    3    4
    5    6


B =

    1    3    5
    2    4    6
```

图 1.3 - 14　矩阵的乘方　　　　　　　　　图 1.3 - 15　矩阵的转置

⑦ 方阵的逆矩阵。

计算方阵的逆矩阵可调用 inv( )函数。其调用格式如下:

```
>>inv([1,2;3,4])
ans =
```

```
    -2.0000    1.0000
     1.5000    -0.5000
```

注意:

① 若 A 的行列式的值为 0,则 MATLAB 在执行 inv(A)这个命令时会给出警告信息,如图 1.3-16 所示。

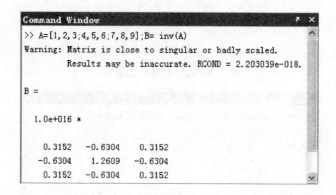

图 1.3-16 对奇异矩阵求逆时 MATLAB 给出的警告信息

② 也可以用初等变换的方法来求逆矩阵,如图 1.3-17 所示。

```
Command Window                                              ↗ ×
>> A=[1,2;3,4];
>> B=[1,2,1,0;3,4,0,1];  %这是A的增广矩阵
>> C=rref(B);            %用矩阵的初等行变换把B化为行最简形
>> C,X=C(:,3:4)          %输出C和X,其中X为A的逆,即C的3-4列

C =

    1.0000         0   -2.0000    1.0000
         0    1.0000    1.5000   -0.5000


X =

   -2.0000    1.0000
    1.5000   -0.5000
```

图 1.3-17 用初等变换的方法来求逆矩阵

③ 用 format rat 命令可以使输出格式为有理格式,如图 1.3-18 所示。

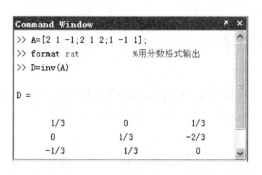

图 1.3 - 18　以有理格式输出结果

⑧ 方阵的迹。

计算方阵的逆矩阵可调用 trace( )函数。其调用格式如下：

```
trace(A)
```

⑨ 矩阵的秩。

计算方阵的秩可调用 rank( )函数。其调用格式如下：

```
rank(A)
```

1.3.3　程序控制结构

1. 顺序结构

顺序结构是一种最简单的程序控制结构。

从键盘输入数据,可以使用 input 函数来进行。其调用格式为：

```
A = input(提示信息,选项);
```

其中,提示信息为一个字符串,用于提示用户输入什么样的数据。

MATLAB 提供的命令窗口输出函数主要有 disp 函数。其调用格式为：

```
disp(输出项)
```

其中,输出项既可以为字符串,也可以为矩阵。

【例 1.3 - 1】　输入 x,y 的值,并将它们的值互换后输出。

程序如下：

```
x = input('Input x please.');
y = input('Input y please.');
z = x;
x = y;
y = z;
disp(x);
```

disp(y);

暂停程序的执行可以使用 pause 函数。其调用格式为：

pause(延时秒数)

如果省略延时时间，直接使用 pause，则将暂停程序，直到用户按任一键后程序继续执行。若要强行中止程序的运行可使用 Ctrl＋C 命令。

2. 选择结构

在 MATLAB 中选择结构包括 if 语句和 switch 语句，下面分别进行讲解。

(1) if 语句

在 MATLAB 中，if 语句有 3 种格式。

① 单分支 if 语句：

```
if   条件
     语句组
end
```

当条件成立时，则执行语句组，执行完之后继续执行 if 语句的后继语句；若条件不成立，则直接执行 if 语句的后继语句。

② 双分支 if 语句：

```
if   条件
     语句组 1
else
     语句组 2
end
```

当条件成立时，执行语句组 1，否则执行语句组 2。语句组 1 或语句组 2 执行后，再执行 if 语句的后继语句。

【例 1.3－2】　计算分段函数的值。

程序如下：

```
x = input('请输入 x 的值：');
if x< = 0
   y= (x+ sqrt(pi))/exp(2);
else
   y= log(x+ sqrt(1+ x * x))/2;
end
y
```

③ 多分支 if 语句：

```
if   条件 1
        语句组 1
```

```
elseif   条件 2
        语句组 2
    ...
elseif   条件 m
        语句组 m
    else
        语句组 n
end
```

多分支 if 语句用于实现多分支选择结构。

【例 1.3-3】　输入一个字符,若为大写字母,则输出其对应的小写字母;若为小写字母,则输出其对应的大写字母;若为数字字符则输出其对应的数值;若为其他字符则原样输出。

```
c = input(' 请输入一个字符 ','s');
if c > 'A' & c < 'Z'
    disp(setstr(abs(c) + abs('a') – abs('A')));
        elseif c > 'a'& c < 'z'
                disp(setstr(abs(c) – abs('a') + abs('A')));
            elseif c > '0'& c < '9'
                disp(abs(c) – abs('0'));
            else
                disp(c);
end
```

(2) switch 语句

switch 语句根据表达式的取值不同,分别执行不同的语句。其语句格式为:

```
switch   表达式
  case   表达式 1
      语句组 1
  case   表达式 2
      语句组 2
    ...
  case   表达式 m
      语句组 m
  otherwise
      语句组 n
end
```

当表达式的值等于表达式 1 的值时,执行语句组 1;当表达式的值等于表达式 2 的值时,执行语句组 2;……;当表达式的值等于表达式 m 的值时,执行语句组 m;当表达式的值不等于 case 所列的表达式的值时,执行语句组 n。当任意一个分支的语句执行完后，直接执行 switch 语句的下一句。

【例 1.3 - 4】　某商场对顾客所购买的商品实行打折销售，标准如下（商品价格用 price 来表示）：

price＜200	没有折扣
200≤price＜500	3％折扣
500≤price＜1 000	5％折扣
1 000≤price＜2 500	8％折扣
2 500≤price＜5 000	10％折扣
5 000≤price	14％折扣

输入所售商品的价格，求其实际销售价格。

程序如下：

```
price = input('请输入商品价格');
switch fix(price/100)
    case {0,1}                    % 价格小于 200
        rate = 0;
    case {2,3,4}                  % 价格大于等于 200 但小于 500
        rate = 3/100;
    case num2cell(5:9)            % 价格大于等于 500 但小于 1 000
        rate = 5/100;
    case num2cell(10:24)          % 价格大于等于 1 000 但小于 2 500
        rate = 8/100;
    case num2cell(25:49)          % 价格大于等于 2 500 但小于 5 000
        rate = 10/100;
    otherwise                     % 价格大于等于 5 000
        rate = 14/100;
end
price = price * (1 - rate)        % 输出商品实际销售价格
```

3. 循环结构

在 MATLAB 中循环结构包括 for 语句和 while 语句，下面分别进行讲解。

for 语句的格式为：

```
for 循环变量 = 表达式 1：表达式 2：表达式 3
        循环体语句
end
```

其中，表达式 1 的值为循环变量的初值，表达式 2 的值为步长，表达式 3 的值为循环变量的终值。步长为 1 时，表达式 2 可以省略。

【例 1.3 - 5】　一个三位整数的各位数字的立方和等于该数本身则称该数为水仙花数。输出全部水仙花数。

程序如下：

```
for m = 100:999
    m1 = fix(m/100);              %求 m 的百位数字
    m2 = rem(fix(m/10),10);       %求 m 的十位数字
    m3 = rem(m,10);               %求 m 的个位数字
if   m = = m1 * m1 * m1 + m2 * m2 * m2 + m3 * m3 * m3
    disp(m)
end
end
```

while 语句的一般格式为：

```
while（条件）
    循环体语句
end
```

其执行过程为：若条件成立，则执行循环体语句，执行后再判断条件是否成立；如果不成立则跳出循环。

与循环结构相关的语句还有 break 语句和 continue 语句，它们一般与 if 语句配合使用。break 语句用于终止循环的执行。当在循环体内执行到该语句时，程序将跳出循环，继续执行循环语句的下一语句。continue 语句控制跳过循环体中的某些语句。当在循环体内执行到该语句时，程序将跳过循环体中所有剩下的语句，继续下一次循环。

【例 1.3 - 6】　求[100,200]之间第一个能被 21 整除的整数。

程序如下：

```
for n = 100:200
    if rem(n,21)～ = 0
        continue
    end
    break
end
n
```

1.3.4　M 文件

用 MATLAB 语言编写的程序，称为 M 文件。M 文件可以根据调用方式的不同分为两类：脚本文件（Script File）和函数文件（Function File）。

为建立新的 M 文件，启动 MATLAB 文本编辑器有 3 种方法：

① 菜单操作。从 MATLAB 主窗口的 File 菜单中选择 New 菜单项，再选择 M - file 命令，屏幕上将出现 MATLAB 文本编辑器窗口。

　　② 命令操作。在 MATLAB 命令窗口输入命令 edit，启动 MATLAB 文本编辑器后，输入 M 文件的内容并存盘。

　　③ 命令按钮操作。单击 MATLAB 主窗口工具栏上的 New M - File 命令按钮，启动 MATLAB 文本编辑器后，输入 M 文件的内容并存盘。

　　打开已有的 M 文件，也有 3 种方法：

　　① 菜单操作。从 MATLAB 主窗口的 File 菜单中选择 Open 命令，则屏幕出现 Open 对话框，在 Open 对话框中选中所需打开的 M 文件。在文档窗口可以对打开的 M 文件进行编辑修改，编辑完成后，将 M 文件存盘。

　　② 命令操作。在 MATLAB 命令窗口输入命令：edit 文件名，则打开指定的 M 文件。

　　③ 命令按钮操作。单击 MATLAB 主窗口工具栏上的 Open File 命令按钮，再从弹出的对话框中选择所需打开的 M 文件。

　　读者可通过以下例子，对 M 文件和 M 函数有一个清晰的了解与认识。

　　【例 1.3 - 7】　分别建立命令文件和函数文件，将华氏温度 f 转换为摄氏温度 c。

程序 1：

首先，建立命令文件并以文件名 f2c.m 存盘。

```
clear;
f = input('Input Fahrenheit temperature:');
c = 5 * (f - 32)/9
```

然后，在 MATLAB 的命令窗口中输入 f2c，将会执行该命令文件，执行情况为：

```
Input Fahrenheit temperature:73
c =
   22.7778
```

程序 2：

首先，建立函数文件 f2c.m。

```
function c = f2c(f)
c = 5 * (f - 32)/9
```

然后，在 MATLAB 的命令窗口调用该函数文件。

```
clear;
y = input('Input Fahrenheit temperature:');
x = f2c(y)
```

输出情况为：

```
Input Fahrenheit temperature:70
c =
```

```
   21.1111
x =
   21.1111
```

1.3.5　M 函数

函数文件由 function 语句引导,其基本结构为:

function 输出形参表 = 函数名(输入形参表)
注释说明部分
函数体语句

其中以 function 开头的一行为引导行,表示该 M 文件是一个函数文件。函数名的命名规则与变量名相同。输入形参为函数的输入参数,输出形参为函数的输出参数。当输出形参多于一个时,则应该用方括号括起来。

【例 1.3 - 8】　编写函数文件求半径为 r 的圆的面积和周长。

函数文件如下:

function [s,p] = fcircle(r)
%
% r - 圆半径
% s - 圆面积
% p - 圆周长
s = pi * r * r;
p = 2 * pi * r;

调用方式:例如在命令窗口输入 fcircle(5)。

1.3.6　函数句柄与匿名函数

变量不仅可以用来表示数值(如:1,0.2,-5),用来表示字符串(如:'t'),也可以用来表示函数。

将函数句柄赋值给变量要用到@符号,语法为:

变量名 = @函数名

此处的函数名可以是当前 MATLAB 中可以使用的任意函数 例如:mysin = @sin,此后 mysin 就和 sin 同样的使用,mysin(pi)和 sin(pi)的含义相同。

匿名函数是函数句柄的一种高级用法,这样产生的函数句柄变量不指向特定的函数,而是一个函数表达式。其语法为:

变量名 = @(输入参数列表)运算表达式

【例 1.3 - 9】 定义 f(x)＝x^2,可以写为 f＝@(x)(x.^2)。

其中,@(x)(x.^2)就是匿名函数,第一个括号里面是自变量,第二个括号里面是表达式,@是函数指针。

f＝@(x)(x.^2)表示将匿名函数@(x)(x.^2)赋值给 f,于是 f 就表示该函数。

于是 f(2)＝ 4;f(1:3) ＝[1 4 9]等。

1.3.7　MATLAB 编程技巧

第一,尽量避免使用循环。

循环语句及循环体经常被认为是 MATLAB 编程的瓶颈问题,改进这样的状况有两种方法:

① 尽量用向量化的运算来代替循环操作。我们将通过如下的例子来演示如何将一般的循环结构转换成向量化的语句。

【例 1.3 - 10】 考虑下面无穷级数求和问题:

$$I = \sum_{n=1}^{\infty} \left(\frac{1}{2^n} + \frac{1}{3^n} \right)$$

如果只求出其中前有限项,比如 100 000 项之和,则可以采用下面的常规语句进行计算:

```
tic
s = 0;
for i = 1:100000
s = s + (1/2^i + 1/3^i);
end
s
toc
```

如果采用向量化的方法,则可以大大提高运行效率。采用向量法进行编程的 MATLAB 代码如下:

```
tic
i = 1:100000;
s = sum(1./2.^i + 1./3.^i);
s
toc
```

② 在必须使用多重循环的情况下,如果两个循环执行的次数不同,则建议在循环的外环执行循环次数少的,内环执行循环次数多的,这样也可以显著提高速度。

【例 1.3 - 11】 考虑生成一个 5×10 000 的 Hilbert 长方矩阵,该矩阵的定义是其第 i 行第 j 列元素为 $h_{i,j}=1/(i+j-1)$。可以由下面语句比较先进行循环和后进行该循环的耗时区别。

先进行行循环的程序：

```
tic
for i = 1:5
for j = 1:10000
H(i,j) = 1/(i + j - 1);
end
end
toc
```

后进行循环的程序：

```
tic,
for j = 1:10000
for i = 1:5
J(i,j) = 1/(i + j - 1);
end
end
toc
```

第二,大型矩阵的预先定维。

给大型矩阵动态地定维是个很费时间的事。建议在定义大矩阵时,首先用MATLAB 的内在函数,如 zeros()或 ones(),对之先进行定维,然后再进行赋值处理,这样会显著减少所需的时间。

第三,优先考虑内在函数。

矩阵运算应该尽量采用 MATLAB 的内在函数,因为内在函数是由更底层的编程语言 C 构造的,其执行速度显然快于使用循环的矩阵运算。

第四,采用有效的算法。

在实际应用中,解决同样的数学问题经常有各种各样的算法。例如,求解定积分的数值解法在 MATLAB 中就提供了两个函数:quad()和 quad8(),其中后一个算法在精度、速度上都明显高于前一种方法。所以说,在科学计算领域是存在"多快好省"的途径的。如果一个方法不能满足要求,可以尝试其他的方法。

第五,应用 Mex 技术。

虽然采用了很多措施,但执行速度仍然很慢,比如说耗时的循环是不可避免的,这样就应该考虑用其他语言,如 C 或 FORTRAN 语言。按照 Mex 技术要求的格式编写相应部分的程序,然后通过编译链接,形成在 MATLAB 可以直接调用的动态连接库(DLL)文件,这样可以显著地加快运算速度。

1.4　MATLAB 图像处理工具箱简介

1.4.1　图像处理工具箱的基本功能

图像处理工具箱是 MATLAB 环境下开发出来的许多工具箱之一,它是以数字图像处理理论为基础,用 MATLAB 语言构造了一系列用于图像数据显示与处理的 M 文件,我们可以查看这些 M 文件的代码并进行改进。图像处理工具箱可支持的图像处理的范围广泛,包括以下内容:

① 图像的空域变换,包括了常见的图像操作,如图像缩放、旋转、裁剪、渐变、翻转、平移等,二维及多维图像的仿射变换、投影变换、盒形变换,此外还可以更改参数,自定义变换类型。

② 形态学运算。它包括如下内容:

➢ 腐蚀和膨胀,通过这两个算法可以把二值图像的纹理进行平滑、细化,也可以用来消除图像中的零散的不连续点,从而达到除噪保留纹理的目的。

➢ 形态学重构。它利用模板(mask)的信息来对图像进行处理。通过形态学重建很容易得到图像的峰值点和低谷点,而不受局部大小变化的影响。

➢ 距离变换。在图像中描述点与点之间的距离有 4 种:Euclidean、CityBlock、Chessboard、Quasi‐Euclidean。工具箱提供了 bwdist 函数来计算这些点之间的距离。

➢ 目标、区域、特征测度。这包括对二值图像中的连通区域标号,且用标号矩阵获得图像的统计信息;选取二值图中的目标;计算二值图前景的面积;计算二值图的 Euler 数。

➢ 检查表操作。

③ 图像的邻域运算和块运算。

➢ 块操作是指对图像局部块操作而非全局操作,包括两种类型:重叠和非重叠块。比如对图像进行平滑时常采用重叠块,这里的块实际是一个滑动窗口,对整幅图像从上到下、从左至右的顺序依次进行,滑动的步长一般是一个像素。反之,不重叠的块就是边界搭边界的处理窗口,两个块没有公共区域。

➢ 列操作是把图像的块拉伸为一个列向量,这样处理的优点就是运行速度快。

④ 线性滤波和滤波器设计。MATLAB 图像处理工具箱提供了众多常见的空域滤波模板,包括平滑和锐化,如 Laplacian 模板、Sobel 模板、Prewitt 模板及 Roboerts 模板等。此外,也可以在频域进行这些滤波。工具箱提供了滤波器设计函数,可以自定义一个滤波器,然后在频域中进行图像滤波。

⑤ 图像变换。MATLAB 图像处理工具箱提供的图像变换函数包括 Fourier 变换、离散余弦变换、Radon 变换、Hough 变换、Fan‐Bean 投影数据变换以及小波

变换。

⑥ 图像分析和增强。MATLAB 图像处理工具箱在图像分析和增强方面主要提供了 5 个方面的内容:获得图像像素灰度信息和统计信息;边缘检测,边界跟踪以及运用二叉树分解等方法对图像进行分析;图像的纹理分析;亮度调节;去噪。

⑦ 图像恢复。MATLAB 图像处理工具箱提供了 4 种图像恢复的方法:维纳滤波;Lucy - Richardson 迭代非线性复原算法;约束最小二乘(正则)滤波;盲卷积算法。

⑧ 感兴趣区域操作。MATLAB 图像处理工具箱提供了对图像感兴趣区域的界定、滤波,还对图像的色彩转换提供了很多有用的函数。

从上面的论述可以看出,MATLAB 图像处理工具箱几乎包含了常见的所有图像处理函数;此外,对于图像的基本操作,如输入、输出、保存等都得到了完美的支持。当然,读者也可以自己编写函数来扩展其功能。MATLAB 中的信号处理工具箱、神经网络工具箱、模糊逻辑工具箱和小波工具箱也可用于协助执行图像处理任务。

1.4.2　数字图像处理的基本操作

(1) 图像文件的读取

利用 imread 函数可以完成图像文件的读取操作。常用语法格式为:

```
I = imread('filename','fmt')  或  I = imread('filename.fmt');
```

其作用是将文件名用字符串 filename 表示的、扩展名用字符串 fmt(表示图像文件格式)表示的图像文件中的数据读到矩阵 I 中。当 filename 中不包含任何路径信息时,imread 会从当前工作目录中寻找并读取文件。要想读取指定路径中的图像,最简单的方法就是在 filename 中输入完整的或相对的地址。MATLAB 支持多种图像文件格式的读、写和显示。

例如,命令行:

```
I = imread('lena.jpg');
```

将 JPEG 图像 lena 读入图像矩阵 I 中。

(2) 图像文件的写入(保存)

利用 imwrite 完成图像的输出和保存操作,也完全支持上述各种图像文件的格式。其语法格式为:

```
imwrite(I,'filename','fmt')  或  imwrite(I,'filename.fmt');
```

其中的 I、filename 和 fmt 的意义同上所述。

当利用 imwrite 函数保存图像时,MATLAB 默认的保存方式是将其简化为 uint8 的数据类型。

(3) 图像文件的显示

图像的现实过程是将数字图像从一组离散数据还原为一幅可见图像的过程。

MATLAB 的图像处理工具箱提供了多种图像显示技术。例如，imshow 可以直接从文件显示多种图像；image 函数可以将矩阵作为图像；colorbar 函数可以用来显示颜色条；montage 函数可以动态显示图像序列。

① 图像的显示。

imshow 函数是最常用的显示各种图像的函数，其调用格式如下：

```
imshow(I,N);
```

imshow(I,N)用于显示灰度图像，其中，I 为灰度图像的数据矩阵，N 为灰度级数目，默认值为 256。

例如，下面的语句用于显示一幅灰度图像：

```
I = imread('lena.jpg');
imshow(I);
```

如果不希望在显示图像之前装载图像，那么可以使用以下格式直接进行图像文件的显示：

```
imshow  filename
```

其中，filename 为要显示的图像文件的文件名。

【例 1.4-1】　显示一幅在当前目录下的.bmp 格式的图像：

```
imshow lena.bmp
```

显示结果如图 1.4-1 所示。

图 1.4-1　显示一幅图像文件中的图像

需要注意的是，该文件名必须带有合法的扩展名（指明文件格式），且该图像文件必须保存在当前目录下或在 MATLAB 默认的目录下。

② 添加色带。

colorbar 函数可以给一个坐标轴对象添加一条色带。如果该坐标轴对象包含一个图像对象,则添加的色带将指示出该图像中不同颜色的数据值。这对于了解被显示图像的灰度级特别有用。

【例 1.4-2】　读入图像并显示。

```
I = imread('lena.jpg');
imshow(I);
colorbar;
```

由图 1.4-2 可知,该图像是数据类型为
uint8 的灰度图像,其灰度级范围是 0～255。

③ 显示多幅图像。

显示多幅图像最简单的方法就是在不同
的图形窗口中显示它们。imshow 总是在当前
窗口中显示一幅图像,如果用户想连续显示两
幅图像,那么第二幅图像就会替代第一幅图
像。为了避免图像在当前窗口中的覆盖现象,
在调用 imshow 函数显示下一幅图像之前可
以使用 figure 命令来创建一个新的窗口。
例如:

图 1.4-2　显示图像并加入颜色条

```
imshow(I1);
figure, imshow(I2);
figure, imshow(I3);
```

有时为了便于在多幅图像之间进行比较,需要将这些图像显示在一个图形窗口
中。达到这一目的的有两种方法:一种方法是联合使用 imshow 和 subplot 函数,但此
方法在一个图形窗口只能有一个调色板;另一种方法是联合使用 subimage 和 sub-
plot 函数,此方法可在一个图形窗口内使用多个调色板。

subplot 函数将一个图形窗口划分为多个显示区域,其调用格式如下:

```
subplot(m,n,p)
```

subplot 函数将图形窗口划分为 m(行)×n(列)个显示区域,并选择第 p 个区域
作为当前绘图区。

(4) 图像文件信息的查询

imfinfo 函数用于查询图像文件的有关信息,详细地显示出图像文件的各种属
性。其语法格式为:

```
info = imfinfo('filename','fmt')　或　info = imfinfo('filename.fmt')　或
imfinfo　filename.fmt
```

imfinfo 函数获取的图像文件信息依赖于文件类型的不同而不同,但至少应包含

以下内容：

> 文件名。如果该文件不在当前目录下，还包含该文件的完整路径。
> 文件格式。
> 文件格式的版本号。
> 文件最后一次修改的时间。
> 文件的大小，以字节为单位。
> 图像的宽度。
> 图像的高度。
> 每个像素所用的比特数，也叫像素深度。
> 图像类型，即该图像是真彩色图像、索引图像还是灰度图像。

1.4.3 视频图像的基本操作

视频图像中所含的帧数、每帧图像的大小以及播放的速率是衡量视频图像的重要指标。在 MATLAB 中，提供了 AVIINFO( )这个函数来获取 AVI 视频的信息。它的使用格式如下：

```
FILEINFO = AVIINFO(FILENAME)
```

该函数的功能是返回一个结构体，每个字段都包含有 AVI 文件的信息。

例如，在 MATALB 工作窗口中输入如下语句：

```
FILEINFO = AVIINFO('vipboard')
```

运行后，输出文件信息如下：

```
FILEINFO =
% 视频文件的名称及存储地址
Filename: 'C:\ProgramFiles\MATLAB\R2010a\toolbox\vipblks\vipdemos\vipboard.avi'
% 文件的大小
FileSize: 29388288
% 文件生成的日期
FileModDate: '14 - 八月 - 2009 00:10:02'
% 视频文件所包含的帧数
NumFrames: 340
% 每秒钟播放的帧数
FramesPerSecond: 30
% 每帧图像的尺寸
Width: 360
Height: 240
% 每帧图像的类型
ImageType: 'indexed'
% 视频是否被压缩
```

```
VideoCompression: 'none'
```
% 图像的质量
```
Quality: 0
```
% 颜色表中颜色项数
```
NumColormapEntries: 256
```

在 MATLAB 中,提供了 AVIREAD( )函数,它可以将一个 AVI 文件读到 MATLAB 的视频结构中,该函数的用法如下:

```
MOV = AVIREAD(FILENAME)
```

1.4.4　MATLAB 中的图像类型

(1) 灰度图像

MATLAB 把灰度图像存储为一个数据矩阵,该矩阵中的元素的大小分别代表了图像中的像素的灰度值。矩阵中的元素可以是双精度的浮点型、8 位或 16 位无符号的整数类型。

(2) RGB 图像

RGB 图像,即真彩图像,在 MATLAB 中存储为数据矩阵。矩阵中的元素定义了图像中每一个像素的红、绿、蓝颜色值。像素的颜色由保存在像素位置上的红、绿、蓝的灰度值的组合来确定。

MATLAB 的真彩图像矩阵可以是双精度的浮点型数、8 位或 16 位无符号的整数类型。在真彩图像的双精度型数组中,每一种颜色是用 0 和 1 之间的数值表示。例如,颜色值是(0,0,0)的像素,显示的是黑色;颜色值(1,1,1)的像素,显示的是白色。每一像素的三个颜色值保存在数组的第三维中。例如,像素(10,5)的红、绿、蓝颜色值分别保存在元素 RGB(10,5,1)、RGB(10,5,2)、RGB(10,5,3)中。

(3) 二值图像

与灰度图像相同,二值图像只需要一个数据矩阵,每个像素只取两个灰度值(0 或 1)。二值图像可以采用 unit8 或 double 类型存储。

(4) 索引图像

索引图像包括一个数据矩阵 X,一个颜色映像矩阵 Map。其中,Map 是一个包含 3 列和若干行的数据阵列,其每一个元素的值均为[0,1]范围内的双精度浮点型数据。Map 矩阵的每一行分别为红、绿、蓝的颜色值。在 MATLAB 中,索引图像是从像素值到颜色映射表值的直接映射。像素颜色由数据矩阵 X 作为索引指向矩阵 Map 进行索引。例如,值 1 指向矩阵 Map 中的第 1 行,2 指向第 2 行,以此类推。

1.5　新功能:基于系统对象 vision. X 的图像处理

MATLAB 2012 中的 Computer Vision System 的一大特点就是采用系统对象

(System Object)进行编程,其提供了涉及视频显示、视频读/写、特征检测、提取与匹配、目标检测、运动分析与跟踪、分析与增强、图像转换、滤波、几何变换、数学形态学操作、统计、添加文字和绘图、图像变换等方面,各系统对象及其功能见本书附录 1。

系统对象与 M 函数相比,其具有运行速度快的特点,并且支持 MATLAB 将系统对象转换成可以运行的 C 代码的功能。采用系统对象进行编程的主要步骤包括:

① 创建系统对象;

② 修改系统对象属性;

③ 运行系统对象

现通过实例说明采用系统对象进行编程的步骤,下面程序的功能是采用系统对象编程的形式实现快速傅里叶变换。

(1) 步骤 1 创建系统对象

```
H = vision.FFT   % 创建一个默认的系统对象 H,H 实现的功能与 vision.FFT 相同
```

输入上述指令后,命令窗口中会显示:

```
H =

  System: vision.FFT

  Properties:
    FFTImplementation: 'Auto'
    BitReversedOutput: false
            Normalize: false

  Show fixed - point properties
```

因此,其可设置的属性有 FFTImplementation、BitReversedOutput、Normalize。

接着,在命令窗口中输入:

```
% 创建输入数据
Fs = 1000;           % 采样频率
T = 1/Fs;            % 采样时间
L = 1024;            % 信号长度
t = (0:L-1) * T;     % 时间向量

% 生成待处理的数据向量
X = 0.7 * sin(2 * pi * 50 * t.') + sin(2 * pi * 120 * t.')
```

(2) 步骤 2 修改系统对象属性

```
H.Normalize = true    % 将 Normalize 的属性,设置成 ture
```

修改后,命令窗口会显示:

```
H =

  System: vision.FFT
```

```
Properties:
    FFTImplementation: 'Auto'
    BitReversedOutput: false
            Normalize: true
```

由此可见，Normalize 的属性已经被设置成 ture。

（3）步骤 3　运行系统对象

```
Y = step(H,X);          % 运行系统对象
```

注意：在运行"Y=step(A,B);"时，A 为系统对象，B 为待处理的数据。

在赋值时，也可以采用以下格式：系统对象名（属性名，值的形式）。

因此，上述程序又可以写成：

```
H = vision.FFT('Normalize',true);
Fs = 1000;
T = 1/Fs;
L = 1024;
t = (0:L-1) * T;
X = 0.7 * sin(2 * pi * 50 * t.') + sin(2 * pi * 120 * t.');
Y = step(H,X);
```

此外，还可以不创建 H，直接调用系统对象 vision.FFT 进行处理。因此，程序还可以写为：

```
Fs = 1000;
T = 1/Fs;
L = 1024;
t = (0:L-1) * T;
X = 0.7 * sin(2 * pi * 50 * t.') + sin(2 * pi * 120 * t.');
Y = step(vision.FFT('Normalize',true),X);
```

下面通过例程 1.5-1 和例程 1.5-2 来进一步体会基于系统对象 vision.X 的图像处理。

例程 1.5-1 的功能是对输入图像进行二值化处理，并对二值化的图像取反，其运行结果如图 1.5-1 所示。

【例程 1.5-1】

```
% 定义系统对象
himgcomp = vision.ImageComplementer;
hautoth = vision.Autothresholder;
% 读入图像
I = imread('coins.png');
% 将读入的图像转换为二值图像
```

```
bw = step(hautoth, I);
% 对转换后的二值图像取反
Ic = step(himgcomp, bw);
% 显示结果
  figure;
subplot(2,1,1), imshow(bw), title('Original Binary image')
subplot(2,1,2), imshow(Ic), title('Complemented image')
```

Original Binary image

Complemented image

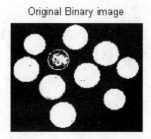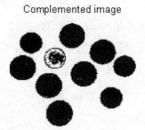

图 1.5 - 1　例程 1.5 - 1 的运行结果

例程 1.5 - 2 的功能是对输入的一段视频进行边缘检测,其运行结果如图 1.5 - 2 所示。

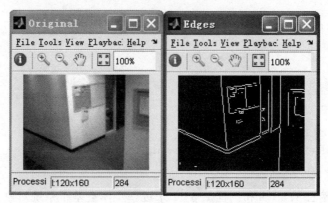

图 1.5 - 2　例程 1.5 - 2 的运行结果

【例程 1.5 - 2】

```
% 定义系统对象
hVideoSrc = vision. VideoFileReader('vipmen. avi','ImageColorSpace', 'Intensity');
hEdge = vision. EdgeDetector ('Method', 'Prewitt', 'ThresholdSource', 'Property',
'Threshold', 15/256,'EdgeThinning', true);
% 创建显示窗口
WindowSize = [190 150];
hVideoOrig = vision. VideoPlayer('Name', 'Original');
hVideoOrig. Position = [10 hVideoOrig. Position(2) WindowSize];
```

```
hVideoEdges = vision.VideoPlayer('Name', 'Edges');
hVideoEdges.Position = [210 hVideoOrig.Position(2) WindowSize];
% 对视频的每一帧进行边缘检测,并显示
while ~isDone(hVideoSrc)
    frame = step(hVideoSrc);            % 读入视频
    edges = step(hEdge, frame);         % 对视频的每一帧进行边缘检测
    step(hVideoOrig, frame);            % 显示输入视频的每一帧
    step(hVideoEdges, edges);           % 显示边缘检测的结果
end
```

采用基于系统对象 vision.X 的图像处理,与采用数字图像处理工具箱相比,其优势主要体现在以下两个方面:

① 运行速度更快;

② 绝大多数系统函数支持 MATLAB 的 C 代码转换功能,可以将其快速地转换为可以运行的 C 代码。

对数字图像、视频处理所涉及的系统对象,本书将在后续章节进行详细讲解,这是本书的重点内容之一。

1.6　MATLAB – Simulink 基础精讲

1.6.1　Simulink 简介

Simulink 是一个用来对动态系统进行建模、仿真和分析的软件包,它支持连续、离散及两者混合的线性和非线性系统,也支持具有多种采样频率的系统。在 Simulink 环境中,利用鼠标就可以在模型窗口中直观地"画"出系统模型,然后直接进行仿真。它为用户提供了方框图进行建模的图形接口,采用这种结构画模型就像读者用手和纸来画一样容易,具有更直观、方便、灵活的优点。Simulink 包含有 Sinks(输出方式)、Source(输入源)、Linear(线性环节)、Nonlinear(非线性环节)、Connections(连接与接口)和 Extra(其他环节)等子模型库,而且每个子模型库中包含有相应的功能模块,用户也可以定制和创建自己的模块。

用 Simulink 创建的模型可以具有递阶结构,因此用户可以采用从上到下或从下到上的结构创建模型。用户可以从最高级开始观看模型,然后双击其中的子系统模块来查看其下一级的内容,以此类推,从而可以看到整个模型的细节,帮助用户理解模型的结构和各模块间的相互关系。在定义完一个模型后,用户可以通过 Simulink 的菜单或 MATLAB 的命令窗口键入命令来对它进行仿真。菜单方式对于交互工作非常方便,而命令行方式对于运行一大类仿真非常有用。采用 Scope 模块和其他的画图模块,在仿真进行的同时,就可观看到仿真结果。除此之外,用户还可以在改变参数后迅速观看系统中发生的变化情况。仿真的结果还可以存放到 MATLAB 的工

作空间里做事后处理。

模型分析工具包括线性化和平衡点分析工具、MATLAB 的许多基本工具箱及 MATLAB 的应用工具箱。由于 MATLAB 和 Simulink 是集成在一起的,因此用户可以在这两种环境下对自己的模型进行仿真、分析和修改。

Simulink 具有非常高的开放性,提倡将模型通过框图表示出来,或者将已有的模型添加组合到一起,或者将自己创建的模块添加到模型当中。Simulink 具有较高的交互性,允许随意修改模块参数,并且可以直接无缝地使用 MATLAB 的所有分析工具。对最后得到的结果可进行分析,并能够将结果可视化显示。

Simulink 非常实用,应用领域很广,可使用的领域包括航空航天、电子、力学、数学、通信、图像和控制等。世界各地的工程师都在利用它来对实际问题进行建模、分析和解决。

1.6.2 Simulink 的基本操作

运行 Simulink 有 3 种方式:

> 在 MATLAB 的命令窗口直接键入 Simulink 并回车;
> 单击 MATLAB 工具条上的 Simulink 图标;
> 在 MATLAB 菜单上选择 File→New→Model。

运行后会显示图 1.6-1 所示的 Simulink 模块库浏览器,单击工具条左边建立新模型的快捷方式,则显示如图 1.6-2 所示的新建模型窗口,在模型窗口中用户便可通过选择模块库中的仿真模块,建立自己的仿真模型,并进行动态仿真。

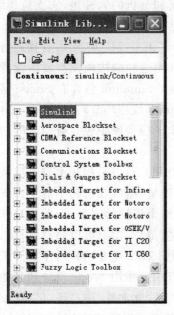

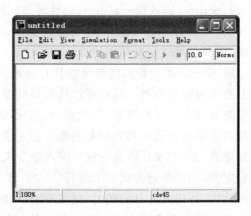

图 1.6-1　Simulink 模块库浏览器　　　　图 1.6-2　新建模型窗口

　　打开模块库(图标)窗口的方法非常简单,以连续系统模块库(Continuous)为例,在 Simulink 模块库浏览窗口中选中 Simulink,然后单击 Simulink 旁边的小加号或者双击,这时就会出现如图 1.6-3 所示的 Simulink 基本库窗口,并选择 Continuous 模块库的图标,双击即可进入如图 1.6-4 所示的连续系统模块库,选择相应的模块图标拖至编辑窗口即可。

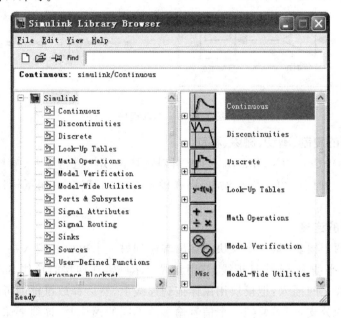

图 1.6-3　Simulink 模型库窗口

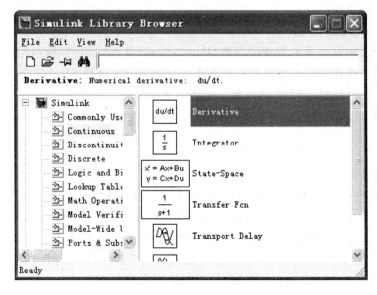

图 1.6-4　Continuous 模块库

(1) 模块的选取

当选取单个模块时,只要在模块上单击即可,此时模块的角上出现黑色小方块。选取多个模块时,选取拖拽鼠标的方式把要选择的模块全部包围即可,若所有被选取的模块都出现小黑方块,则表示模块被选中,如图 1.6-5 所示。

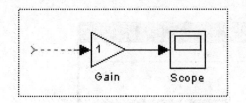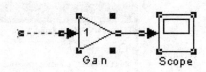

图 1.6-5　选取模块

(2) 模块的复制、剪切、删除、移动

应用 Edit→Copy/Cut/Paste/Clear 可对选取的模块进行复制、剪切、粘贴、删除等操作,如果要在同一窗口移动模块,则在模块选中的基础上,用鼠标进行拖拽并放在合适的位置。

(3) 模块的连接

① 连接两个模块:从一个模块的输出端连到另一个模块的输入端。如果两个模块不在同一水平线上,连线是折线,若用斜线表示则需在连接时按住 Shift。

② 在连线之间插入:把模块用鼠标拖到连线上,然后释放鼠标即可。

③ 连线的分支:当需要把一个信号输送给不同的模块时,连线要采用分支结构,其操作步骤是:先连好一条线,把鼠标移到支线的起点,并按下 Ctrl,再将鼠标拖至目标模块的输入端即可。

(4) 模块参数的设置

Simulink 中几乎所有模块的参数(Parameters)都允许用户进行设置,只要双击要设置的模块或在模块上按鼠标右键并在弹出的菜单中选择 Block Parameters 就会显示参数设置对话框。下面,通过例子说明上述步骤。

【示例】　已知单位负反馈二阶系统的开环传递函数为:

$$G(s) = \frac{10}{s^2 + 4.47s}$$

试绘制单位阶跃响应的 Simulink 结构图。

① 利用 Simulink 的 Library 窗口中的 File→New,打开一个新的工作空间;

② 分别从信号源库(Sourse)、输出方式库(Sink)、数学运算库(Math)、连续系统库(Continuous)中,用鼠标把阶跃信号发生器(Step)、示波器(Scope)、传递函数(Transfer Fcn)、相加器(Sum)4 个标准功能模块选中,并将其拖至工作平台;

③ 按要求先将前向通道连接好,然后把相加器(Sum)的另一个端口与传递函数和示波器间的线段相连,形成闭环反馈;

④ 双击阶跃信号发生器,打开其属性设置对话框,并将其设置为单位阶跃信号,如图 1.6-6 所示,同理,将相加器设置为"＋－",使传递函数的 Numerator 设置为"[10]",Denominator 设置为"[1 4.47 0]";

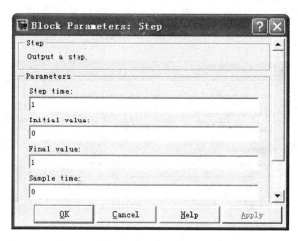

图 1.6-6　模块参数设置对话框

⑤ 绘制成功后,如图 1.6-7 所示,命名后存盘。

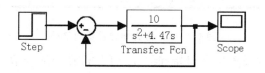

图 1.6-7　二阶系统 Simulink 结构图

(5) 模块外形的调整

① 改变模块的大小:选定模块,用鼠标点住其周围的 4 个黑方块中的任意一个拖动,这时会出现一个虚线的矩形表示新模块的位置,到需要的位置后释放鼠标即可。

② 调整模块的方向:选定模块,选择菜单项 Formt→Rotate Block 使模块旋转 90°,Flip Block 使模块旋转 180°。

③ 给模块加阴影:选定模块,选择菜单项 Formt→Show Drop Shadow 使模块产生阴影效果。

(6) 模块名的处理

① 模块名的显示与消隐:选定模块,选择菜单项 Format→Filp Name 使模块名被隐藏,同时 Show Name 会使隐藏的模块名显示出来。

② 修改模块名:单击模块名的区域,使光标处于编辑状态,此时便可对模块名进行任意的修改。同时选定模块,选择菜单项 Format→Font 可弹出字体对话框,用户可对模块名和模块图标中的字体进行设置。

1.6.3　系统仿真及参数设置

在 Simulink 中建立起系统模型框图后,运行菜单项 Simulation→Start 就可以用 Simulink 对模型进行动态仿真。一般在仿真运行前需要对仿真参数进行设置,运行菜单项 Simulation→Parameters 完成设置,如图 1.6-8 所示。

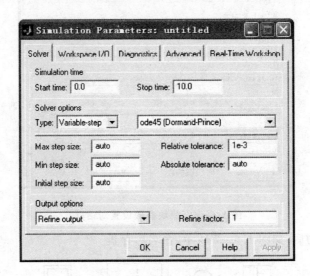

图 1.6-8　仿真参数设置对话框

在 Solver 里需要设置仿真起始和终止时间、选择合适的解法(Solver)并指定参数、设置一些输出选择。

(1) 设置起始时间和终止时间(Simulation time)

Simulation→Start time 设置起始时间,而 Stop time 设置终止时间,单位为秒。

(2) 算法设置(Solver option)

① 算法类型设置。

仿真的主要过程一般是求解常微分方程组,Solver options→Type 用来选择仿真算法的类型是变化的还是固定的。

变步长解法可以在仿真过程中根据要求调整运算步长,在采用变步长解法时,应该先指定一个容许误差限(Relative tolerance 或 Absolute tolerance),使得当误差超过误差限时自动修正仿真步长,Max step size 用于设置最大步长,在默认情况下为 auto,并按下式计算最大步长:

$$最大步长=(终止时间-起始时间)/50$$

② 仿真算法设置。

离散模型:对变步长和定步长解法均采用 discrete(no continuous state)。

连续模型:可采用变步长和定步长解法。

变步长解法有:ode45、ode23、ode113、ode15s、ode23s、ode23t、ode23st。

➢ ode45：四阶/五阶 Runge – Kutta 算法，属单步解法；

➢ ode23：二阶/三阶 Runge – Kutta 算法，属单步解法；

➢ ode113：可变阶次的 Adams – Bashforth – Moulton PECE 算法，属于多步解法；

➢ ode15s：可变阶次的数值微分公式算法，属于多步解法；

➢ ode23s：基于修正的 Rosenbrock 公式，属单步解法。

定步长解法有：ode4、ode5、ode3、ode2、ode1。

➢ ode5：定步长的 ode45 解法；

➢ ode4：四阶 Runge – Kutta 算法；

➢ ode3：定步长 ode23 算法；

➢ ode2：Henu 方法，即改进的欧拉法。

➢ ode1：欧拉法。

（3）设置输出选项

对同样的信号，选择不同的输出选项，则得到输出设备上的信号不完全一样。

（4）工作空间设置

工作空间设置（Workspace I/O）对话框如图 1.6 – 9 所示，可以设置 Simulink 和当前工作空间的数据输入、输出。通过设置，可以从工作空间输入数据、初始化状态模块，也可以把仿真结果、状态变量、时间数据保存到当前工作空间。

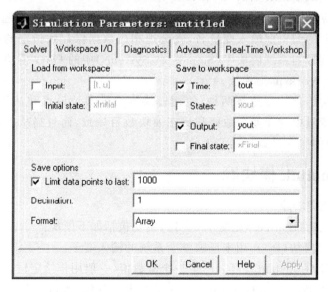

图 1.6 – 9　设置 Workspace I/O 对话框

Simulink 通过设置模型的输入端口，实现在仿真过程中从工作空间读入数据，常用的输入端口模块为信号与系统模块库（Signals & Systems）中的 In1 模块，其参数设置如图 1.6 – 10 所示。

图 1.6-10 输入参数设置对话框

设置的方法是选中 Input 前的复选框,并在后面的编辑框键入输入数据的变量名,并可以用命令窗口或 M 文件编辑器输入数据。Simulink 根据输入端口参数中设置的采样时间读取输入数据。

可以选择保存的选项有:时间、端口输出、状态、最终状态。选中选项前面的复选框并在选项后面的编辑框输入变量名,就会把相应数据保存到指定的变量中。常用的输出模块为信号与系统模块库(Signals & Systems)中的 Out1 模块和输出方式库(Sink)中的 To Workspace 模块。

状态模块初始化的方法有两种:使用模块本身的参数设置和从工作空间读入。用于初始化的变量中的元素个数要和状态模块数目一致,而且当从工作空间载入数据时,模块本身的参数设置初始值无效。

1.6.4 Simulink 模块库

(1) 信号源模块库

信号源模块库(Sources)见图 1.6-11,主要包括如下模块:

➢ 输入端口模块(In1):用来反映整个系统的输入端子。

➢ 常数模块(Constant):可以产生一个常数值,一般用作给定输入。

➢ 信号发生器(Signal Generator):可以产生正弦波、方波、锯齿波、随机信号等波形信号,用户可以自由地调整信号的幅值及相位。

➢ 时钟(Clock):生成当前仿真时钟,以秒为单位,在记录数据序列或与时间相关的指标中需要此模块。

➢ 读文件模块(From File)和读工作空间模块(From Workspace):允许从文件

或 MATLAB 工作空间中读取信号作为输入信号。

➢ 阶跃信号模块(Step):生成一个按给定的时间开始的阶跃信号,信号的初始值和终值均可自由设定。常用来仿真系统的阶跃响应,也可用来仿真定时的开关动作。

➢ 其他类型的信号输入模块:带宽限幅白噪声(Band – Limited White Noise)、斜坡输入(Ramp)、脉冲信号(Pulse Generator)、正弦信号(Sine Wave)等。

(2) 连续系统模块库

连续系统模块库(Continuous)见图 1.6 – 12,主要包括如下模块:

➢ 积分器(Integrator):对输入(向量或标量)进行积分,用户可以设定初始条件。

➢ 微分器(Derivative):将输入端的信号经过一阶数值微分,在输出端输出,在实际应用中应该尽量避免使用该模块。

➢ 传递函数(Transfer Fcn):使用分子、分母多项式的形式给出系统的传递函数模型,分母的阶次必须大于或等于分子的阶次。

➢ 状态空间(State – Space):使用 A、B、C、D 矩阵形式表示系统的状态空间模型,并可以给出初值。

➢ 零极点(Zero – Pole):用指定的零、极点建立连续系统模型。

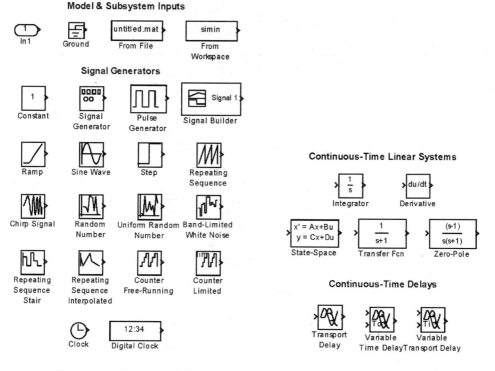

图 1.6 – 11　Sources 模块库　　　　图 1.6 – 12　Continuous 模块库

➢ 时间延迟(Transport Delay):将输入信号延时指定的时间后,再传输给输出信号,用户可自行设置延时时间。

(3) 离散系统模块库

离散系统模块库(Discrete)见图 1.6 - 13,主要包括如下模块:

➢ 零阶保持器(Zero - Order Hold):在一个计算步长内将输出的值保持在同一个值上。

➢ 一阶保持器(First - Order Hold):依照一阶插值的方法计算一个步长后的输出值。

➢ 离散传递函数(Discrete Transfer Fcn):与连续传递函数结构相同,可设置采样时间。

➢ 离散状态空间(Discrete State - Space):与连续状态空间结构相同,可设置采样时间。

➢ 离散积分器(Discrete - Time Integrator):实现离散的欧拉积分,可以设置初值和采样时间。

➢ 离散滤波器(Discrete Filter):实现 IIR 和 FIR 滤波器。

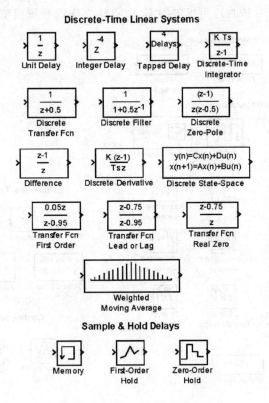

图 1.6 - 13　Discrete 模块库

（4）数学运算模块库

数学运算模块库（Math Operations）见图 1.6－14，主要包括如下模块：

➤ 增益（Gain）：输出为输入与增益的乘积。

➤ 加法模块（Sum）：对输入进行求代数和，在组建反馈控制系统方框图时必须采用此模块，反馈的极性（＋或－）可自行设置。

➤ 数字逻辑模块：逻辑运算模块（Logical Operator）、组合逻辑模块（Combinatorial Logic）和位逻辑运算模块（Bitwise Logical Operator），可以用这些模块很容易地组建数字逻辑电路。

➤ 数学函数模块：绝对值函数（Abs），三角函数（Trigonometric），数学运算函数（Math Function），复数的实部、虚部提取函数（Complex to Real－Imag），取整函数（Rounding Function）等。

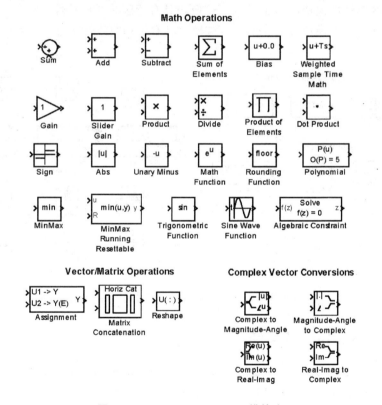

图 1.6－14　Math Operations 模块库

（5）输出模块库

输出模块库（Sinks）见图 1.6－15，主要包括如下模块：

➤ 输出端口模块（Out1）：表示整个系统的输出端，系统直接仿真时该输出将自动在 MATLAB 工作空间中生成变量。

➤ 示波器（Scope）：显示数据随时间变化的过程和结果。

> x-y 示波器(XY Graph):将两路输入信号分别作为示波器的两个坐标轴,并将信号的轨迹显示出来。
> 写文件模块(To File)和工作空间写入模块(To Workspace):将输出信号写到文件或工作空间中。
> 数字显示模块(Display):将输出信号以数字的形式显示出来。
> 仿真终止模块(Stop Simulation):强行终止正在进行的仿真过程。

(6) 非线性系统模块库

非线性系统模块库(Discontinuities)见图 1.6-16,主要包括如下模块:

> 黏性摩擦(Coulomb & Viscous Friction):在原点不连续,在原点外具有线性增益。
> 滞环非线性模块(Backlash):该模块具有滞环非线性特性。
> 死区非线性模块(Dead Zone):该模块具有死区非线性特性。
> 饱和非线性模块(Saturation):该模块具有饱和非线性特性。

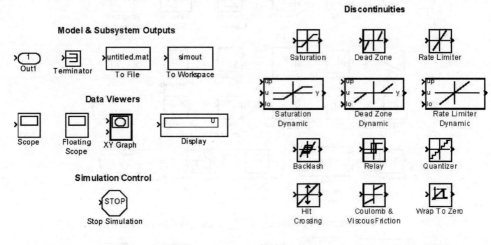

图 1.6-15　Sinks 模块库　　　　图 1.6-16　Discontinuities 模块库

1.6.5　Simulink 子系统

Simulink 提供的子系统功能可以大大地增强 Simulink 系统框图的可读性,可以不必了解系统中每个模块的功能就能够了解整个系统的框架。子系统可以理解为一种"容器",我们可以将一组相关的模块封装到子系统模块中,并且等效于原系统模块群的功能,而对其中的模块可以暂时不去了解。组合后的子系统可以进行类似模块的设置,在模型的仿真过程中可作为一个模块。建立子系统有以下两种方法。

(1) 在已有的系统模型中建立子系统

设已有 Simulink 模型图如图 1.6-17 所示,选择需要封装的模块区域(用 Shift 键和鼠标左键配合可以达到同样的目的),框选如图 1.6-18 所示区域,然后右击,弹出浮动菜单,选择 Creat Subsystem,如图 1.6 - 19 所示。创建子系统的结果如图 1.6 - 20 所示。然后双击 Subsystem 模块,弹出子模块如图 1.6 - 21 所示。

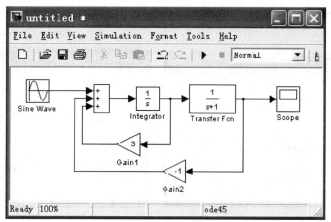

图 1.6 - 17　简单的 Simulink 模型

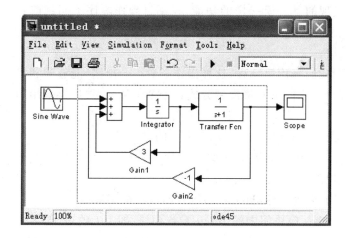

图 1.6 - 18　框选需要封装的模块

图 1.6 - 19　快捷菜单

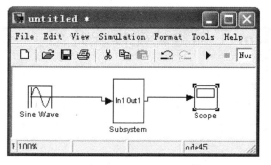

图 1.6 - 20　创建子系统后的模型

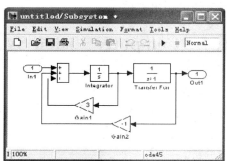

图 1.6 - 21　子系统模型图

(2) 在已有的系统模型中新建子系统

简单建立模型如图 1.6－22 所示，双击 Subsystem 模块，在弹出的窗口中建立如图 1.6－23 所示模型。

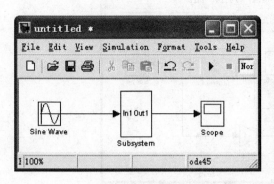

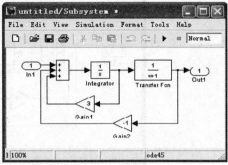

图 1.6－22　含有子系统的模型　　　　图 1.6－23　子系统模型结构

这两种创建子系统最后实现的是一模一样的功能，只不过操作顺序不同。前者是先将这个结构搭建起来，然后将相关的模块封装起来；后者则是先做一个封装容器，然后在封装容器中添加模块。

对于一个相对简单的模型我们采用第一种，这种操作一般不会出错，能够顺利搭建模型。而对于非常复杂的系统，我们事先将模型分成若干个子系统，然后再采用第二种方法进行建模。

在使用 Simulink 子系统建立模型时，有如下几个常用的操作：

① 子系统命名，命名方法与模块命名方法类似，是用有代表意义的文字来对子系统进行命名，有利于增强模块的可读性。

② 子系统编辑，双击子系统模块图标，打开子系统并对其进行编辑。

③ 子系统的输入，使用 Souces 模块库中的 Input 输入模块，即 In1 模块，作为子系统的输入端口。

④ 子系统的输出，使用 Sinks 模块库中的 Output 输出模块，即 Out1 模块，作为子系统的输出端口。

1.7　Computer Vision System 工具箱功能模块介绍

MATLAB 中的计算机视觉系统工具箱（Computer Vision System）如图 1.7－1 所示，提供了视频和图像处理的各种模型，共计 11 个大类库，每个模型库提供了数种模块。用户可以通过拖动、组合，构建视频和图像处理模型，进行视频和图像的仿真和分析。

启动 MATLAB，选择界面左下角的 Start，单击 Toolboxes→Computer Vision

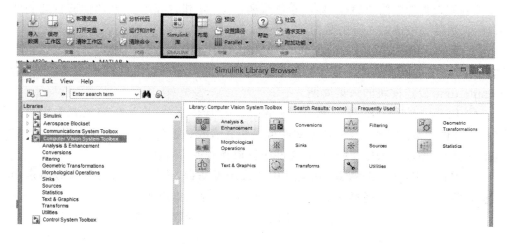

图 1.7-1　计算机视觉系统工具箱的路径

System→Block Library,系统就会载入视频和图像处理模块工具箱,如图 1.7-2 所示。视频和图像处理模块包含 Sources(输入模块)、Sinks(输出模块)、Analysis & Enhancement(分析和增强)、Conversions(转换)、Filtering(滤波)、Geometric Transformations(几何变换)、Morphological Operations(形态学运算)、Statics(统计)、Text & Graphics(文本和图像)、Transforms(变换)和 Utilies(自定义)11 个大类库。这几乎包含了图像处理中的所有操作和算法,并附带了文字标注子模块,为图像处理的模型建立和仿真提供了充足的模块。下面将分别介绍各个模块中的子模块。

图 1.7-2　视频和图像处理模块

(1) 输入模块(Sources)

双击图 1.7-2 中的 Sources 模块库,软件将弹出一个新窗口 Library:vipsrcs,如图 1.7-3 所示。输入模块包含 Video From Workspace 模块、Image From Workspace 模块、From Multimedia File 模块、Image From File 模块、Read Binary File 模块。各个模块的功能如下所述:

① Video From Workspace 模块:通过连续的采样时间,从 MATLAB 工作空间输出视频帧信号。如果视频信号是 $M×N×T$ 类型的数组,则模块输出灰度视频信号,M 和 N 表示一帧图像的行数和列数,T 表示视频的帧数。如果视频信号是 $M×$

$N \times C \times T$ 类型的数组,则模块输出彩色视频信号,M 和 N 表示一帧图像的行数和列数,C 表示每个模块输出量的数值,T 表示视频的帧数。

② Image From Workspace 模块:从 MATLAB 工作空间中输入图像数据。用 Value 参数来指定 MATLAB 中的变量或者用户想要进行图像处理的图像变量,用 Sample time 设定模块的采集周期。

③ From Multimedia File 模块:在 Windows 环境下,模块从压缩或者未压缩的多媒体文件中载入数据,该多媒体文件可以包含音频、视频或者音视频混合数据;在其他环境下,模块从未压缩的 AVI 文件中读取视频或者音频信号。

④ Image From File 模块:从文件中读取图像数据,通过 File name 参数指定用户所需导入的文件名,通过 Sample time 设置模块的采集周期。

⑤ Read Binary File 模块:从指定的格式文件中读取二进制视频数据。

图 1.7 - 3 Video Processing Sources 模块库

(2) 输出模块(Sinks)

双击图 1.7 - 2 中的 Sinks 模块库,软件将弹出一个新窗口 Library:vipsnks,如图 1.7 - 4 所示。输出模块包含 Video Viewer 模块、Video To Workspace 模块、Write Binary File 模块、To Video Display 模块、To Multimedia File 模块、Frame Rate Display 模块。各个模块的功能如下:

① Video Viewer 模块:显示图像或者视频信号。

② Video To Workspace 模块:将模块输入以指定的数组形式写入 MATLAB 工作空间中,当仿真结束时,数组信息有效。当视频信号为灰度信号时,输出到工作空间的信息为三维 $M \times N \times T$ 数组,其中 M 和 N 分别是一帧视频信号的行数和列数,T 是视频信号的帧数。当视频信号为彩色信号时,输出到工作空间的信息为四维 $M \times N \times C \times T$ 数组,其中 M 和 N 分别是一帧视频信号的行数和列数,C 是每个模块输出量的数值,T 是视频信号的帧数。

③ Write Binary File 模块:以指定的格式将二进制视频数据写入文件中。

④ To Video Display 模块:将实时的视频信号输入到系统的视频驱动文件中,在 Windows 平台下,也可以在屏幕上监控视频信号。

⑤ To Multimedia File 模块:将视频、音频或音视频信号写入多媒体文件中。在 Windows 环境下,音频和视频压缩器可以压缩音频或视频信号到指定文件中,如果指定输出文件存在,指定文件将被覆盖。

⑥ Frame Rate Display 模块:计算和显示输入信号的帧频。使用 Calculate and

display rate every 参数来控制显示模块的更新频率。当参数大于 1 时,模块显示指定数量帧信号的平均值。

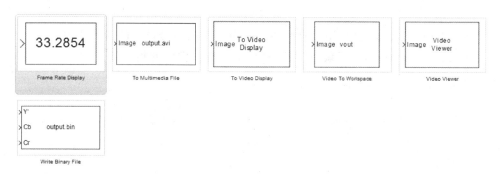

图 1.7 - 4　Video Processing Sinks 模块库

(3) 分析和增强模块(Analysis & Enhancement)

双击图 1.7 - 2 中的 Analysis & Enhancement 模块库,软件将弹出一个新窗口 Library:vipanalysis,如图 1.7 - 5 所示。分析和增强模块包含 Histogram Equalization 模块、Template Matching 模块、Edge Detection 模块、Trace Boundaries 模块、Block Matching 模块,Median Filter 模块、Contrast Adjustment 模块、Optical Flow 模块、Deinterlacing 模块和 Corner Detection 模块。各个模块的功能如下所述:

① Histogram Equalization 模块:采用直方图均衡化方法提高图像的对比度。

② Template Matching 模块:通过将模板转换为单像素递增形式的内部图像,进行模板匹配。用户可以使用 ROI 端口来设定感兴趣区(Region Of Interest,ROI)进行模板匹配。模块的输出值为 Metric port 的模板匹配度或者 Loc port 的零基最佳匹配位置。同时,模块可以通过 NMetric port 输出 $N \times N$ 矩阵的模板匹配值,该值以最佳匹配位置为中心。

③ Edge Detection 模块:用 Sobel、Prewitt、Roberts 或者 Canny 算法对输入图像进行边缘检测。模块输出为一个二进制图像,或者由布尔代数数据组成的矩阵,其中像素值为 1 的地方为边缘。对于前三种边缘检测算法,模块也可以输出两种灰度分量。

④ Trace Boundaries 模块:跟踪二值化图像 BW 的物体边界,其中非 0 为目标,0 为背景。

⑤ Block Matching 模块:采用该模块进行两幅图像或者两个视频帧的运动估计。

⑥ Median Filter 模块:对输入矩阵 I 进行中值滤波。用 Neighborhood size 参数设置中值滤波矩阵的大小。如果在 Output size 参数中选择 Same as input port I,模块输出大小尺寸相同的灰度图像;如果选择 Valid,模块输出和中值滤波矩阵大小匹配的图像,同时不填充剩余区域。

⑦ Contrast Adjustment 模块:通过线性比例调整像素上界和下界之间的像素值,进行图像对比度调整。

⑧ Optical Flow 模块:通过两个或者多个视频帧来评估光流场。

⑨ Deinterlacing 模块:通过该模块移除由于交错信号产生的运动假象。

⑩ Corner Detection 模块:使用该模块来寻找图像中的拐弯处。

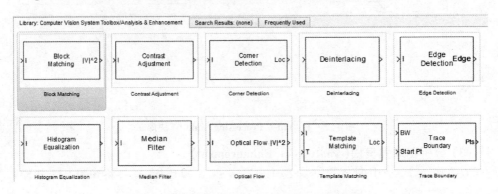

图 1.7-5　Analysis & Enhancement 模块库

(4) 图像转换模块(Conversions)

双击图 1.7-2 中的 Conversions 模块库,软件将弹出一个新窗口 Library:vip-conversions,如图 1.7-6 所示。图像转换模块包含 Color Space Conversion 模块、Chroma Resampling 模块、Autothreshold 模块、Gamma Correction 模块、Image Complement 模块、Demosaic 模块、Image Data Type Conversion 模块。各个模块的功能如下所述:

① Color Space Conversion 模块:在色彩空间进行色彩转换。采用 Conversion 参数来指定转换的颜色空间。具体的参数有 R'G'B' 转为 Y'CbCr、Y'CbCr 转为 R'G'B'、R'G'B' 转为 intensity、R'G'B' 转为 HSV、HSV 转为 R'G'B'、sR'G'B' 转换为 XYZ、XYZ 转为 sR'G'B'、sR'G'B' 转为 L*a*b* 以及 L*a*b* 转为 sR'G'B'。

② Chroma Resampling 模块:通过对 YCbCr 信号的色度信息进行提高或者降低采样,减少带宽和存储空间。

③ Autothreshold 模块:通过自动阈值分割法将灰度图像转换为二值图像,并且使每个像素组的方差达到最小。模块也可以获得单灰度图像的下边界值,以及二值图像的上边界值。

④ Gamma Correction 模块:图像非线性灰度校正模块。

⑤ Image Complement 模块:图像反值处理模块。对于二进制图像,将图像中的 1 替代为 0,将图像中的 0 替代为 1;对于灰度图像,采用最大像素值减去每个像素值,获得输出图像各个位置的像素值。

⑥ Demosaic 模块:完成图像的去马赛克处理。

⑦ Image Data Type Conversion 模块:将输入图像转换或者同比例缩放为指定类型的图像。

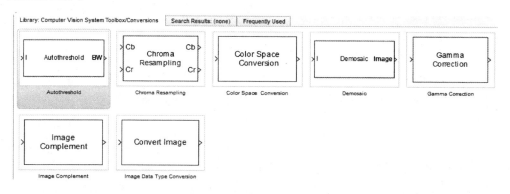

图 1.7-6　Conversions 模块库

(5) 滤波模块(Filtering)

双击图 1.7-2 中的 Filtering 模块库,软件将弹出一个新窗口 Library:vipfilter,如图 1.7-7 所示。图像滤波模块包含 2-D FIR Filter 模块、2-D Conversion 模块、Median Filter 模块和 Kalman Filter 模块。各个模块的功能如下所述:

① 2-D FIR Filter 模块:用滤波系数矩阵 H 对输入图像进行二维 FIR 滤波。通过使用 Filtering based on 参数来指定滤波的类型为 Convolution 或 Correlation。

② 2-D Convolution 模块:用该模块两个输入端口的信号进行二维卷积运算。

③ Median Filter 模块:对输入的图像矩阵 I 进行中值滤波。用 Neighborhood size 参数来指定进行中值滤波邻居矩阵的大小。

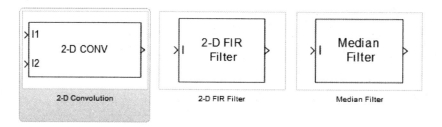

图 1.7-7　Filtering 模块库

(6) 图像几何变换模块(Geometric Transformations)

双击图 1.7-2 中的 Geometric Transformations 模块库,软件将弹出一个新窗口 Library:vipgeotforms,如图 1.7-8 所示。图像几何变换模块包含 Rotate 模块、Affine 模块、Rezise 模块、Estimate Geometric 模块、Translate 模块、Apply Geometric Transformation 模块、Shear 模块。各个模块的功能如下所述:

① Retate 模块:通过设置弧度角来进行图像的旋转。

② Affine 模块:对图像进行 2D 仿射变换。

③ Resize 模块:改变图像的大小。

④ Translate 模块:向上/下或者左/右移动图像。用户可以通过设置二元素补偿矩阵或者设置 Offset 端口参数来进行图像移动。第一个元素表示向上或者向下移动的图像像素数量。如果是正数,表示图像向下移动;第二个元素表示向左或者向右移动的像素数量,如果是正数,表示图像向右移动。

⑤ Apply Geometric Transformation 模块:对图像进行几何变换。

⑥ Shear 模块:图像裁剪模块。通过线性增加或者减少距离来改变图像的每行和每列。

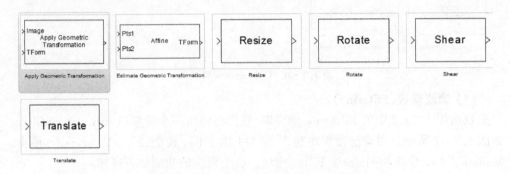

图 1.7-8　Geometric Transformations 模块库

(7) 图像形态学操作模块(Morphological Operations)

双击图 1.7-2 中的 Morphological Operations 模块库,软件将弹出一个新窗口 Library:vipmorphops,如图 1.7-9 所示。图像形态学操作模块包含 Erosion 模块、Dilation 模块、Top-hat 模块、Opening 模块、Closing 模块、Bottom-hat 模块、Label 模块。各个模块的功能如下所述。

① Erosion 模块:对一幅灰度或二进制图像进行形态学腐蚀操作。

② Dilation 模块:对一幅灰度或二进制图像进行形态学膨胀操作。

③ Top-hat 模块:对一幅灰度或二进制图像进行形态学高帽滤波。

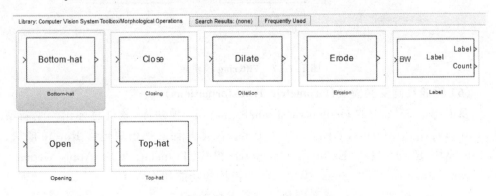

图 1.7-9　Morphological Operations 模块库

④ Opening 模块：对一幅灰度或二进制图像进行形态学开操作。

⑤ Closing 模块：对一幅灰度或二进制图像进行形态学闭操作。

⑥ Bottom – hat 模块：对一幅灰度或二进制图像进行形态学底帽滤波操作。

⑦ Label 模块：对二进制图像连接的组件进行标签或者计数操作。

（8）图像像素统计模块（Statistics）

双击图 1.7 – 2 中的 Statistics 模块库，软件将弹出一个新窗口 Library：vipstatistics，如图 1.7 – 10 所示。图像像素统计模块包含 Minimum 模块、Maximum 模块、Mean 模块、Median 模块、Standard Deviation 模块、Variance 模块、Histogram 模块、PSNR 模块、2 – D Autocorrelation 模块、2 – D Correlation 模块、Find Local Maxima 模块和 Blob Analysis 模块。各个模块的功能如下所述：

① Minimum 模块：返回输入信号的最小元素的值或下标。

② Maximum 模块：返回输入信号的最大元素的值或下标。

③ Mean 模块：对输入向量进行均值运算。

④ Median 模块：对输入向量进行中值运算。

⑤ Standard Deviation 模块：对输入向量进行标准差运算。

⑥ Variance 模块：对输入向量进行方差的运算。

⑦ Histogram 模块：对输入向量进行直方图操作。

⑧ PSNR 模块：计算两幅图像的信噪比峰值。

⑨ 2 – D Autocorrelation 模块：对输入矩阵进行二维自相关操作。

⑩ 2 – D Correlation 模块：对输入矩阵进行二维互相关操作。

⑪ Find Local Maxima 模块：寻找输入矩阵的局部最大值。

⑫ Blob Analysis 模块：计算二进制图像的统计特征。

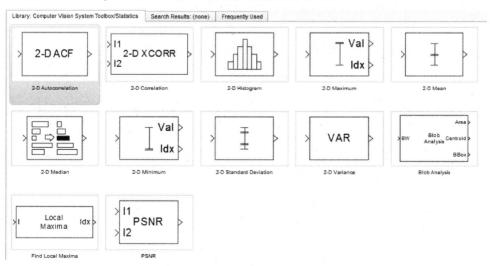

图 1.7 – 10　Statistics 模块库

(9) 图像文本和图片模块(Text & Graphics)

双击图 1.7 - 2 中的 Text & Graphics 模块库,软件将弹出一个新窗口 Library:viptextngfix,如图 1.7 - 11 所示。图像文本和图片模块包含 Draw Shapes 模块、Insert Text 模块、Draw Markers 模块、Compositing 模块。各个模块的功能如下所述:

① Draw Shapes 模块:在图像上重画矩形、线形、多边形或圆圈。

② Insert Text 模块:在一幅图像或者视频流上画格式化文本。

③ Draw Markers 模块:通过圆圈、"x"标志、"+"标志、星形标志、正方形标志,在图像上标记区域。

④ Compositing 模块:将两幅图像的像素合并。

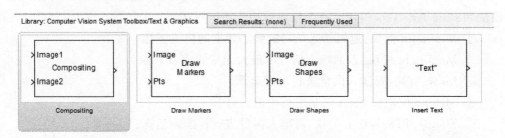

图 1.7 - 11　Text & Graphics 模块库

(10) 图像转换模块(Transforms)

双击图 1.7 - 2 中的 Transforms 模块库,软件将弹出一个新窗口 Library:viptransforms,如图 1.7 - 12 所示。图像转换模块包含 2 - D FFT 模块、2 - D IFFT 模块、2 - D DCT 模块、2 - D IDCT 模块、Hough Transform 模块、Hough Lines 模块和 Gaussian Pyramid 模块。各个模块的功能如下所述:

① 2 - D FFT 模块:对输入图像进行二维傅里叶变换。

② 2 - D IFFT 模块:对输入图像进行二维傅里叶反变换。

③ 2 - D DCT 模块:对输入图像进行二维离散余弦变换。

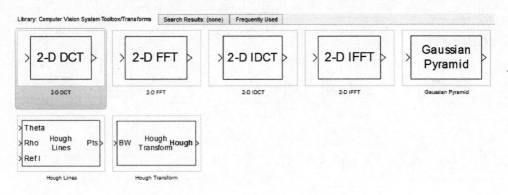

图 1.7 - 12　Transforms 模块库

④ 2 - D IDCT 模块:对输入图像进行二维离散余弦反变换。

⑤ Hough Transform 模块:对输入图像进行 Hough 变换,检测直线。

⑥ Hough Lines 模块:寻找笛卡尔坐标系下由弧长和角度所描述的直线。

⑦ Gaussian Pyramid 模块:模块用于计算高斯金字塔消去或扩张。

(11) 用户自定义模块(Utilities)

双击图 1.7 - 2 中的 Utilities 模块库,软件将弹出一个新窗口 Library:viputili-ties,如图 1.7 - 13 所示。图像转换模块包含 Block Processing 模块、Image Pad 模块。各个模块的功能如下所述:

① Block Processing 模块:对输入矩阵的子矩阵进行用户自定义操作。

② Image Pad 模块:对二维图像进行填充或者修剪操作。

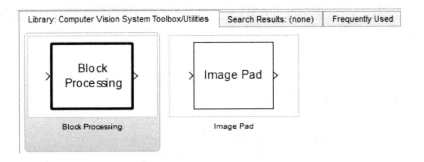

图 1.7 - 13　Utilities 模块库

1.8　新功能:图像/视频处理 C 代码的快速生成

众所周知,采用基于 C 语言的数字图像/视频处理编程是十分复杂和繁琐的,因为它不像在 MATLAB 环境下那样可以轻松地调用函数,但在某些嵌入式的环境下进行图像/视频处理的开发,又必须通过 C 语言来实现。

MATLAB 的最新功能提供了图像/视频处理 C 代码的快速实现,可以说是极大地提高了研发的效率,提高了代码书写的规范性。本节从如何将 Simulink - Blocks 转换成 C 代码这个方面进行讲解。

下面通过一个例子来讲解图像/视频处理 C 代码的快速生成。首先,按照 1.6 节所述步骤,建立如图 1.8 - 1 所示的模型,用于对输入图像的灰度空间转换及边缘检测。

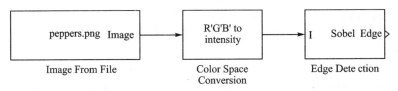

图 1.8 - 1　步骤 1:建立模型

然后单击 Configuration Parameters 进行参数设置，如图 1.8－2 所示。

注意，在进行参数设置时需要将模型类型设置为定点型（Fixed－step），如图 1.8－3 所示。如需要详细的程序生成报告，则勾选 Creat code generation report 和 Open report automatically 选项，如图 1.8－4 所示。

将参数设置好后，单击 Code Genaration 选项的 Build 按钮，如图 1.8－5 所示。之后，便可生成程序生成报告以及可运行的 C 代码，如图 1.8－6 和图 1.8－7 所示。

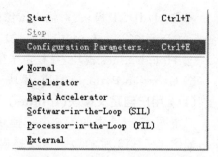

图 1.8－2　步骤 2：进行参数设置

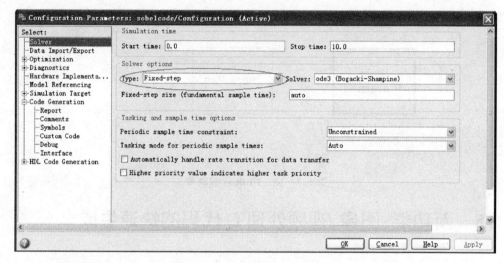

图 1.8－3　将模型设置为定点型

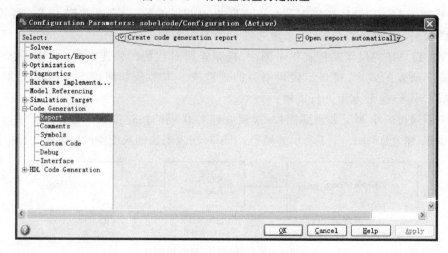

图 1.8－4　勾选报告生成选项

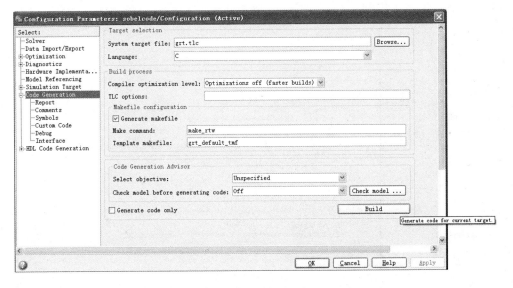

图 1.8-5　单击 Code Genaration 选项的 Build 按钮

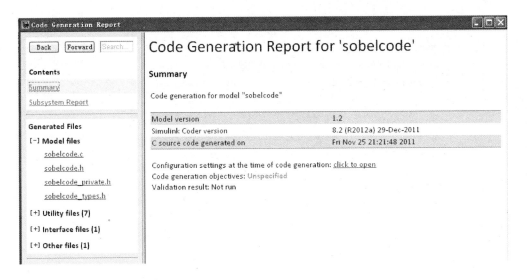

图 1.8-6　代码生成报告

图 1.8-1 所示模型生成的 C 代码如下,其功能是:输入的 RGB 图像进行类型转换并对转换后的图像进行边缘检测。

```
1    /*
2     * sobelcode.c
3     *
4     * Code generation for model "sobelcode".
5     *
```

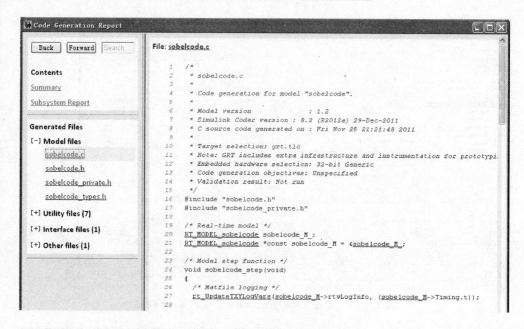

图 1.8 - 7　生成的代码截图

```
 6    * Model version                : 1.2
 7    * Simulink Coder version：8.2（R2012a）29 - Dec - 2011
 8    * C source code generated on：Fri Nov 25 21：21：48 2011
 9    *
10    * Target selection：grt.tlc
11    * Note：GRT includes extra infrastructure and instrumentation for prototyping
12    * Embedded hardware selection：32 - bit Generic
13    * Code generation objectives：Unspecified
14    * Validation result：Not run
15    */
16    ＃include "sobelcode.h"
17    ＃include "sobelcode_private.h"
18
19    /* Real - time model */
20    RT_MODEL_sobelcode sobelcode_M_;
21    RT_MODEL_sobelcode *const sobelcode_M = &sobelcode_M_;
22
23    /* Model step function */
24    void sobelcode_step(void)
25    {
26      /* Matfile logging */
27      rt_UpdateTXYLogVars(sobelcode_M - >rtwLogInfo,(sobelcode_M - >Timing.t));
28
```

```
29      /* Update absolute time for base rate */
30      /* The "clockTick0" counts the number of times the code of this task has
31       * been executed. The absolute time is the multiplication of "clockTick0"
32       * and "Timing.stepSize0". Size of "clockTick0" ensures timer will not
33       * overflow during the application lifespan selected.
34       * Timer of this task consists of two 32 bit unsigned integers.
35       * The two integers represent the low bits Timing.clockTick0 and the high bits
36       * Timing.clockTickH0. When the low bit overflows to 0, the high bits increment.

37       */
38      if(! (++ sobelcode_M->Timing.clockTick0)) {
39          ++ sobelcode_M->Timing.clockTickH0;
40      }
41
42      sobelcode_M->Timing.t[0] = sobelcode_M->Timing.clockTick0 *
43          sobelcode_M->Timing.stepSize0 + sobelcode_M->Timing.clockTickH0 *
44          sobelcode_M->Timing.stepSize0 * 4294967296.0;
45  }
46
47  /* Model initialize function */
48  void sobelcode_initialize(void)
49  {
50      /* Registration code */
51
52      /* initialize non-finites */
53      rt_InitInfAndNaN(sizeof(real_T));
54
55      /* initialize real-time model */
56      (void) memset((void *)sobelcode_M, 0,
57                      sizeof(RT_MODEL_sobelcode));
58
59      /* Initialize timing info */
60      {
61          int_T *mdlTsMap = sobelcode_M->Timing.sampleTimeTaskIDArray;
62          mdlTsMap[0] = 0;
63          sobelcode_M->Timing.sampleTimeTaskIDPtr = (&mdlTsMap[0]);
64          sobelcode_M->Timing.sampleTimes = (&sobelcode_M->Timing.sampleTime-
    sArray[0]);
65          sobelcode_M->Timing.offsetTimes = (&sobelcode_M->Timing.offsetTime-
    sArray[0]);
66
67          /* task periods */
```

```
68        sobelcode_M->Timing.sampleTimes[0] = (0.2);
69
70        /* task offsets */
71        sobelcode_M->Timing.offsetTimes[0] = (0.0);
72      }
73
74      rtmSetTPtr(sobelcode_M, &sobelcode_M->Timing.tArray[0]);
75
76      {
77        int_T *mdlSampleHits = sobelcode_M->Timing.sampleHitArray;
78        mdlSampleHits[0] = 1;
79        sobelcode_M->Timing.sampleHits = (&mdlSampleHits[0]);
80      }
81
82      rtmSetTFinal(sobelcode_M, 10.0);
83      sobelcode_M->Timing.stepSize0 = 0.2;
84
85      /* Setup for data logging */
86      {
87        static RTWLogInfo rt_DataLoggingInfo;
88        sobelcode_M->rtwLogInfo = &rt_DataLoggingInfo;
89      }
90
91      /* Setup for data logging */
92      {
93        rtliSetLogXSignalInfo(sobelcode_M->rtwLogInfo, (NULL));
94        rtliSetLogXSignalPtrs(sobelcode_M->rtwLogInfo, (NULL));
95        rtliSetLogT(sobelcode_M->rtwLogInfo, "tout");
96        rtliSetLogX(sobelcode_M->rtwLogInfo, "");
97        rtliSetLogXFinal(sobelcode_M->rtwLogInfo, "");
98        rtliSetSigLog(sobelcode_M->rtwLogInfo, "");
99        rtliSetLogVarNameModifier(sobelcode_M->rtwLogInfo, "rt_");
100       rtliSetLogFormat(sobelcode_M->rtwLogInfo, 0);
101       rtliSetLogMaxRows(sobelcode_M->rtwLogInfo, 1000);
102       rtliSetLogDecimation(sobelcode_M->rtwLogInfo, 1);
103       rtliSetLogY(sobelcode_M->rtwLogInfo, "");
104       rtliSetLogYSignalInfo(sobelcode_M->rtwLogInfo, (NULL));
105       rtliSetLogYSignalPtrs(sobelcode_M->rtwLogInfo, (NULL));
106     }
107
108     sobelcode_M->solverInfoPtr = (&sobelcode_M->solverInfo);
109     sobelcode_M->Timing.stepSize = (0.2);
```

```
110        rtsiSetFixedStepSize(&sobelcode_M->solverInfo, 0.2);
111        rtsiSetSolverMode(&sobelcode_M->solverInfo, SOLVER_MODE_SINGLETASKING);
112
113        /* Matfile logging */
114        rt_StartDataLoggingWithStartTime(sobelcode_M->rtwLogInfo, 0.0, rtmGetTFinal
115        (sobelcode_M), sobelcode_M->Timing.stepSize0, (&rtmGetErrorStatus
116        (sobelcode_M)));
117
118        /* Initialize Sizes */
119        sobelcode_M->Sizes.numContStates = (0);/* Number of continuous states */
120        sobelcode_M->Sizes.numY = (0);         /* Number of model outputs */
121        sobelcode_M->Sizes.numU = (0);         /* Number of model inputs */
122        sobelcode_M->Sizes.sysDirFeedThru = (0);/* The model is not direct
       feedthrough */
123        sobelcode_M->Sizes.numSampTimes = (1);/* Number of sample times */
124        sobelcode_M->Sizes.numBlocks = (0);  /* Number of blocks */
125      }
126
127    /* Model terminate function */
128    void sobelcode_terminate(void)
129    {
130    }
131
```

第 2 章

数字图像变换

2.1 图像的几何变换

2.1.1 图像的缩放变换

1. 基本原理一点通

通常情况下,数字图像的比例缩放是指给定的图像在 x 方向和 y 方向按相同的比例缩放 a 倍,从而获得一幅新的图像,又称为全比例缩放。如果 x 方向和 y 方向缩放的比例不同,则图像的比例缩放会改变原始图像像素间的相对位置,产生几何畸变。设原始图像中的点 $A_0(x_0,y_0)$ 比例缩放后,在新图像中的对应点为 $A_1(x_1,y_1)$,则 $A_0(x_0,y_0)$ 和 $A_1(x_1,y_1)$ 之间的坐标关系可表示为:

$$\begin{pmatrix} x_1 \\ y_1 \\ 1 \end{pmatrix} T = \begin{pmatrix} a & 0 & 0 \\ 0 & a & 0 \\ 0 & 0 & 1 \end{pmatrix} \begin{pmatrix} x_0 \\ y_0 \\ 1 \end{pmatrix} \tag{2.1.1}$$

即:

$$\begin{cases} x_1 = ax_0 \\ y_1 = ay_0 \end{cases}$$

若比例缩放所产生的图像中的像素在原始图像中没有相对应的像素点时,就需要进行灰度值的插值运算,一般有以下两种插值处理方法。

➤ 直接赋值为和它最相近的像素灰度值,这种方法称为最邻近插值法(Nearest Neighbor Interpolation),该方法的主要特点是简单、计算量很小,但可能会产生马赛克现象。

➤ 通过其他数学插值算法来计算相应的像素点的灰度值,这类方法处理效果好,但运算量会有所增加。

有关灰度插值的内容,将在 2.1.4 小节进行详细介绍。

在式(2.1.1)所表示的比例缩放中,若 $a>1$,则图像被放大;若 $a<1$,则图像被缩小。以 $a=1/2$ 为例,即图像缩小为原始图像的一半。图像被缩小一半以后根据目

标图像和原始图像像素之间的关系,有如下两种缩小方法:

① 取原始图像的偶数行和偶数列组成新的图像,在缩放前后图像间像素点的对应关系如下:

$$
缩小图像 \left\{ \begin{array}{ccc} (0,0) & \leftrightarrow & (0,0) \\ (0,1) & \leftrightarrow & (0,2) \\ (0,2) & \leftrightarrow & (0,4) \\ (0,3) & \leftrightarrow & (0,6) \\ (1,0) & \leftrightarrow & (2,0) \\ (2,0) & \leftrightarrow & (4,0) \\ \vdots & & \vdots \\ (3,0) & \leftrightarrow & (6,0) \\ (3,1) & \leftrightarrow & (6,2) \\ (3,2) & \leftrightarrow & (6,4) \\ (3,3) & \leftrightarrow & (6,6) \end{array} \right\} 原始图像
$$

以此类推,可以逐点计算缩小后图像各像素点的值,图像缩小之后所承载的信息量为原始图像的 50%,即在原始图像上,按行优先的原则,对所处理的行,每隔一个像素取一点,每隔一行进行一次操作。

② 取原始图像的奇数行和奇数列组成新的图像。

如果图像按任意比例缩小,则以类似的方式按比例选择行和列上的像素点。若 x 方向与 y 方向缩放的比例不同,则这种变换将会使缩放以后的图像产生几何畸变。图像 x 方向与 y 方向的不同比例缩放的变换公式如下:

$$
\begin{pmatrix} x_1 \\ y_1 \\ 1 \end{pmatrix} T = \begin{pmatrix} a & 0 & 0 \\ 0 & b & 0 \\ 0 & 0 & 1 \end{pmatrix} \begin{pmatrix} x_0 \\ y_0 \\ 1 \end{pmatrix} \quad a \neq b \tag{2.1.2}
$$

图像缩小变换是在已知图像信息中以某种方式选择需要保留的信息。反之,图像的放大变换则需要对图像尺寸经放大后所多出来的像素点填入适当的像素值,这些像素点在原始图像中没有直接对应点,需要以某种方式进行估计。以 $a=b=2$ 为例,即原始图像按全比例放大 2 倍,实际上,这是将原始图像每行中各像素点重复取一遍值,然后每行重复一次。根据理论计算,放大后图像中的像素点 $(0,0)$ 对应于原始图像中的像素点 $(0,0)$,$(0,2)$ 对应于原始图像中的像素点 $(0,1)$,但放大后图像的像素点 $(0,1)$ 对应于原始图像中的像素点 $(0,0.5)$,$(1,0)$ 对应于原始图像中的 $(0.5,0)$,原始图像中不存在这些像素点,那么放大后的图像如何处理这些问题呢? 以像素点 $(0,0.5)$ 为例,这时可以采用以下两种方法和原始图像对应,其余点以此逐点类推。

➢ 将原始图像中的像素点 $(0,0.5)$ 近似为原始图像的像素点 $(0,0)$。

➢ 将原始图像中的像素点 $(0,0.5)$ 近似为原始图像的像素点 $(0,1)$。

若采用第 1 种方法,则原始图像和放大图像的像素点对应关系如下:

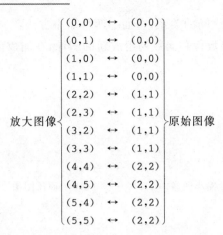

放大图像
$$
\begin{cases}
(0,0) & \leftrightarrow & (0,0) \\
(0,1) & \leftrightarrow & (0,0) \\
(1,0) & \leftrightarrow & (0,0) \\
(1,1) & \leftrightarrow & (0,0) \\
(2,2) & \leftrightarrow & (1,1) \\
(2,3) & \leftrightarrow & (1,1) \\
(3,2) & \leftrightarrow & (1,1) \\
(3,3) & \leftrightarrow & (1,1) \\
(4,4) & \leftrightarrow & (2,2) \\
(4,5) & \leftrightarrow & (2,2) \\
(5,4) & \leftrightarrow & (2,2) \\
(5,5) & \leftrightarrow & (2,2)
\end{cases}
$$
原始图像

若采用第 2 种方法,则原始图像和放大图像的像素点对应关系如下:

放大图像
$$
\begin{cases}
(0,0) & \leftrightarrow & (0,0) \\
(0,1) & \leftrightarrow & (0,1) \\
(1,0) & \leftrightarrow & (1,0) \\
(1,1) & \leftrightarrow & (1,1) \\
(1,2) & \leftrightarrow & (1,1) \\
(2,1) & \leftrightarrow & (1,1) \\
(2,2) & \leftrightarrow & (1,1) \\
(2,3) & \leftrightarrow & (1,1) \\
(3,2) & \leftrightarrow & (1,1) \\
(3,3) & \leftrightarrow & (1,1) \\
(3,4) & \leftrightarrow & (2,2) \\
(4,3) & \leftrightarrow & (2,2) \\
(4,4) & \leftrightarrow & (2,2) \\
(5,5) & \leftrightarrow & (3,3) \\
(5,6) & \leftrightarrow & (3,3) \\
(6,3) & \leftrightarrow & (3,3) \\
(6,6) & \leftrightarrow & (3,3)
\end{cases}
$$
原始图像

一般地,按比例将原始图像放大 a 倍时,如果按照最近邻域法,则需要将一个像素值添到新图像的 $a \times a$ 方块中。因此,如果放大倍数过大,则按照这种方法填充灰度值会出现马赛克效应。为了避免马赛克效应,提高几何变换后的图像质量,可以采用不同复杂程度的线性插值法填充放大后所多出来的相关像素点的灰度值。

2. 例程精讲

(1) 基于 MATLAB 图像处理工具箱

在 MATLAB 中,图像的缩放可以调用图像处理工具箱(Image Processing Toolbox)中的 imresize 函数来实现。imresize 函数的调用格式如下:

```
B = imresize(A,m,method)
```

imrersize 函数使用由参数 method 指定的插值运算来改变图像的大小。method 的几种可选值：nearest（默认值）最近邻插值；bilinear 双线性插值；bicubic 双三次插值；B＝imresize(A,m)表示把图像 A 放大 m 倍。

例程 2.1－1 便是调用 imresize 函数进行图像缩放的 MATLAB 程序，其运行结果如图 2.1－1 所示。

【例程 2.1－1】

```
I = imread('property.jpg');
I = rgb2gray(I);
X1 = imresize(I,2); % 放大为原来的 2 倍
X2 = imresize(I,0.5); % 缩小为原来的 1/2
figure,imshow(X1);
figure,imshow(X2);
```

(a) 输入的原始图像　　　　　　　(b) 缩小后的图像

图 2.1－1　例程 2.1－1 的运行结果

（2）基于 MATLAB 计算机视觉工具箱

① 基于系统对象（System Object）的程序实现。

在 MATLAB 中，调用计算机视觉工具箱（Computer Vision System ToolBox）中的 vision.GeometricScaler 可实现对输入图像的缩放变换。具体使用方法如下：

功能：对图像进行几何尺寸的放缩。

语法：

```
A = step(vision.GeometricScaler, Img)
```

其中：Img 为原始图像；A 是旋转后的图像。

该系统可以设置的属性如下：

SizeMethod：图像尺寸放缩的方法。Output size as a percentage of input size：对输入的图像按照一定比例放缩；Number of output columns and preserve aspect ratio:按照输出图像的列数以及由其确定的比例进行放缩;Number of output rows and preserve aspect ratio:按照输出图像行数以及由其确定的比例进行放缩;Number of output rows and columns:按照输出图像的行数和列数进行放缩。

ResizeFactor:行列缩放比例,只有将 SizeMethod 设置为 Output size as a percentage of input size 时,ResizeFactor 属性才有效。可用一个数组[a,b]对 ResizeFactor 进行设置,a 为图像行的缩放系数,b 为图像列的缩放系数,默认值为[200,150]。

NumOutputColumns:输出图像列的值。只有将 SizeMethod 设置为 Number of output columns and preserve aspect ratio 时,NumOutputColumns 属性才有效,其默认值为 25。

NumOutputRows:输出图像行的值。只有将 SizeMethod 设置为 Number of output rows and preserve aspect ratio 时,NumOutputRows 属性才有效,其默认值为 25。

Size:输出图像的大小。只有将 SizeMethod 设置为 Number of output rows and columns 时,Size 属性才有效。可用一个数组[a,b]对 size 进行设置,a 为输出图像的行数,b 为输出图像的列数,默认值为[25,35]。

InterpolationMethod:插值方法选择。Nearest neighbor:最邻近插值;Bilinear:双线性插值;Bicubic:立方插值;Lanczos2:16 邻域插值;Lanczos3:36 邻域插值。

Antialiasing:当缩放图像时低通滤波器使能。当 Antialiasing 被设置为 true 时,在缩放图像之前,采用低通滤波器对图像进行滤波。

例程 2.1-2 是调用系统函数 vision. GeometricScaler 对图像进行放缩的程序,其运行结果如图 2.1-3 所示。

【例程 2.1-2】

```
% 读入图像
I = imread('cameraman. tif');
% 创建系统对象
hgs = vision. GeometricScaler;
% 设置系统对象属性
hgs. SizeMethod = ...
    'Output size as a percentage of input size'; % 对输入的图像按照一定比例放缩
hgs. InterpolationMethod = 'Bilinear'; % 采用双线性插值
% 运行系统对象
J = step(hgs,I);
% 显示原始图像与处理后的结果
imshow(I); title('Original Image');
figure,imshow(J);title('Resized Image');
```

② 基于 Blocks - Simulink 的实现。

在 MATLAB 中,还可以通过 Blocks - Simulink 来实现对图像的缩放,其原理图如图 2.1-3 所示,其运行结果如图 2.1-4 所示。

Original Image

(a) 输入的原始图像

Resized Image

(b) 放大后的结果

图 2.1 - 2　例程 2.1 - 2 的运行结果

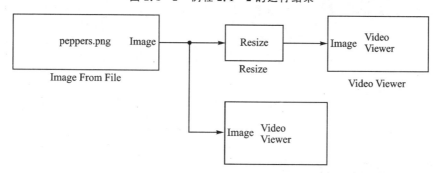

图 2.1 - 3　通过 Blocks - Simulink 来实现对图像放缩的原理

其中,各功能模块及其路径如表 2.1 - 1 所列。双击 Resize 模块,其属性设置如图 2.1 - 5 所示。

表 2.1 - 1　各功能模块及其路径

功　能	名　称	路　径
读入图像	Image From File	Computer Vision System/Block Library/Sources
图像尺度放缩	Resize	Computer Vision System/Block Library/ Geometric Transformations
观察图像输出结果	Video Viewer	Computer Vision System/Block Library/Sinks

图 2.1-4　图 2.1-3 所示模型的运行结果

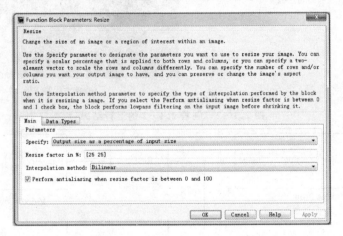

图 2.1-5　Resize 模块参数设置

2.1.2　图像的平移变换

1. 基本原理一点通

平移是日常生活中最普遍的方式之一，如开学时教室里课桌的重新摆放等都可以视为平移运动。图像的平移是将一幅图像上的所有像素点都按给定的偏移量沿 x 方向和 y 方向进行移动，如图 2.1-6 所示。图像的平移变换是图像几何变换中最简单的变换之一。

> **经验分享**　平移后的景物与原图像相同，但"画布"一定是扩大了，否则就会丢失信息。

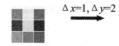

$\Delta x=1, \Delta y=2$

图 2.1-6　图像平移示意图

若点 $A_0(x_0,y_0)$ 进行平移后,被移动到 $A(x,y)$ 的位置,其中,x 方向上的平移量为 Δx,y 方向上的平移量为 Δy, 那么,点 $A(x,y)$ 的坐标为:

$$\begin{cases} x = x_0 + \Delta x \\ y = y_0 + \Delta y \end{cases}$$

利用齐次坐标,点 $A(x,y)$ 的坐标可以表示如下:

$$\begin{pmatrix} x \\ y \end{pmatrix} = \begin{pmatrix} 1 & 0 & \Delta x \\ 0 & 1 & \Delta y \end{pmatrix} \begin{pmatrix} x_0 \\ y_0 \\ 1 \end{pmatrix}$$

相应地,也可以根据点 $A(x,y)$ 求解原始点 $A_0(x_0,y_0)$ 的坐标,即:

$$\begin{pmatrix} x_0 \\ y_0 \\ 1 \end{pmatrix} = \begin{pmatrix} 1 & 0 & -\Delta x \\ 0 & 1 & -\Delta y \\ 0 & 0 & 1 \end{pmatrix} \begin{pmatrix} x \\ y \\ 1 \end{pmatrix}$$

显然,以上两个变换矩阵互为逆矩阵。

图像平移变换的特点是平移后的图像与原图像完全相同,平移后新图像上的每一点都可以在原图像中找到对应的点。对于不在原始图像中的点,可以直接按它们的像素值统一设置为 0 或 255,对于灰度图像则为黑色或白色。反之,若某像素点不在新图像中,同样说明原始图像中有某些像素点被移出了显示区域。图像经平移后,原始图像的一些像素点被移出了显示区域,若想保留全部图像,则应扩大新图像的显示区域。

2. 例程精讲

(1) 基于 M 代码的实现

例程 2.1-3 是图像平移的 MATLAB 源程序,其运行结果如图 2.1-7 所示。

【例程 2.1-3】

```
function outimage = imtranslateli(I,deltax,deltay,zoo)
% 功能
% 输入:I - 输入的待处理的图像
%      deltax - 沿 x 轴的偏移量
%      deltay - 沿 y 轴的偏移量
%      zoo - 扩大因子
% 输出:outimage - 输出的平移后的图像

[m,n] = size(I);
```

(a) 输入的原始图像　　　　　　　　　　　　(b) 平移后的图像

图 2.1-7　例程 2.1-3 的运行结果

```
% 画布是否扩大的因子,默认是画布不扩大
zoom = 0;
if nargin>3
% 画布扩大
    zoom = zoo;
end
if zoom
    outimage = zeros(m + deltax,n + deltay);
else
    outimage = zeros(m,n);
end
% 处理后图像初始化
[m0 n0] = size(outimage);
for y = 1:n0
    for x = 1:m0
        x0 = x - deltax;
        y0 = y - deltay;
        if x0> = 1&&x0< = m&&y0> = 1&&y0< = n
% 给新图像中的像素赋值
            outimage(x,y) = I(x0,y0);
        end
    end
end
% 显示图像
subplot(121),imshow(I),title('原始图像');
subplot(122), imshow(uint8(outimage)),title('平移后的图像');
```

(2) 基于 MATLAB 计算机视觉工具箱

① 基于系统对象(System Object)的程序实现。

在 MATLAB 中,调用计算机视觉工具箱中的 vision. GeometricTranslator 可实

现对输入图像的缩放变换。其具体使用方法如下：

功能：将输入图像进行平移。

语法：

```
A = step(vision. GeometricTranslator, Img)
```

vision. GeometricTranslator 可以设置的属性如下：

其中：Img 为原始图像；A 是平移后的图像。

OutputSize：输出图像的尺寸。当该属性设置为 Full 时，输出的图像比输入图像尺寸大，保证会将平移后的图像显示完整；当该属性设置为 Same as input image 时，输出图像的尺寸和输入图像的尺寸相同，但只能显示图像的一部分，该属性的默认值为 Full。

OffsetSource：平移值通过何种方式输入。当设置为 Property 时，则通过设置属性 Offset 的值确定平移量；当设置为 Input port 时，则通过输入接口进行平移量设置；

Offset：平移量。可以用数组[a,b]对其进行设置，a 为竖直偏移量（以向下移动为正），b 为水平偏移量（以向右移动为正）。默认值为[1.5 2.3]。

MaximumOffset：最大偏移量。可以用数组[a,b]对其进行设置，a 为最大竖直偏移量，b 为最大水平偏移量。默认值为[8 10]。只有 OutputSize 设置为 Full 且 OffsetSource 设置为 Input port 时此属性才有效。默认值为[8 10]。

BackgroundFillValue：背景图像填充值。默认值为 0。

InterpolationMethod：插值方法设置。Nearest neighbor：最邻近插值；Bilinear：双线性插值；Bicubic：立方插值。默认值为 Bilinear。

例程 2.1-4 是调用系统函数 vision. GeometricScaler 对图像进行放缩的程序，其运行结果如图 2.1-8 所示。

【例程 2.1-4】

```
% 创建系统对象
htranslate = vision. GeometricTranslator;
% 设置系统对象属性
htranslate.OutputSize = 'Same as input image';  % 输出图像的大小与输入相同
htranslate.Offset = [30 30];  % 在 X、Y 轴上的偏移量各为 30 个像素
% 读入图像，并转换成单精度性
Img = imread('cameraman.tif');
I = im2single(Img);
% 运行系统对象
Y = step(htranslate,I);
% 显示结果
subplot(1,2,1),imshow(Img);
subplot(1,2,2),imshow(Y);
```

图 2.1 - 8　例程 2.1 - 4 的运行结果

② 基于 Blocks - Simulink 实现。

在 MATLAB 中,还可以通过 Blocks - Simulink 来实现对图像的的缩放,其原理图如图 2.1 - 9 所示,其运行结果如图 2.1 - 10 所示。

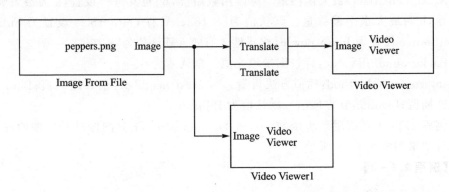

图 2.1 - 9　通过 Blocks - Simulink 来实现对图像放缩的原理

其中,各功能模块及其路径如表 2.1 - 2 所列。双击 Translate 模块,其属性设置如图 2.1 - 11 所示。

表 2.1 - 2　各功能模块及其路径

功　能	名　称	路　径
读入图像	Image From File	Computer Vision System/Block Library/Sources
图像平移	Translate	Computer Vision System/Block Library/Geometric Transformations
观察图像输出结果	Video Viewer	Computer Vision System/Block Library/Sinks

图 2.1-10 图 2.1-9 所示模型的运行结果

```
Function Block Parameters: Translate

Translate

Move an image up or down and/or left or right. You can specify your two-element offset vector using
the dialog box or the Offset port. The first element represents how many pixels up or down to shift
your image. If you enter a positive value, the block moves the image downward. The second element
represents how many pixels left or right to shift your image. If you enter a positive value, the
block moves the image to the right.

Main   Data Types
Parameters

Output size after translation:  Full

Offset source:  Specify via dialog

Offset:  [15  23]

Background fill value:  0

Interpolation method:  Bilinear

            OK      Cancel      Help      Apply
```

图 2.1-11 Translate 模块参数设置

2.1.3 图像的旋转变换

1. 基本原理一点通

提到旋转,首先要解决"绕着什么转"的问题。通常的做法是,以图像的中心为圆心旋转,将图像上所有像素都旋转一个相同的角度。图像的旋转变换是图像的位置变换,但旋转后,图像的大小一般会改变。和图像平移变换一样,在图像旋转变换中,可以把转出显示区域的图像截去,旋转后也可以扩大图像范围以显示所有的图像。

采用不裁掉转出、部分旋转后图像放大的做法,首先需要给出变换矩阵。在坐标系中,将一个点顺时针旋转 a 角,r 为该点到原点的距离,b 为 r 与 x 轴之间的夹角。在旋转过程中,r 保持不变。

设旋转前 x_0,y_0 的坐标分别为 $x_0 = r\cos b$;$y_0 = r\sin b$。当旋转 a 角度后,坐标 x_1,y_1 的值分别为:

$$x_1 = r\cos(b-a) = r\cos b\cos a + r\sin b\sin a = x_0\cos a + y_0\sin a$$

$$y_1 = r\sin(b-a) = r\sin b\cos a - r\cos b\sin a = -x_0\sin a + y_0\cos a$$

$$(2.1.3)$$

以矩阵的形式表示为:

$$(x_1 \quad y_1 \quad 1) = (x_0 \quad y_0 \quad 1)\begin{pmatrix} \cos a & -\sin a & 0 \\ \sin a & \cos a & 0 \\ 0 & 0 & 1 \end{pmatrix} \qquad (2.1.4)$$

在式(2.1.4)中,坐标系 xOy 是以图像的中心为原点,以右为 x 轴正方向,以上为 y 轴正方向。

设图像的宽带为 w,高度为 h,容易得到:

$$(x \quad y \quad 1) = (x' \quad y' \quad 1)\begin{pmatrix} 1 & 0 & 0 \\ 0 & -1 & 0 \\ -0.5w & 0.5h & 1 \end{pmatrix} \qquad (2.1.5)$$

逆变换为:

$$(x' \quad y' \quad 1) = (x \quad y \quad 1)\begin{pmatrix} 1 & 0 & 0 \\ 0 & -1 & 0 \\ 0.5w & 0.5h & 1 \end{pmatrix} \qquad (2.1.6)$$

有了式(2.1.3)～式(2.1.6),可以将旋转变换分成 3 个步骤来完成:

① 将坐标系 $x'O'y'$ 变成 xOy;

② 将该点顺时针旋转 a 角;

③ 将坐标系 xOy 变回 $x'O'y'$,这样,就得到了如下的变换矩阵(是上面 3 个矩阵的级联)。

$$(x_1 \quad y_1 \quad 1) = (x_0 \quad y_0 \quad 1)\begin{pmatrix} 1 & 0 & 0 \\ 0 & -1 & 0 \\ -0.5w_{old} & 0.5h_{old} & 1 \end{pmatrix}\begin{pmatrix} \cos a & -\sin a & 0 \\ \sin a & \cos a & 0 \\ 0 & 0 & 1 \end{pmatrix}$$

$$\begin{pmatrix} 1 & 0 & 0 \\ 0 & -1 & 0 \\ 0.5w_{new} & 0.5h_{new} & 1 \end{pmatrix}$$

$$= (x_0 \quad y_0 \quad 1)\begin{pmatrix} \cos a & \sin a & 0 \\ -\sin a & \cos a & 0 \\ -0.5w_{old}\cos a + 0.5h_{old}\sin a + 0.5w_{new} & -0.5w_{old}\sin a - 0.5h_{old}\cos a + 0.5h_{new} & 1 \end{pmatrix}$$

$$(2.1.7)$$

式中, $w_{old}, h_{old}, w_{new}, h_{new}$ 分别表示原图像的宽、高和新图像的宽、高。式(2.1.7)的逆变换为:

$$
\begin{aligned}
(x_0 \quad y_0 \quad 1) = {} & (x_1 \quad y_1 \quad 1)
\begin{pmatrix} 1 & 0 & 0 \\ 0 & -1 & 0 \\ -0.5w_{new} & 0.5h_{new} & 1 \end{pmatrix}
\begin{pmatrix} \cos a & \sin a & 0 \\ -\sin a & \cos a & 0 \\ 0 & 0 & 1 \end{pmatrix} \\
& \begin{pmatrix} 1 & 0 & 0 \\ 0 & -1 & 0 \\ 0.5w_{old} & 0.5h_{old} & 1 \end{pmatrix} \\
= {} & (x_1 \quad y_1 \quad 1)
\begin{bmatrix} \cos a & -\sin a & 0 \\ \sin a & \cos a & 0 \\ \begin{array}{c} -0.5w_{new}\cos a - \\ 0.5h_{new}\sin a + 0.5w_{old} \end{array} & \begin{array}{c} 0.5w_{new}\sin a - \\ 0.5h_{new}\cos a + 0.5h_{old} \end{array} & 1 \end{bmatrix}
\end{aligned}
$$

$$(2.1.8)$$

这样，对于新图像中的每一点，就可以根据式(2.1.8)求出对应点原图像中的点，并得到它的灰度。如果超出原图像范围，则填成白色。要注意的是，由于有浮点运算，计算出来的点的坐标可能不是整数，需要采用取整处理，即找到最接近的点，这样会带来一些误差(图像可能会出现锯齿)。更精确的方法是采用插值，这将在 2.1.4 小节中进行介绍。

2. 例程精讲

(1) 基于 MATLAB 图像处理工具箱

在 MATLAB 中，图像的旋转也可以通过直接调用图像处理工具箱指令 imrotate 来实现，其调用格式为：

```
B = imrotate(A,angle)
```

上述函数以图像中心点为基准，以角度 angle 逆时针方向旋转。指定 angle 为负值，可实现图像顺时针旋转。

例程 2.1-5 便是调用 imresize 函数进行图像缩放的 MATLAB 程序，其运行结果如图 2.1-12 所示。

【例程 2.1-5】

```
I = imread('zhongguojie.jpg');
I = rgb2gray(I);
subplot(141),imshow(I),title('原始图像');
X1 = imrotate(I,30,'nearest'); % 旋转 30°
subplot(142),imshow(uint8(X1)); title('旋转 30 度');
X2 = imrotate(I,-45,'nearest'); % 旋转 -45°
subplot(143),imshow(uint8(X2)); title('旋转 -45 度');
X3 = imrotate(I,60,'nearest'); % 旋转 60°
subplot(144),imshow(uint8(X3)); title('旋转 60 度');
```

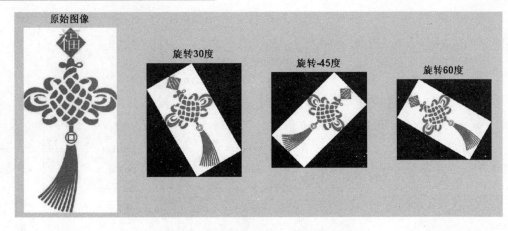

图 2.1-12　例程 2.1-5 的运行结果

(2) 基于 MATLAB 计算机视觉工具箱

① 基于系统对象的程序实现。

在 MATLAB 中,调用计算机视觉工具箱中的 vision. GeometricRotator 可实现对输入图像的缩放变换。

vision. GeometricRotator 的具体使用方法如下:

功能:按照指定的角度旋转图像。

语法:

```
A = step(vision.GeometricRotator, Img)
```

其中:Img 为原始图像;A 是旋转后的图像。

vision. GeometricRotator 可以设置的属性如下:

OutputSize:输出图像的尺寸,若设置为 Expanded to fit rotated input image,则将图像进行扩充;若设置为 Same as input image,则旋转后输出图像的尺寸与原输入图像相同。默认值为 Expanded to fit rotated input image。

AngleSource:旋转角度来源,若选择 Property,则旋转角度来源于该系统对象的性质 Angle,此时,通过 Y = step(vision. GeometricRotator, IMG)来运行该系统对象;若选择 Input port,可通过在输入接口中 Angle 值来旋转图像。也可通过 Y= step(HROTATE, IMG, ANGLE)来运行该系统对象。

Angle:图像旋转角度,默认值为 pi/6。

MaximumAngle:最大旋转角度,默认值是 pi。

RotatedImageLocation:如何旋转,若设定 Top-left corner,则以左上角的顶点为旋转点进行旋转;若设定 Center,则以该图像的中心点为旋转点进行旋转。默认值为 Center。

SineComputation:如何计算旋转,若设定 Trigonometric function,则为计算法;若设定 Table lookup,则为查表法。

BackgroundFillValue：背景填充值，默认值为 0(黑色)。

InterpolationMethod：插值方式。可设置为最邻近插值 Nearest neighbor、双线性插值 Bilinear、三次插值 Bicubic。

例程 2.1－6 和例程 2.1－7 是调用系统函数 vision.GeometricRotator 对图像进行旋转的程序，其运行结果如图 2.1－13 和图 2.1－14 所示。

【例程 2.1－6】

```
% 读入图像并转换成为双精度型
img = im2double(imread('peppers.png'));
% 创建系统对象
hrotate = vision.GeometricRotator;
% 设定旋转角度为 pi / 6
hrotate.Angle = pi / 6;
% 执行系统对象
rotimg = step(hrotate,img);
% 显示旋转后的图像
imshow(rotimg);
```

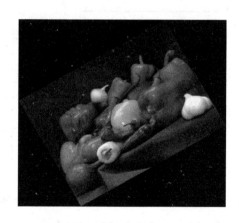

图 2.1－13　例程 2.1－6 的运行结果

【例程 2.1－7】

```
% 创建系统对象
hrotate2 = vision.GeometricRotator;
% 设定系统对象的属性
hrotate2.AngleSource = 'Input port';      % 从输入接口中输入旋转角度
hrotate2.OutputSize ='Same as input image'; % 设定旋转后的图像大小与输入相同
% 读入 RGB 图像并将其转换成为双精度灰度图像
img2 = im2double(rgb2gray(imread('onion.png')));
% 显示
figure, imshow(img2)
```

```
% 运行系统对象
rotimg2 = step(hrotate2,img2,pi/4);
figure,imshow(rotimg2);
```

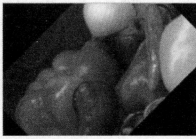

图 2.1-14　例程 2.1-7 的运行结果

② 基于 Blocks-Simulink 实现。

在 MATLAB 中,还可以通过 Blocks-Simulink 来实现对图像的的缩放,其原理图如图 2.1-15 所示,其运行结果如图 2.1-17 所示。

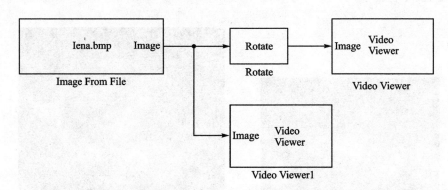

图 2.1-15　通过 Blocks-Simulink 来实现对图像放缩的原理

其中,各功能模块及其路径如表 2.1-3 所列。双击 Rotate 模块,其属性设置如图 2.1-16 所示。

表 2.1-3　各功能模块及其路径

功　能	名　称	路　径
读入图像	Image From File	Computer Vision System/Block Library/Sources
图像平移	Rotate	Computer Vision System/Block Library/Geometric Transformations
观察图像输出结果	Video Viewer	Computer Vision System/Block Library/Sinks

Function Block Parameters: Rotate

Rotate

Rotates an image by an angle in radians. You can specify this angle using the block parameters dialog box or input port Angle.

Use the Output size parameter to determine the size of the output. If you select Expanded to fit rotated input image, the block outputs a matrix that contains all the rotated image values and zeros elsewhere. If you select Same as input image, the block outputs a matrix that contains the middle part of the rotated image and zeros elsewhere. As a result, the edges of the rotated image might be cropped.

When specifying the rotation angle using the Angle port, the maximum angle value should be greater than 0 but less than or equal to pi radians.

Main　Data Types

Parameters

Output size: Expanded to fit rotated input image

Rotation angle source: Specify via dialog

Angle (radians): pi/6

Sine value computation method: Table lookup

Background fill value: 0

Interpolation method: Bilinear

OK　Cancel　Help　Apply

图 2.1-16　Rotate 模块参数设置

图 2.1-17　图 2.1-15 所示模型的运行结果

2.1.4　灰度级插值

在进行图像的比例缩放、旋转及复合变换等，原始图像的像素坐标 (x,y) 为整数，而变换后目标图像的位置坐标并非整数，反过来也是如此。因此，在进行图像的几何变换时，除了要进行几何变换运算之外，还需要进行灰度级插值处理。常用的灰度级插值方法有三种：最近邻插值法、双线性插值法和三次内插值法。

(1) 最近邻插值法

最近邻插值法是一种简单的插值方法,如图 2.1-18 所示,它是通过计算与点 $P(x_0,y_0)$ 邻近的四个点,并将与点 $P(x_0,y_0)$ 最近的整数坐标点 (x,y) 的灰度值取为 $P(x_0,y_0)$ 点灰度近似值。在 $P(x_0,y_0)$ 点各相邻像素间灰度变化较小时,这种方法是一种简单快速的方法;但当 $P(x_0,y_0)$ 点相邻像素间灰度值差异很大时,这种灰度估计值方法会产生较大的误差,甚至可能影响图像质量。

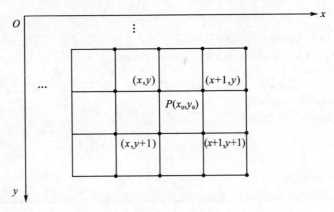

图 2.1-18 最邻近插值法的示意图

(2) 双线性插值法

双线性插值法是对最近邻插值法的一种改进,即用线性内插方法,根据点 $P(x_0,y_0)$ 的四个相邻点的灰度值,通过两次插值计算出灰度值 $f(x_0,y_0)$,如图 2.1-19 所示。

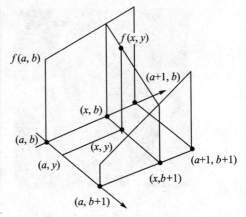

图 2.1-19 双线性插值示意图

具体计算情况如下:

① 计算 α 和 β:

$$\begin{cases} \alpha = x_0 - x \\ \beta = y_0 - y \end{cases}$$

② 先根据 $f(x,y)$,$f(x+1,y)$ 插值求 $f(x_0,y)$:

$$f(x_0,y) = f(x,y) + \alpha[f(x+1,y) - f(x,y)]$$

③ 再根据 $f(x_0,y+1)$,$f(x+1,y)$ 插值求 $f(x_0,y+1)$:

$$f(x_0,y+1) = f(x,y+1) + \alpha[f(x+1,y+1) - f(x,y+1)]$$

④ 最后根据 $f(x_0,y)$ 及 $f(x_0,y+1)$ 插值求 $f(x_0,y_0)$:

$$f(x_0,y_0) = f(x_0,y) + \beta[f(x_0,y+1) - f(x_0,y)]$$
$$= (1-\alpha)(1-\beta)f(x,y) + \alpha(1-\beta)f(x+1,y) +$$

$$(1-\alpha)\beta f(x,y+1)+\beta\alpha f(x+1,y+1)$$
$$= f(x,y)+\alpha[f(x+1,y)-f(x,y)]+\beta[f(x,y+1)-f(x,y)]+$$
$$\beta\alpha[f(x+1,y+1)+f(x,y)-f(x,y+1)-f(x+1,y)]$$

式中，$x=[x_0]$；$y=[y_0]$。

由于双线性插值法已经考虑了点 $P(x_0,y_0)$ 的直接邻点对它的影响，因此一般可以得到令人满意的插值效果。但这种方法具有低通滤波性质，使高频分量受到损失，使图像细节退化而变得轮廓模糊。在某些应用中，双线性插值的斜率不连续还可能会产生一些不期望的效果。

（3）三次内插值法

为了得到更精确的 $P(x_0,y_0)$ 点的灰度值，在更高程度上保证几何变换后的图像质量，实现更精确的灰度插值效果，可采用三次内插值法等更高阶插值法，如三次样条函数、Legendre 中心函数和 $\sin(\pi x)/(\pi x)$ 函数等，这时既要考虑 $P(x_0,y_0)$ 点的直接邻点对它的影响，还应考虑到该点周围 16 个邻点的灰度值对它的影响，见图 2.1-20。

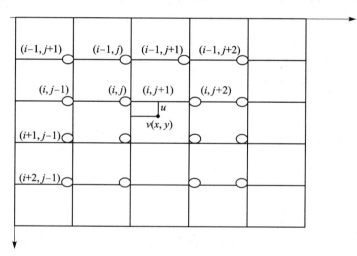

图 2.1-20　三次内插值法的示意图

根据连续信号采样定理可知，若对采样值用插值函数 $s(x)=\sin(\pi x)/(\pi x)$ 进行插值，当采样频率不低于信号频谱最高频率的两倍时可以准确地恢复原信号，并可准确地得到采样点间任意点的值。

$s(x)=\sin(\pi x)/(\pi x)$ 可以采用以下三次多项式近似：

$$s(x)=\begin{cases}1-2|x|^2+|x|^3 & |x|>1\\ 4-8|x|+5|x|^2-|x|^3 & 2>|x|\geqslant 1\\ 0 & |x|\geqslant 2\end{cases}$$

采用插值函数 $\sin(\pi x)/(\pi x)$，可以按下述步骤差值算出 $f(x_0,y_0)$：

① 计 算 $s(1+\alpha), s(\alpha), s(1-\alpha), s(2-\alpha)$ 以 及 $s(1+\beta), s(\beta), s(1-\beta),$ $s(2-\beta)$。

② 根据 $f(x-1,y), f(x,y), f(x+1,y), f(x+2,y)$ 计算 $f(x_0,y)$。

$$f(x_0,y)=s(1+\alpha)f(x-1,y)+s(\alpha)f(x,y)+s(1-\alpha)f(x+1,y)+$$
$$s(2-\alpha)f(x+2,y)$$

③ 按步骤②求 $f(x_0,y-1), f(x_0,y+1), f(x_0,y+2)$。

④ 根据 $f(x_0,y-1), f(x_0,y), f(x_0,y+1), f(x_0,y+2)$ 计算 $f(x_0,y_0)$。

$$f(x_0,y_0)=s(1+\beta)f(x_0,y-1)+s(\beta)f(x_0,y)+s(1-\beta)f(x_0,y+1)+$$
$$s(2-\beta)f(x_0,y+2)$$

上式计算过程可用矩阵表示为：

$$A = (s(1+\alpha) \quad s(\alpha) \quad s(1-\alpha) \quad s(2-\alpha))$$

$$B = \begin{pmatrix} f(x-1,y-1) & f(x-1,y) & f(x-1,y+1) & f(x-1,y+2) \\ f(x,y-1) & f(x,y) & f(x,y+1) & f(x,y+2) \\ f(x+1,y-1) & f(x+1,y) & f(x+1,y+1) & f(x+1,y+2) \\ f(x+2,y-1) & f(x+2,y) & f(x+2,y+1) & f(x+1,y+2) \end{pmatrix}$$

$$C = (s(1+\beta) \quad s(\beta) \quad s(1-\beta) \quad s(2-\beta))^{\mathrm{T}}$$

在 MATLAB 数字图像处理工具箱中，提供了 imresize 函数采用不同的插值方法来改变图像的大小，其调用格式如下：

```
B = imresize(…,method,h)
```

imrersize 函数使用由参数 method 指定的插值运算来改变图像的大小。method 的几种可选值：

➤ nearest(默认值)最近邻插值；

➤ bilinear 双线性插值；

➤ bicubic 双三次插值。

例程 2.1-8 便是调用 imresize 函数采用不同插值方法进行图像缩放的 MATLAB 程序，其运行结果如图 2.1-21 所示。

【例程 2.1-8】

```
I = imread('yifanfengshun.jpg');
I = rgb2gray(I);
%采用最临近插值法进行灰度插值;
X1 = imresize(I,1);
%采用双线性插值法进行灰度插值;
X2 = imresize(I,1,'bilinear');
%采用三次内插法进行灰度插值;
X3 = imresize(I,1,'bicubic');
subplot(221),imshow(I,[ ]),title('原始图像');
```

```
subplot(222),imshow(X1),title('最邻近插值法');
subplot(223),imshow(X2),title('双线性插值法');
subplot(224),imshow(X3),title('三次内插法');
```

图 2.1-21　例程 2.1-8 的运行效果

2.2　图像的 Hough 变换

2.2.1　基本原理一点通

直线通常对应重要的边缘信息,直线提取是计算机视觉中一项非常重要的技术。例如,车辆自动驾驶技术中道路的提取需要有效地提取直的道路边缘,也就是提取获取的图像中的直线;而航空照片分析中,直线更是对应于重要的人造目标的边缘。因此把直线单独提取抽出来研究很有意义。而且,由于直线具有不同于一般曲线的特征,因此它的提取方法也与一般的边缘检测方法不同。

Hough 变换是对二值图像进行直线检测的有效方法,其实质是对图像进行坐标变换,将图像空间的点映射到参数空间,使变换后的结果便于检测和识别。如图 2.2-1 所示,图像空间的一条直线 l 可由下面的参数方程表示:

$$\rho = x\cos\theta + y\sin\theta \qquad (2.2.1)$$

其中,ρ 为坐标原点 O 到直线 l 的距离,θ 为坐标原点到直线 l 的垂线与 x 轴正方向的夹角。根据式(2.2.1)可将图像空间中的任意一点 (x,y) 转换到以 ρ、θ 为坐标轴的参数空间。Hough 变换具有如下性质：

> 在图像空间中直角坐标系下的一个点映射为在参数空间极坐标系下的一条曲线；
> 在图像空间中直角坐标系下的一条直线映射为在参数空间极坐标系下的一组有公共交点的曲线；
> 在参数空间中极坐标系下的一个点对应图像空间直角坐标系下的一条直线。

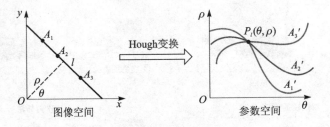

图 2.2-1 Hough 变换原理示意图

经验分享 Hough 变换采用参数方程来表示直线与用 $(k \cdot c)$（斜率和截距）来表示直线进行比较，前者解决了较大斜率无法表示的困难。

基于 Hough 变换检测数字图像中直线的步骤可以概括如下：

① 在 ρ、θ 合适的最大值和最小值之间建立一个离散的参数空间；

② 建立一个累加器 $A(\rho,\theta)$，并置每个元素为 0；

③ 对二值图像的每一个非零点作 Hough 变换，并算出该点在 $\rho\text{-}\theta$ 空间上的对应曲线，并对相应的累加器加 1，即：

$$A(\rho,\theta) = A(\rho,\theta) + 1$$

④ 找出对应图像平面共线点的累加器上的局部极大值，这个值所在点的位置的参数便是所要检测直线的参数。

经验分享 由 Hough 变换的性质及实现步骤可知，基于 Hough 变换检测直线具有抗干扰性好、容错性强的特点；但也存在运算量大、占用内存多的不足。

2.2.2 例程精讲

1. 基于 MATLAB 图像处理工具箱

在 MATLAB 图像处理工具箱（Image Processing Toolbox）中，提供了与 Hough 变换相关的函数，现将其介绍如下。

1) [H, theta, rho] = hough(bw)

功能:对所输入的二值图像进行 Hough 变换。

输入:bw -二值图像。

输出:H -经 Hough 变换后的矩阵;

　　　theta -经 Hough 变换后各点的 θ 值矩阵;

　　　rho -经 Hough 变换后各点的 ρ 值矩阵。

2) peaks = houghpeaks(H,numpeaks)

功能:确定峰值点霍夫变换后矩阵 H 中的位置。

输入:H -经 Hough 变换后的矩阵;

　　　numpeaks -取最大峰值点的个数;

　　　peaks -峰值点的位置坐标矩阵。

下面,通过例程 2.2 - 1 对上面两个函数进一步进行讲解,其运行结果如图 2.2 - 2 和图 2.2 - 3 所示。

【例程 2.2 - 1】

```
% Hough 变换程序
% 读入一幅真彩图像,将其放入一个名为 RGB 的数组
RGB = imread('road.jpg');
figure
imshow(RGB)
% 将读入的真彩图像转换为灰度图像,将该灰度图像放在一个名为 I 的矩阵中
I = rgb2gray(RGB);
% 采用 canny 算子对图像进行边缘检测
BW = edge(I,'canny');
% 对存储于 BW 数组中的二值图像进行霍夫变换,将霍夫变换后的结果放在一个名为 H
% 的矩阵中,该矩阵中含有 size(T) * size(R)个累加器,向量 T 中是 Theta 轴的值,R 是 RHO
% 的值。霍夫变换空间内的 RHO 轴和 THETA 轴的最小单位为 0.75
[H,T,R] = hough(BW,'RhoResolution',0.75,'ThetaResolution',0.75);
imshow(imadjust(mat2gray(H)),'XData',T,'YData',R,...
       'InitialMagnification','fit');
xlabel('\theta'), ylabel('\rho');
axis on, axis normal, hold on;
colormap(hot);
% 显示峰值累加器的位置(取累加器中数值最大的 4 个)
P = houghpeaks(H,4)
% P(:,2)表示 P 所有行的第二列元素;
x = T(P(:,2)); y = R(P(:,1));
% 将峰值点在霍夫空间画出。
plot(x,y,'s','color','white');
```

图 2.2－2　例程 2.2－1 所输入的图片

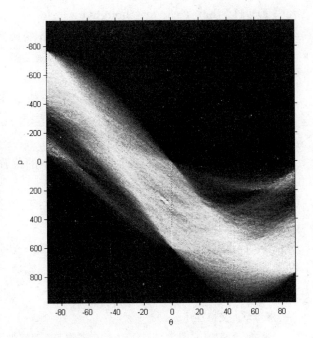

图 2.2－3　例程 2.2－1 的 Hough 变换过程

2. 基于 MATLAB 计算机视觉工具箱（Computer Vision System ToolBox）

① 基于系统对象（System Object）的程序实现。

在 MATLAB 中，调用计算机视觉工具箱中的 vision. HoughTransform 可实现对输入二值图像的 Hough 变换。

1）vision. HoughTransform

功能：对输入的二值图像进行 Hough 变换。

语法：A＝step(vision. HoughTransform,Img)。

其中：Img 为二值图像；A 是 Hough 变换后的图像。

属性：

ThetaResolution：θ 值的分辨率，应将其设定为[0,pi/2]的某个值，默认值为 pi/180。

RhoResolution：ρ 值的分辨率，默认值为 1。

ThetaRhoOutputPort：确定变换后 θ 值和 ρ 值是否输出，若将其设为 true，则输出 θ 值和 ρ 值，则此时运行该系统对象的方式应为：[H, theta, rho] ＝ step(vision. HoughTransform, BW)；若将其设置为 false，则不输出；该属性的默认值为 false。

OutputDataType：输出数据类型，可以将其设置为 double 双精度型，single 单精度型或者 Fixed point 浮点型；该属性的默认值为 double 双精度型。

在使用 vision. HoughTransform 对二值图像进行 Hough 变换后，通常会调用

vision. LocalMaximaFinder 来查找经 Hough 变换后矩阵 H 中极值的位置。

2) vision. LocalMaximaFinder

功能:对输入的矩阵查找极大值的位置。

语法:$A = \text{step(vision. LocalMaxmaFinder}, I)$。

其中:I 为输入的矩阵;A 是极值点的坐标矩阵,A 是一个 M×2 矩阵,M 为极值点的个数。

属性:

MaximumNumLocalMaxima:极值点的个数,默认值为 2。

NeighborhoodSize:Neighborhood size for zero－ing out values,默认值为[5 7]。

ThresholdSource:如何确定阈值。Property 为通过属性设置;Input port 为通过输入接口设置;默认值为 Property。

Threshold:阈值设定。当属性 ThresholdSource 设定为 Property 时,该属性有效;该属性的功能是设定所查找的极值应该大于该设定的值;默认值为 10。

HoughMatrixInput:输入的矩阵是否为 Hough 矩阵;若是 Hough 矩阵,则应将其设置为 true;否则,设置为 false;该属性的默认值为 false。

IndexDataType:输出位置坐标数据类型,可以将其设置为 double:双精度型,single :单精度型,uint8:无符号 8 位整型,uint16:无符号 16 位整型;uint32:无符号 32 位整型,默认值为 uint32:无符号 32 位整型。

3) vision. HoughLines

功能:将找到的 Hough 空间中的点转换为图像空间中的线。

语法:linepts = step(vision. HoughLines, theta, rho, I)。

其中:I 为输入图像;theta 是极值点的 θ 的坐标,rho 是极值点的 ρ 的坐标,linepts 为直线起始点坐标。

属性:

SineComputation:如何计算正弦、余弦值,若设定为 Trigonometric function,则为计算法;若设定为 Table lookup,则为查表法;默认值为 Table lookup,则为查表法。

ThetaResolution:θ 值的分辨率,只有当属性 SineComputation 设置为 Table lookup 查表法时,改属性才有效。

下面通过例程 2.2－2 来具体说明 vision. HoughTransform、vision. LocalMaximaFinder、vision. HoughLines 的使用方法,其运行结果如图 2.2－4 所示。

图 2.2－4　程序 2.2－2 的运行结果

【例程 2.2 - 2】

```
% 读入图像
I = imread('circuit.tif');
% 定义对象
hedge = vision.EdgeDetector;    %用于边缘检测
hhoughtrans = vision.HoughTransform(pi/360,'ThetaRhoOutputPort', true);
hfindmax = vision.LocalMaximaFinder(1, 'HoughMatrixInput', true);
hhoughlines = vision.HoughLines('SineComputation','Trigonometric function');
```

% 对输入的灰度图像进行边缘检测,形成二值边缘图像
```
  BW = step(hedge, I);
```

% 对二值边缘图像进行 Hough 变换
```
 [ht, theta, rho] = step(hhoughtrans, BW);
```

% 确定 Hough 变换矩阵中最大值的位置
```
  idx = step(hfindmax, ht);
```

% 查找图像中的最长线
```
  linepts = step(hhoughlines, theta(idx(1) - 1), rho(idx(2) - 1), I);
```

% 显示结果
```
imshow(I); hold on;
line(linepts([1 3]) - 1, linepts([2 4]) - 1,'color',[1 1 0]);
```

② 基于 Blocks - Simulink 实现。

在 MATLAB 中,还可以通过 Blocks - Simulink 来实现对图像进行 Hough 变换,其原理图如图 2.2 - 5 所示。

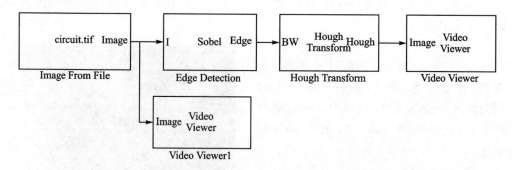

图 2.2 - 5　通过 Blocks - Simulink 来实现 Hough 变换的原理图

其中,各功能模块及其路径如表 2.2 - 1 所列。

表 2.2 - 1　各功能模块及其路径

功　能	名　称	路　径
读入图像	Image From File	Computer Vision System/Block Library/Sources

续表 2.2 - 1

功　能	名　称	路　径
边缘检测	Edge Detection	Computer Vision System/Block Library/Analysis&Enhancement
Hough 变换	Hough Transform	Computer Vision System/Block Library/Transforms
观察图像输出结果	Video Viewer	Computer Vision System/Block Library/Sinks

双击 Image From File 模块，其属性设置如图 2.2 - 6 所示。

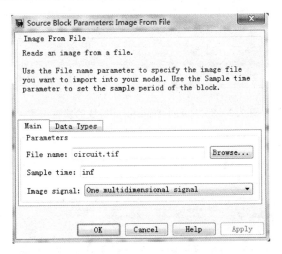

图 2.2 - 6　Image From File 模块的属性设置

双击 Edge Detection 模块，其属性设置如图 2.2 - 7 所示。

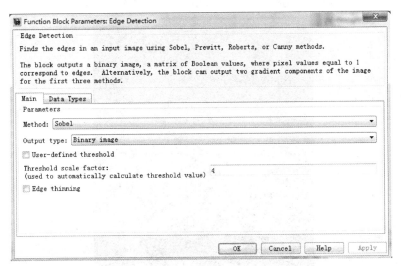

图 2.2 - 7　Edge Detection 模块的属性设置

双击 Hough Transform 模块,其属性设置如图 2.2-8 所示。

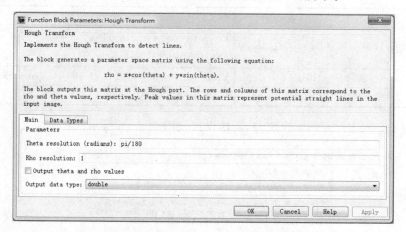

图 2.2-8　Hough Transform 模块的属性设置

双击 Video Viewer 模块,其属性设置如图 2.2-9 所示。

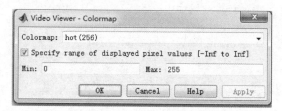

图 2.2-9　Video Viewer 模块的属性设置

整个模型的运行结果如图 2.2-10 所示。

图 2.2-10　整个模型的运行结果

2.3　图像的傅里叶变换

2.3.1　走进"频率域"

　　什么是频率? 简而言之,频率就是信号变化的快慢。在频域中,频率越大说明原始信号变化速度越快;频率越小说明原始信号越平缓。当频率为 0 时,表示直流信号,没有变化。高频分量解释信号的突变部分,而低频分量决定信号的整体形象。

　　在图像处理中,频域反应了图像在空域灰度变化剧烈程度,也就是图像灰度的变化速度即图像的梯度大小。对图像而言,图像的边缘部分是突变部分,变化较快,因此反映在频域上是高频分量;图像的噪声大部分情况下是高频部分;图像平缓变化部分则为低频分量。图像的频域处理是指根据一定的图像模型,对图像频谱进行不同程度的变换。图像的傅里叶变换就是常用的图像频域分析方法。

2.3.2　基本原理一点通

1. 离散傅里叶变换

　　离散傅里叶变换(Discrete Fourier Transform,DFT)是图像处理最为常用的一个变换手段。利用傅里叶变换,把图像的信号从空域转到频域,使得信号处理中常用的频域处理技术应用到图像处理上,这无疑大大拓宽了图像处理的思想和方法。

　　这些数学性质在物理实现上有重要的应用价值,并且有快速算法,这些算法可固化在器件上,也可以通过光学器件实现。傅里叶变换在图像滤波、噪声滤波、选择性滤波、压缩和增强中都有着广泛的应用。

　　假设 $f(m,n)(m=0,1,\cdots,M-1;n=0,1,\cdots,N-1)$ 是一幅 $M \times N$ 图像,其二维离散傅里叶变换的定义如下:

$$F(k,l) = \sum_{m=0}^{M-1} \sum_{n=0}^{N-1} f(m,n) e^{-j2\pi \left(\frac{mk}{M} + \frac{nl}{N} \right)} \tag{2.3.1}$$

其反变换为:

$$f(m,n) = \sum_{k=0}^{M-1} \sum_{l=0}^{N-1} F(k,l) e^{j2\pi \left(\frac{mk}{M} + \frac{nl}{N} \right)} \tag{2.3.2}$$

式中,$e^{-j2\pi \left(\frac{mk}{M} + \frac{nl}{N} \right)}$ 和 $e^{j2\pi \left(\frac{mk}{M} + \frac{nl}{N} \right)}$ 分别为正变换核和反变换核,m,n 为空间域采样值,k,l 为频率采样值,$F(u,v)$ 称为离散信号 $f(x,y)$ 的频谱。

> **经验分享**　傅里叶变换提供另外一个角度来观察图像，可以将图像从灰度分布转化到频率分布上来观察图像的特征。傅里叶变换可以看作是数学上的棱镜，将函数或图像基于频率分解为不同的成分。当我们考虑光时，讨论它的光谱或频率谱。同样，傅里叶变换使我们能通过频率成分来分析一个函数或图像。

2. 快速傅里叶变换

快速傅里叶变换（Fast Fourier Transform，FFT）的主要思想是将原函数分为奇数项和偶数项，通过不断将一个奇数项和一个偶数项相加（减），得到需要的结果。也就是说，FFT 是将复杂的乘法运算变成两个数相加（减）的简单重复运算，即通过计算两个单点的 DFT，来计算一个双点的 DFT；通过计算两个双点的 DFT，来计算四个点的 DFT；以此类推。

设离散函数 $f(m,n)$ 在有限区域（$0 \leqslant m \leqslant M-1, 0 \leqslant n \leqslant N-1$）非零，则快速傅里叶变换的主要推导过程如下：

令：

$$W_N^{pm} = \exp\left(-\mathrm{j}\,\frac{2\pi pm}{N}\right)$$

则有：

$$F(p) = \frac{1}{N}\sum_{m=0}^{N-1} f(m)W_N^{pm}$$

$$= \frac{1}{2}\left[\frac{2}{N}\sum_{n=0}^{\frac{N}{2}-1} f(2m)W_N^{2pm} + \frac{2}{N}\sum_{n=0}^{\frac{N}{2}-1} f(2m+1)W_N^{p(2m+1)}\right]$$

$$= \frac{1}{2}\left[\frac{1}{M}\sum_{m=0}^{M-1} f(2m)W_N^{2pm} + \frac{1}{M}\sum_{n=0}^{M-1} f(2m+1)W_N^{2pm}W_N^{p}\right]$$

$$= \frac{1}{2}\left[F_e(p) + W_N^{p}F_o(p)\right]$$

同理：

$$F(p+M) = \frac{1}{2}\left[F_e(p+M) + W_N^{p+M}F_o(p+M)\right]$$

$$= \frac{1}{2}\left[F_e(p) + W_N^{p+M}F_o(p)\right]$$

又因为：

$$W_N^{p+M} = W_N^{p}W_N^{M} = W_N^{p}\exp\left(-\mathrm{j}\,\frac{2\pi pm}{N}\right) = W_N^{p}\exp(-\mathrm{j}\pi) = -W_N^{p}$$

所以：

$$F(p+M) = \frac{1}{2}\left[F_e(p) - W_N^p F_o(p)\right]$$

由上述推导,可得 FFT 的定义式为:

$$F(p,q) = \sum_{m=0}^{M-1}\sum_{n=0}^{N-1} f(m,n)\mathrm{e}^{-\mathrm{j}\frac{2\pi}{M}pm}\mathrm{e}^{-\mathrm{j}\frac{2\pi}{N}qn} \quad \begin{matrix} p = 0,1,\cdots,M-1 \\ q = 0,1,\cdots,N-1 \end{matrix}$$

其逆变换为:

$$f(m,n) = \frac{1}{MN}\sum_{p=0}^{M-1}\sum_{q=0}^{N-1} F(p,q)\mathrm{e}^{\mathrm{j}\frac{2\pi}{M}pm}\mathrm{e}^{\mathrm{j}\frac{2\pi}{N}qn} \quad \begin{matrix} m = 0,1,\cdots,M-1 \\ n = 0,1,\cdots,N-1 \end{matrix}$$

3. 主要性质

设阵列 $f(m,n)$ 与 $g(m,n)$ 的离散傅里叶变换为: $[f(m,n)]_{M\times N}\Leftrightarrow[F(k,l)]_{M\times N}$, $[g(m,n)]_{M\times N}\Leftrightarrow[G(k,l)]_{M\times N}$,则有以下性质。

(1) 延拓周期性

$$f(m,n) = f(m+aM,n+bN)$$
$$F(k,l) = F(k+aM,l+bN)$$

式中, $m,k = 0,1,\cdots,M-1$; $n,l = 0,1,\cdots,N-1$; a,b 为整数。这是因为 $\mathrm{e}^{\pm\mathrm{j}2\pi\frac{mk}{M}}$ 和 $\mathrm{e}^{\pm\mathrm{j}2\pi\frac{nl}{N}}$ 是 m,n 或 k,l 的周期函数,周期分别为 M 和 N。

(2) 可分性

变换是可分的,即:

$$\mathrm{e}^{\pm\mathrm{j}2\pi\left(\frac{mk}{M}+\frac{nl}{N}\right)} = \mathrm{e}^{\pm\mathrm{j}2\pi\frac{mk}{M}}\mathrm{e}^{\pm\mathrm{j}2\pi\frac{nl}{N}}$$

这个性质可使二维离散傅里叶变换依次用两次一维变换来实现。

(3) 线　性

离散傅里叶变换和反变换都是线性变换,即:

$$F[af(m,n)+bg(m,n)] = aF[f(m,n)]+bF[g(m,n)]$$
$$F^{-1}[\alpha F(k,l)+\beta G(k,l)] = \alpha F^{-1}[F(k,l)]+\beta F^{-1}[G(k,l)]$$

(4) 尺度缩放性

$$f(am,bn)\Leftrightarrow\frac{1}{|ab|}F(-k,-l)$$

特别地,当 $a,b = -1$ 时,有:

$$f(-m,-n)\Leftrightarrow F(-k,-l)$$

即离散傅里叶变换具有符号改变对应性。

(5) 平移性质

$$f(m-m_0,n-n_0)\Leftrightarrow F(k,l)\mathrm{e}^{-\mathrm{j}2\pi\left(\frac{m_0 k}{M}+\frac{n_0 l}{N}\right)}$$
$$F(k-k_0,l-l_0)\Leftrightarrow f(m,n)\mathrm{e}^{\mathrm{j}2\pi\left(\frac{m_0 k}{M}+\frac{n_0 l}{N}\right)}$$

式中, m_0, n_0 分别表示横纵方向的平移量。对图像进行平移傅里叶变换和不平移傅里叶变换的结果如图 2.3 - 1 所示。

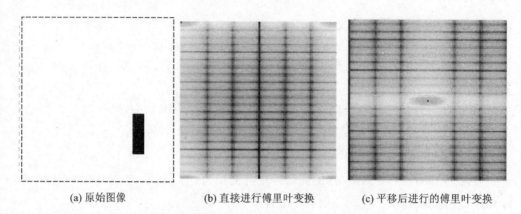

　(a) 原始图像　　　　　(b) 直接进行傅里叶变换　　　　(c) 平移后进行的傅里叶变换

图 2.3 - 1　对图像进行平移傅里叶变换和不平移傅里叶变换

在阵列阵元有限的概念下,这种位移是循环位移。循环位移相当于原阵列周期延拓后的普通位移。这个性质表明,一个阵列发生平移,它的傅里叶变换阵列只改变相位,而幅值不变。

(6) 旋转性质

在连续傅里叶变换中有:

$$f(r,\theta+\theta_0)\Leftrightarrow F(\rho,\varphi+\varphi_0)$$

式中,θ_0 表示对应的旋转角大小。

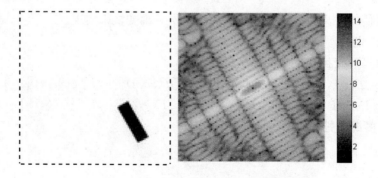

图 2.3 - 2　将图像进行旋转后的傅里叶变换

(7) 差　分

令:

$$\Delta_x f(m,n) = f(m,n) - f(m-1,n)$$
$$\Delta_y f(m,n) = f(m,n) - f(m,n-1)$$

则:

$$\Delta_x f(m,n)\Leftrightarrow F(k,l)(1-\mathrm{e}^{-\mathrm{j}2\pi\frac{k}{M}})$$

$$\Delta_y f(m,n) \Leftrightarrow F(k,l)(1 - e^{-j2\pi \frac{l}{N}})$$

由该性质可知,在空间域中对图像进行差分运算相当于对图像进行高通滤波。

(8) 和　分

$$f(m,n) + f(m-1,n) \Leftrightarrow F(k,l)(1 + e^{-j2\pi \frac{k}{M}})$$

$$f(m,n) - f(m,n-1) \Leftrightarrow F(k,l)(1 + e^{-j2\pi \frac{l}{N}})$$

此性质表明,在空间域中对图像像素作和相当于对图像信号进行低通滤波。

(9) 卷　积

两幅图像的卷积等于其傅里叶变换的乘积,即:

$$f(m,n) * g(m,n) \Leftrightarrow F(k,l)G(k,l)$$

$$f(m,n)g(m,n) \Leftrightarrow \frac{1}{MN} F(k,l) * G(k,l)$$

其中, $f(m,n) * g(m,n) = \sum_{i=0}^{M-1} \sum_{j=0}^{N-1} f_e(i,j) g_e(m-i,n-j)$ 。

4. 物理意义

从纯粹的数学意义上看,傅里叶变换是将一个函数转换为一系列周期函数来处理的过程。

从物理效果上看,傅里叶变换是将图像从空间域转换到频率域,其逆变换是将图像从频率域转换到空间域。换句话说,傅里叶变换的物理意义就是将图像的灰度分布函数变换为图像的频率分布函数,傅里叶逆变换是将图像的频率分布函数变换为灰度分布函数。

图像的频率是表征图像中灰度变化剧烈程度的指标,是灰度在平面空间上的梯度。例如,大面积的沙漠在图像中是一片灰度变化缓慢的区域,对应的频率值很低;而对于地表属性变换剧烈的边缘区域,它在图像中是一片灰度变化剧烈的区域,对应的频率值较高。

因此,将一幅图像进行傅里叶变换后,就将图像中的高频信息和低频信息在频率域中分开了,方便对图像进行各种处理,如图像平滑、边缘提取等操作。

2.3.3　例程精讲

1. 基于 MATLAB 图像处理工具箱

在 MATLAB 中可直接调用图像处理工具箱(Image Processing Toolbox)中的 fft2 函数实现二维图像的快速傅里叶变换:

$$Y = \text{fft2}(X)$$

输入:二维灰度图像数组 X;输出:傅里叶变换结果 Y。

可以调用 ifft2 来实现二维快速傅里叶逆变换:

$$X = \text{ifft2}(Y)$$

输入:频域图像 Y;输出:二维空域图像 X。

例程 2.3-1 是调用 fft2 函数进行二维图像傅里叶变换的例子,其运行结果如图 2.3-3 所示。

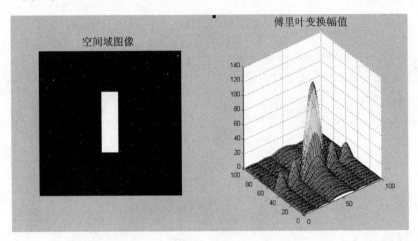

图 2.3-3 矩形函数图像及其傅里叶变换幅值

【例程 2.3-1】

```
N = 100
f = zeros(50,50);
f(15:35,23:28) = 1;
subplot(121),imshow(f),title('空间域图像');
F = fft2(f,N,N);
F2 = fftshift(abs(F));
subplot(122);
x = 1:N;y = 1:N;
mesh(x,y,F2(x,y));colorbar,title('傅里叶变换幅值');
```

2. 基于 MATLAB 计算机视觉工具箱

① 基于系统对象(System Object)的程序实现。

在 MATLAB 中,可以调用计算机视觉工具箱(Computer Vision System Tool-Box)中的 vision. FFT 来实现对输入图像的快速傅里叶变换。

vision. FFT 的具体使用方法如下:

功能:对输入的灰度图像进行快速傅里叶变换。

语法:A = step(vision. FFT,Img)。

其中:Img 为原始图像;A 是傅里叶变换后的图像。

属性:

FFTImplementation:FFT 的执行方式。可设置为 Auto、Radix-2、FFTW;默

认值为 Auto。若将其设置为 Radix - 2，则输入图像矩阵的行、列数必须为 2^n。

BitReversedOutput：可以将其设置为 false 或 true，其默认值为 false。

Normalize：是否对输出图像进行归一化处理，可以将其设置为 false 或 true ，默认值为 false。

例程 2.3 - 2 是调用 vision.FFT 进行二维图像傅里叶变换的例子，其运行结果如图 2.3 - 4 所示。

(a) 输入图像
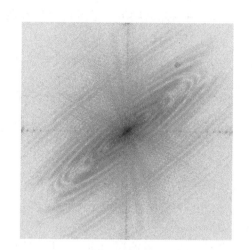
(b) 傅里叶频谱

图 2.3 - 4　例程 2.3 - 2 的运行结果

【例程 2.3 - 2】

```
% 定义系统对象
hfft2d = vision.FFT;    % 用于进行傅里叶变换
% 用于色彩空间转换
hcsc = vision.ColorSpaceConverter('Conversion', 'RGB to intensity');
hgs = vision.GeometricScaler('SizeMethod', 'Number of output rows and columns', 'Size',
[512 512]);  % 用于改变图像的大小
% 读入 RGB 图像
x = imread('saturn.png');
% 将读入的图像转变为 512×512 大小的图像
x1 = step(hgs,x);
% 将 RGB 图像转换为灰度图像
ycs = step(hcsc, x1);
% 对图像进行傅里叶变换
y = step(hfft2d, ycs);
% 使变换后的零频率分量位于中心
y1 = fftshift(double(y));
```

```
% 显示结果
imshow(log(max(abs(y1), 1e-6)),[]);
colormap(jet(64));
```

在 MATLAB 中,可以调用计算机视觉工具箱中的 vision.IFFT 来实现对输入图像的快速傅里叶变换。

vision.IFFT 的具体使用方法如下:

功能:对输入的频域图像进行傅里叶逆变换。

语法:A＝step(vision.IFFT,Img)。

其中:Img 为原始图像;A 是傅里叶变换后的图像。

属性:

FFTImplementation:FFT 的执行方式。可设置为 Auto、Radix－2、FFTW;默认值为 Auto。若将其设置为 Radix－2,则输入图像矩阵的行、列数必须为 2^n。

BitReversedOutput:可以将其设置为 false 或 true,其默认值为 false。

ConjugateSymmetricInput:Indicates whether input is conjugate symmetric;可以将其设置为 false 或 true,其默认值为 true。

Normalize:是否对输出图像进行归一化处理,可以将其设置为 false 或 true,默认值为 false。

例程 2.3－3 是调用 vision.IFFT 进行二维图像傅里叶变换的例子,其运行结果如图 2.3－5 所示。

图 2.3－5 例程 2.3－3 的运行结果

【例程 2.3－3】

```
% 定义系统对象
hfft2d = vision.FFT;          % 用于进行傅里叶变换
hifft2d = vision.IFFT;        % 用于进行傅里叶逆变换

% 读入图像,并转换成单精度型
xorig = single(imread('cameraman.tif'));
```

% 将时域图像转换到频域
```
Y = step(hfft2d, xorig);   % 运行系统对象 hfft2d
```
% 将频域图像转换到时域
```
xtran = step(hifft2d, Y);   % 运行系统对象 hifft2d
```
% 显示结果
```
imshow(abs(xtran), []);
```

② 基于 Blocks – Simulink 实现。

在 MATLAB 中,还可以通过 Blocks – Simulink 来实现对图像的快速傅里叶变换及傅里叶逆变换,其原理图如图 2.3 – 6 所示。

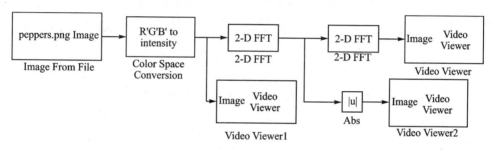

图 2.3 – 6　通过 Blocks – Simulink 实现对图像的快速傅里叶变换及傅里叶逆变换

其中,各功能模块及其路径如表 2.3 – 1 所列,双击 Image From File 模块,将其数据类型设置成 double 型(见图 2.3 – 7)。将 Color Space Conversion 模块中的 Conversion 参数设置为 R'G'B' to Intensity(见图 2.3 – 8),其运行结果如图 2.3 – 9 所示。

图 2.3 – 7　Image From File 模块数据类型设置

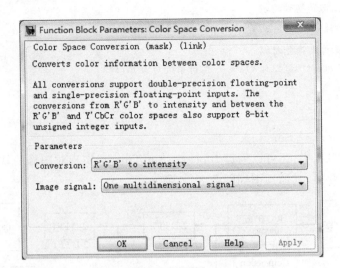

图 2.3-8　Color Space Conversion 模块转换类型设置

表 2.3-1　各功能模块及其路径

功　能	名　称	路　径
读入图像	Image From File	Computer Vision System/Block Library/Sources
将 RGB 图像转化为灰度图像	Color Space Convention	Computer Vision System/Block Library/ Conventions
二维傅里叶变换	2-D FFT	Computer Vision System/Block Library/ Transforms
二维傅里叶逆变换	2-D IFFT	Computer Vision System/Block Library/ Transforms
取输出信号的幅值	Abs	Simulink/Math Operations
观察图像输出结果	Video Viewer	Computer Vision System/Block Library/Sinks

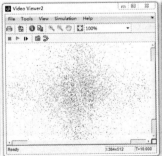

图 2.3-9　图 2.3-6 所示模型运行结果

2.4　图像的余弦变换

从 2.3 节图像傅里叶变换的内容可以看到,傅里叶变换是用无穷区间上的复正弦基函数和信号的内积描述信号中总体频率分布,或者是将信号向不同频率变量基函数矢量投影。傅里叶变换存在一个最大的问题就是它的参数都是复数,在数据的描述上相当于实数的两倍。为了克服这一问题,科研工作者希望找到一种能够实现相同功能但数据量又不大的变换方法。

实际上,基函数可以有其他不同类型,相当于用不同类型基函数去分解信号(图像)。余弦变换是其中常用的一种,它在图像压缩中具有广泛的应用。

2.4.1　基本原理一点通

事实上,离散余弦变换(DCT)是从离散傅里叶变换(DFT)变换发展过来的。我们知道,若周期函数是实的偶函数,那么它的傅里叶变换中将只含余弦项,这对离散的情况也是适用的。

设 $f(i)(i=0,1,\cdots,N-1)$ 为一给定的序列,按下式将其延拓成偶对称序列:

$$f_e(i) = \begin{cases} f(i) & i=0,1,\cdots,N-1 \\ f(-i-1) & i=-1,\cdots,-N \end{cases}$$

令 $i_1 = i+1/2$,新序列 $f_T(i_1) = f_e(i+1/2)$ 以 $i_1 = 0$ 为对称中心,对其做离散傅里叶变换:

$$F_T(k) = \frac{1}{\sqrt{2N}}\sum_{i=-N}^{N-1} f_T(i_1)e^{-j2\pi i_1 k/2N}$$

$$= \sqrt{\frac{2}{N}}\sum_{i=0}^{N-1} f_e(i)\cos[(2i+1)k\pi/2N], k=-N,\cdots,0,\cdots,N-1$$

式中, $F_T(k)$ 表示对应的傅里叶变换。

由 DFT 的性质可知, $F_T(k)$ 是对称序列,我们取其一半作为序列 $f_e(i)$,对其进行离散余弦变换,得到:

$$F_T(k) = \sqrt{\frac{2}{N}}\sum_{i=0}^{N-1} f_e(i)\cos[(2i+1)k\pi/2N], k=0,\cdots,N-1$$

对变换核归一化后的结果如下:

$$g(i,k) = \sqrt{\frac{2}{N}}A(k)\cos[(2i+1)k\pi/2N]$$

$$A(k) = \begin{cases} \dfrac{1}{\sqrt{2}} & k=0 \\ 1 & k=1,\cdots,N-1 \end{cases}$$

其矢量形式为:

$$F = C_{N \times N} f$$

其中：

$$C_{N \times N} = \sqrt{\frac{2}{N}} \begin{bmatrix} \dfrac{1}{\sqrt{2}} & \dfrac{1}{\sqrt{2}} & \cdots & \dfrac{1}{\sqrt{2}} \\ \cos\dfrac{\pi}{2N} & \cos\dfrac{3\pi}{2N} & \cdots & \cos\dfrac{(2N-1)\pi}{2N} \\ \vdots & \vdots & \vdots & \vdots \\ \cos\dfrac{(N-1)\pi}{2N} & \cos\dfrac{3(N-1)\pi}{2N} & \cdots & \cos\dfrac{(2N-1)(N-1)\pi}{2N} \end{bmatrix}$$

矩阵 $C_{N \times N}$ 显然是正交矩阵，据此很容易写出其逆变换为：

$$f = C_{N \times N}^{-1} F = C'_{N \times N} F$$

其二维 DCT 形式是一维 DCT 的扩展。我们知道，对二维 DFT，可以首先对行进行一维变换，然后再对列进行一维变换，这同样适用于二维 DCT。据此可以写出二维 DCT 变换的表达式：

$$F(k,l) = \frac{2}{\sqrt{MN}} \sum_{k=0}^{M-1} \sum_{l=0}^{N-1} f(i,j) A(k) A(l) \cos[(2i+1)k\pi/2M] \cos[(2j+1)l\pi/2N]$$

$$A(k) = \begin{cases} \dfrac{1}{\sqrt{2}} & k = 0 \\ 1 & k = 1, \cdots, M-1 \end{cases}$$

$$A(l) = \begin{cases} \dfrac{1}{\sqrt{2}} & l = 0 \\ 1 & l = 1, \cdots, N-1 \end{cases}$$

写成矩阵的形式为：

$$[F] = C_{M \times M} [f] C'_{N \times N} \tag{2.4.1}$$

其逆变换为：

$$[f] = C'_{M \times M} [F] C_{N \times N}$$

其中，

$$C_{M \times M} = \sqrt{\frac{2}{M}} \begin{bmatrix} 1/\sqrt{2} & 1/\sqrt{2} & \cdots & 1/\sqrt{2} \\ \cos(\pi/2M) & \cos(3\pi/2M) & \cdots & \cos((2M-1)\pi/2M) \\ \cos(2\pi/2M) & \cos(6\pi/2M) & \cdots & \cos((2M-1)2\pi/2M) \\ \cdots & \cdots & \cdots & \cdots \\ \cos((M-1)\pi/2M) & \cos(3(M-1)\pi/2M) & \cdots & \cos((2M-1)(M-1)\pi/2M) \end{bmatrix}$$

$$C_{N \times N} = \sqrt{\frac{2}{N}} \begin{bmatrix} 1/\sqrt{2} & 1/\sqrt{2} & \cdots & 1/\sqrt{2} \\ \cos(\pi/2N) & \cos(3\pi/2N) & \cdots & \cos((2N-1)\pi/2N) \\ \cos(2\pi/2N) & \cos(6\pi/2N) & \cdots & \cos((2N-1)2\pi/2N) \\ \cdots & \cdots & \cdots & \cdots \\ \cos((N-1)\pi/2N) & \cos(3(N-1)\pi/2N) & \cdots & \cos((2N-1)(N-1)\pi/2N) \end{bmatrix}$$

> **经验分享**　离散余弦变换是以一组不同频率和幅值的余弦函数来近似一幅图像，实际上它是傅里叶变换的实数部分。

2.4.2　例程精讲

1. 基于 MATLAB 图像处理工具箱

在 MATLAB 图像处理工具箱中，实现 DCT 变换的函数为 dct，其逆变换的函数为 idct。其用法如表 2.4 - 1 所列。

表 2.4 - 1　MATLAB 中 DCT 变换常用函数表

函数名称	用　法
y＝dct(x)	一维快速 DCT 变换，x 为一向量，结果 y 为等大小的向量
B＝dct2(A)	二维快速 DCT 变换，A 为一矩阵，结果 B 为等大小的实值矩阵
x＝idct(y)	一维快速逆 DCT 变换，x 为一向量，结果 y 为等大小的向量
B＝idct2(A)	二维快速逆 DCT 变换，A 为一矩阵，结果 B 为等大小的实值矩阵

例程 2.4 - 1 是调用图像处理工具箱中 dct 函数和 idct 函数进行图像离散余弦变换及其逆变换的程序，其运行结果如图 2.4 - 1 所示。

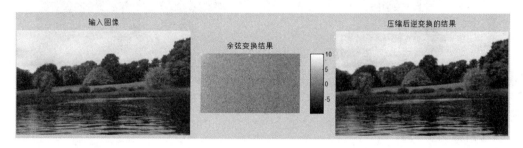

图 2.4 - 1　例程 2.4 - 1 的运行结果

【例程 2.4 - 1】

```
% 读入图像，将其转换成灰度图像，并显示
RGB = imread('autumn.tif');
I = rgb2gray(RGB);
subplot(1,3,1),imshow(I),title('输入图像');
% 对灰度图像进行离散余弦变换，并显示其余弦系数
J = dct2(I);
subplot(1,3,2),imshow(log(abs(J)),[]),colormap(jet(64)),colorbar,title('余弦变换
结果');
% 对余弦系数小于 10 的部分置零，对重构后的图像进行离散余弦逆变换，并显示
J(abs(J) < 10) = 0;
```

```
K = idct2(J);
subplot(1,3,3),imshow(K,[0,255]),title('压缩后逆变换的结果');
```

图像的离散余弦变换也可以通过式(2.4.1)所示的矩阵变换进行。在矩阵变换之前,要先生成离散余弦变换矩阵。MATLAB 图像处理工具箱提供了 dctmtx 来生成离散余弦矩阵。其调用格式如下:

```
D = dctmtx(n)
```

例程 2.4 - 2 是调用 dctmtx 对图像进行离散余弦变换的程序,其运行结果如图 2.4 - 2 所示。

原始图像　　　　　　离散余弦变换后的图像

图 2.4 - 2　例程 2.4 - 2 的运行结果

【例程 2.4 - 2】

```
% 读入 RGB 图像,并转换成灰度图像
I = imread('qinghuaci.jpg');
I = rgb2gray(I);

% 求灰度图像的行数和列数
[M,N] = size(I);

% 求离散余弦矩阵
P = dctmtx(M);
Q = dctmtx(N);

% 转换数据类型,以便进行矩阵运算
I1 = double(I);

% 进行离散傅里叶变换
Idct = P * I1 * Q';
```

```
% 显示原始图像与变换结果
subplot(121),imshow(I),title('原始图像');
subplot(122),imshow(Idct),title('离散余弦变换后的图像');
```

> **经验分享**　离散余弦变换矩阵与逆离散余弦变换矩阵互为转置，由于离散余弦变换矩阵与逆离散余弦变换矩阵都是正交矩阵，所以矩阵的逆与矩阵的转置相等。

2. 基于 MATLAB 计算机视觉工具箱

① 基于系统对象（System Object）的程序实现。

在 MATLAB 中，调用计算机视觉工具箱中的 vision.DCT 可实现对输入图像的离散余弦变换；调用 vision.IDCT 可实现离散余弦逆变换。

vision.DCT 的具体使用方法如下：

功能：对输入的灰度图像进行离散余弦叶变换。

语法：A＝step(vision.DCT,Img)。

其中：Img 为原始图像；A 是离散余弦变换后的图像。

属性：

SineComputation：如何计算正弦、余弦值，若设定为 Trigonometric function，则为计算法；若设定为 Table lookup，则为查表法。

vision.IDCT 的具体使用方法如下：

功能：对输入的灰度图像进行离散余弦叶变换。

语法：A＝step(vision.IDCT,Img)。

其中：Img 为原始图像；A 是离散余弦变换后的图像。

属性：

SineComputation：如何计算正弦、余弦值，若设定为 Trigonometric function，则为计算法；若设定为 Table lookup，则为查表法；默认值为 Table lookup，则为查表法。

例程 2.4－3 是调用系统函数对图像进行离散余弦变换及重构的程序，其运行结果如图 2.4－3 所示。

【例程 2.4－3】

```
% 创建系统对象
hdct2d = vision.DCT;
% 读入图像并转换成双精度型
I = double(imread('cameraman.tif'));
% 运行系统对象,将输入图像进行离散余弦变换
J = step(hdct2d, I);
% 显示原始图像及变换后的余弦系数
subplot(1,3,1), imshow(I,[0 255]), title('原始图像')
```

```
subplot(1,3,2),imshow(log(abs(J)),[]),colormap(jet(64)),colorbar,title('离散余
弦系数')
% 创建系统对象
hidct2d = vision.IDCT;
% 将小于 10 的部分置零
J(abs(J) < 10) = 0;
% 进行余弦逆变换(重构)
It = step(hidct2d,J);
% 显示重构后的图像
subplot(1,3,3),imshow(It,[0 255]),title('重构后的图像')
```

图 2.4-3 例程 2.4-3 的运行结果

② 基于 Blocks-Simulink 实现。

在 MATLAB 中,还可以通过 Blocks-Simulink 来实现对图像的离散余弦变换及离散余弦逆变换,其原理图如图 2.4-4 所示。

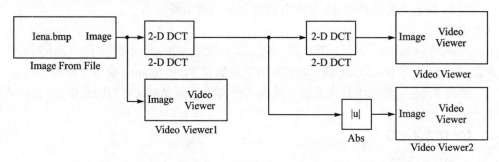

图 2.4-4 通过 Blocks-Simulink 实现对图像的快速傅里叶变换及傅里叶逆变换

其中,各功能模块及其路径如表 2.4-2 所列,双击 Image From File 模块,将其数据类型设置成 double 型(见图 2.4-5);将其的 Filename 参数设置为图像 lena.bmp 所在的路径(见图 2.4-6);从而将输入图像设置为 256×256 的灰度图像(注意:2-D DCT 模块只能对输入长、宽为 2^n 的图像进行处理),其运行结果如图 2.4-7所示。

表 2.4 - 2　各功能模块及其路径

功　能	名　称	路　径
读入图像	Image From File	Computer Vision System/Block Library/Sources
二维离散余弦变换	2 - D DCT	Computer Vision System/Block Library/ Transforms
二维离散余弦逆变换	2 - D IDCT	Computer Vision System/Block Library/ Transforms
取输出信号的幅值	Abs	Simulink/Math Operations
观察图像输出结果	Video Viewer	Computer Vision System/Block Library/Sinks

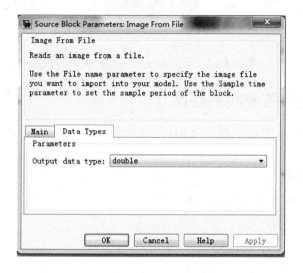

图 2.4 - 5　Image From File 模块数据类型设置

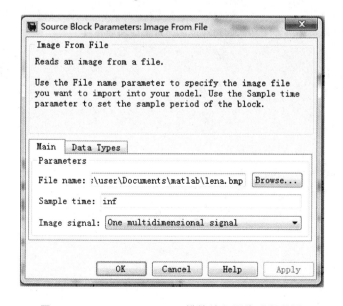

图 2.4 - 6　Image From File 模块输入图像路径设置

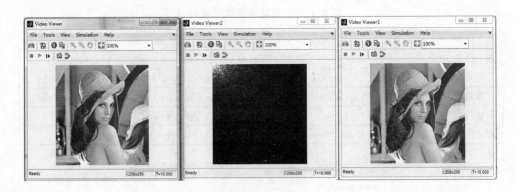

图 2.4 - 7　图 2.4 - 4 所示模型运行结果

2.4.3　离散余弦变换的性质

在讨论离散余弦变换的性质之前,先让我们来分析一下下面这个程序的运行结果。

【例程 2.4 - 4】

```
% 读入 RGB 图像,并转换成灰度图像
I = imread('book.jpg');
I = rgb2gray(I);
D1 = I;
% 进行离散余弦变换
D2 = dct2(D1);
% 取余弦变换后矩阵左上角不同尺寸的小区域组成新的矩阵
s = size(D1);
P = zeros(s);
P1 = P;
P2 = P;
P3 = P;
P1(1:40,1:40) = D2(1:40,1:40);
P2(1:60,1:60) = D2(1:60,1:60);
P3(1:80,1:80) = D2(1:80,1:80);
% 将余弦变换后的矩阵和各小区域矩阵进行离散余弦逆变换
D3 = idct2(D2);
E1 = idct2(P1);
E2 = idct2(P2);
E3 = idct2(P3);
% 显示原始图像及变换后的结果
```

```
subplot(2,3,1),imshow(D1); subplot(2,3,2), imshow(D2); subplot(2,3,3),image(D3);
subplot(2,3,4),image(E1); subplot(2,3,5), image(E2); subplot(2,3,6);image(E3)
```

观察例程 2.4 - 4 的运行结果,图 2.4 - 8(c)是使用离散余弦变换系数矩阵 D2 复原出的图像,图 2.4 - 8(d)是用矩阵 P1 复原出的图像,图 2.4 - 8(e)是用矩阵 P2 复原出的图像,图 2.4 - 8(f)是用矩阵 P3 复原出的图像,P1、P2、P3 是离散余弦变换矩阵左上角的小区域。图 2.4 - 8(e)、图 2.4 - 8(f)已经十分接近原始图像了,由此可见,对图像进行离散余弦变换后,能量主要集中在系数矩阵的左上角。

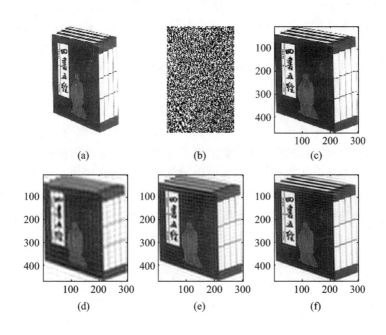

图 2.4 - 8　例程 2.4 - 4 的运行结果

2.4.4　应用点睛

(1) 离散余弦变换在图像压缩中的应用

DCT 的一个重要性质就是其变换结果的能量主要集中在左上角的位置,即低频部分,这是基于离散余弦变换进行图像压缩的主要依据。

(2) 离散余弦变换在图像去噪中的应用

DCT 对图像的噪声抑制原理和图像压缩相似。一般而言,我们认为图像的噪声在 DCT 变换结果中处在其高频部分。而高频部分的幅值一般很小,这样,利用前面介绍的图像压缩过程,就很容易实现图像的噪声抑制。当然,这会同时失去图像的部分细节。

2.5　基于数学形态学的图像变换

2.5.1　数学形态学的起源

数学形态学(Mathematics Morphology)形成于 1964 年,法国巴黎矿业学院马瑟荣(G. Matheron)和他的学生赛拉(J. Serra)在从事铁矿核的定量岩石学分析中提出了该理论。数学形态学是在集合代数的基础上通过物体和结构元素相互作用的某些运算得到物体更本质的形态(Shape),是用集合论方法定量描述目标几何结构的学科,其基本思想和方法对图像处理的理论和技术产生了重大的影响,已成为数字图像处理的一个主要研究领域,在文字识别、显微图像分析、医学图像、工业检测、机器人视觉等方面都有很成功的应用。

用数学形态学处理二值图像时,要设计一种搜集图像信息的"探针",称为结构元素。结构元素通常是一些小的简单集合,如圆形、正方形等的集合。观察者在图像中不断地移动结构元素,看是否能将这个结构元素很好地填放在图像的内部,同时验证填放结构元素的方法是否有效,并对图像内适合放入结构元素的位置做标记,从而得到关于图像结构的信息。这些信息与结构元素的尺寸和形状都有关。构造不同的结构元素(如方形或圆形结构元素),便可完成不同的图像分析,从而得到不同的分析结果。所以,从某种意义上讲,形态学图像是以几何学为基础的,着重于研究图像的几何结构。

> **经验分享**　数学形态学与人的视觉特点有相似之处:人总是首先关注一些感兴趣的物体或者结构(比如线结构),并有意识地寻找图像中的这些结构。这在人的视觉研究中称为注意力集中,简称 FOA(Focus Attention)。

数学形态学在图像处理中的应用主要是:利用形态学的基本运算,对图像进行观察和处理,从而达到改善图像质量的目的;描述和定义图像的各种几何参数和特征,如面积、周长、联通度、颗粒度、骨架和方向性。

2.5.2　数学形态学的基本运算

用形态学的方法处理和分析图像即是对物体或目标的形态分析,本小节主要介绍二值形态分析方法中最基本的几种运算,即腐蚀、膨胀以及由它们组合得到的开闭运算和边界检测算法。

首先来定义一些基本运算和符号。

元素:设有一幅图像 X,若点 a 在 X 的区域以内,则称 a 为 X 的元素,记作 $a \in X$,如图 2.5 – 1 所示。

B 包含于 X：设有两幅图像 B,X。对于 B 中所有的元素 a_i，都有 $a_i \in X$，则称 B 包含于(included in)X，记作 $B \subset X$，如图 2.5-2 所示。

B 击中 X：设有两幅图像 B,X。若存在这样一个点，它即是 B 的元素，又是 X 的元素，则称 B 击中(hit)X，记作 $B \uparrow X$，如图 2.5-3 所示。

B 不击中 X：设有两幅图像 B,X。若不存在任何一个点，它即是 B 的元素，又是 X 的元素，即 B 和 X 的交集是空，则称 B 不击中(miss)X，记作 $B \cap X = \Phi$；其中 $\cap$ 是集合运算相交的符号，Φ 表示空集，如图 2.5-4 所示。

补集：设有一幅图像 X，所有 X 区域以外的点构成的集合称为 X 的补集，记作 X^c，如图 2.5-5 所示。在图 2.5-4 中，显然，如果 $B \cap X = \Phi$，则 B 在 X 的补集内，即 $B \subset X^c$。

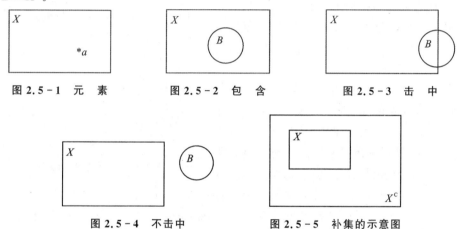

图 2.5-1　元　素　　　　图 2.5-2　包　含　　　　图 2.5-3　击　中

图 2.5-4　不击中　　　　图 2.5-5　补集的示意图

结构元素：设有两幅图像 B、X。若 X 是被处理的对象，而 B 是用来处理 X 的，则称 B 为结构元素(structure element)，又被形象地称作刷子。结构元素通常都是一些比较小的图像。

对称集：设有一幅图像 B，将 B 中所有元素的坐标取反，即令 (x,y) 变成 $(-x,-y)$，所有这些点构成的新的集合称为 B 的对称集，记作 B^v，如图 2.5-6 所示。

平移：设有一幅图像 B，有一个点 $a(x_0,y_0)$，将 B 平移 a 后的结果是把 B 中所有元素的横坐标加 x_0，纵坐标加 y_0，即令 (x,y) 变成 $(x+x_0,y+y_0)$，所有这些点构成的新的集合称为 B 的平移，记作 B_a，如图 2.5-7 所示。

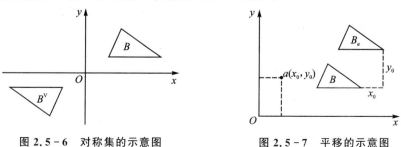

图 2.5-6　对称集的示意图　　　　图 2.5-7　平移的示意图

2.5.3 腐蚀与膨胀

1. 基本概念一点通

(1) 腐 蚀

把结构元素 B 平移 a 后得到 B_a,若 B_a 包含于 X,我们记下这个 a 点,所有满足上述条件的 a 点组成的集合称作 X 被 B 腐蚀(Erosion)的结果。用公式表示为:$E(X)=\{a\,|\,B_a\subset X\}=X\ominus B$,如图 2.5-8 所示。

图 2.5-8 中 X 是被处理的对象,B 是结构元素。不难知道,对于任意一个在阴影部分的点 a,B_a 包含于 X,所以 X 被 B 腐蚀的结果就是那个阴影部分。阴影部分在 X 的范围之内,且比 X 小,就像 X 被剥掉了一层似的,这就是为什么叫腐蚀的原因。

在图 2.5-9 中,左边是被处理的图像 X(二值图像,针对的是黑点),中间是结构元素 B,那个标有 origin 的点是中心点,即当前处理元素的位置,我们在介绍模板操作时也有过类似的概念。腐蚀的方法是,拿 B 的中心点和 X

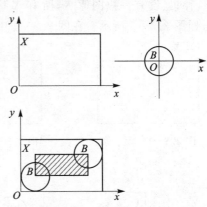

图 2.5-8 腐蚀的示意图

上的点一个一个地对比,如果 B 上的所有点都在 X 的范围内,则该点保留,否则将该点去掉;右边是腐蚀后的结果。可以看出,它仍在原来 X 的范围内,且比 X 包含的点要少,就像 X 被腐蚀掉了一层。

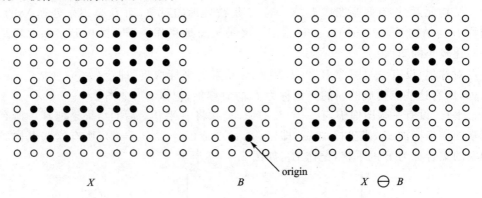

X B origin $X\ominus B$

图 2.5-9 腐蚀的示意图

如用 0 代表背景,1 代表目标,设数字图像 S 和结构元素 E 为:

$$S=\begin{bmatrix} 0 & 1 & 0 & 1 & 0 \\ 0 & 1 & 1 & 0 & 1 \\ 0_\triangle & 1 & 1 & 1 & 0 \end{bmatrix} \qquad E=\begin{bmatrix} 1 & 0 \\ 1 & 1_\triangle \end{bmatrix}$$

三角形"△"代表坐标原点,则用 E 对 S 腐蚀的结果为:

$$S_E = \begin{bmatrix} 0 & 0 & 0 & 0 & 0 \\ 0 & 0 & 1 & 0 & 0 \\ 0_\triangle & 0 & 1 & 1 & 0 \end{bmatrix}$$

(2) 膨　胀

膨胀(Dilation)可以看作是腐蚀的对偶运算,其定义是:把结构元素 B 平移 a 后得到 B_a,若 B_a 击中 X,我们记下这个 a 点。所有满足上述条件的 a 点组成的集合称作 X 被 B 膨胀的结果。用公式表示为: $D(X)=\{a \mid B_a \uparrow X\}=X \oplus B$,如图 2.5 - 10 所示。图 2.5 - 10 中 X 是被处理的对象, B 是结构元素,不难知道,对于任意一个在阴影部分的点 a, B_a 击中 X,所以 X 被 B 膨胀的结果就是那个阴影部分。阴影部分包括 X 的所有范围,就像 X 膨胀了一圈似的,这就是为什么叫膨胀的原因。

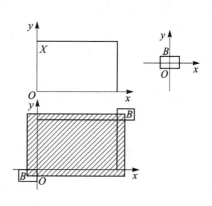

图 2.5 - 10　膨胀的示意图

让我们来看看实际上是怎样进行膨胀运算的。在图 2.5 - 11 中,左边是被处理的图像 X(二值图像,我们针对的是黑点),中间是结构元素 B。膨胀的方法是,拿 B 的中心点和 X 上的点及 X 周围的点一个一个地对,如果 B 上有一个点落在 X 的范围内,则该点就为黑;右边是膨胀后的结果。可以看出,它包括 X 的所有范围,就像 X 膨胀了一圈似的。

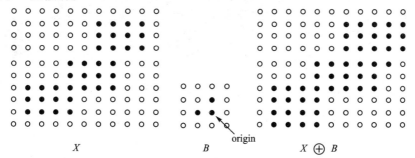

图 2.5 - 11　膨胀运算

腐蚀运算和膨胀运算互为对偶,用公式表示为 $(X \ominus B)^c = (X^c \oplus B)$,即 X 被 B 腐蚀后的补集等于 X 的补集被 B 膨胀。这句话可以形象的理解为:河岸的补集为河面,河岸的腐蚀等价于河面的膨胀。

2. 例程精讲

(1) 基于 MATLAB 图像处理工具箱

在 MATLAB 图像处理工具箱中,可以使用 imdilate 函数进行图像膨胀,其使用

格式为:

```
IM2 = imdilate(IM,SE)
```

imdilate 函数需要两个基本输入参数:待处理的输入图像 IM 和结构元素对象 SE。结构元素可以是 strel 函数返回的对象,也可以是一个自己定义的表示结构元素邻域的二进制矩阵。

此外,imdilate 函数还可以接受两个可选的参数:PADOPT 和 PACKOPT。PADOPT 参数影响输出图像的大小,而 PACKOPT 参数用来说明输入图像是否为打包的二进制图像。

MATLAB 图像处理工具箱中使用 imerode 函数进行图像腐蚀,其使用格式为:

```
IM2 = imerode(IM,SE)
```

imerode 函数需要两个基本输入参数:待处理的输入图像 IM 和结构元素对象 SE。此外,imerode 函数还可以接受 3 个可选参数:PADOPT、PACKOPT 和 M,前两个参数的含义与 imdilate 函数的可选参数类似。另外,如果图像是打包的二进制图像,则 M 将指定原始图像的行数。

例程 2.5-1 是调用 imerode 和 imdilate 函数对图像 eight 进行腐蚀和膨胀操作,其运行结果如图 2.5-12 所示。

图 2.5-12 例程 2.5-1 运行效果

【例程 2.5-1】

```
%创建结构元素
SE = strel('rectangle',[40 30]);
I = imread('eight.tif');
subplot(131),imshow(I),title('原始图像');
%使用结构元素腐蚀图像
I2 = imerode(I,SE);
subplot(132),imshow(I2), title('腐蚀图像');
%恢复矩形为原有大小,使用相同的结构元素对腐蚀过的图像进行膨胀
I3 = imdilate(I2,SE);
subplot(133),imshow(I3), title('膨胀图像');
```

(2) 基于 MATLAB 计算机视觉工具箱

① 基于系统对象(System Object)的程序实现。

在 MATLAB 中,调用计算机视觉工具箱中的系统对象 vision. MorphologicalDilate 可实现对输入图像的膨胀运算;调用 vision. MorphologicalErode 可实现对输入图像的腐蚀运算。

vision. MorphologicalDilate 的具体使用方法如下:

功能:对输入的图像进行膨胀操作。

语法:A=step(vision. MorphologicalDilate,Img)。

其中:Img 为原始图像;A 是膨胀操作后的图像。

属性:

NeighborhoodSource:结构元素输入的方式。如果设置为 Property,则通过设置系统属性参数 Neighborhood 实现;如果设置为 Input port,则在运行系统对象时,通过输入接口矩阵输入,具体方式为:A=step(vision. MorphologicalDilate,Img,B),B 为输入接口矩阵。该属性的默认值为 Property。

Neighborhood:结构元素矩阵。当 NeighborhoodSource 的属性设置为 Property 时,该属性参数有效。该属性的默认值为[1 1;1 1]。

例程 2.5-2 是调用系统函数 vision. MorphologicalDilate 实现对输入图像的膨胀操作的程序,其运行结果如图 2.5-13 所示。

图 2.5-13　例程 2.5-2 运行效果

【例程 2.5-2】

```
% 读入图像
x = imread('peppers.png');
% 设置系统对象属性
hcsc = vision.ColorSpaceConverter;
hcsc.Conversion = 'RGB to intensity';
hautothresh = vision.Autothresholder;
hdilate = vision.MorphologicalDilate('Neighborhood', ones(5,5));
% 运行系统对象
x1 = step(hcsc, x);              % 将 RGB 图像转换成灰度图像
x2 = step(hautothresh, x1);      % 将灰度图像转换成二值图像
```

```
y = step(hdilate, x2);              % 对二值图像进行膨胀运算
% 显示结果
figure;
subplot(1,3,1),imshow(x); title('原始图像');
subplot(1,3,2),imshow(x2); title('二值图像');
subplot(1,3,3),imshow(y); title('膨胀图像');
```

vision. MorphologicalErode 的具体使用方法如下：

功能：对输入的图像进行腐蚀操作。

语法：A＝step(vision. MorphologicalErode,Img)。

其中：Img 为原始图像；A 是腐蚀操作后的图像。

属性：

NeighborhoodSource：结构元素输入的方式。如果设置为 Property,则通过设置系统属性参数 Neighborhood 实现；如果设置为 Input port,则在运行系统对象时,通过输入接口矩阵输入,具体方式为：A＝step(vision. MorphologicalErode,Img,B),B 为输入接口矩阵。该属性的默认值为 Property。

Neighborhood：结构元素矩阵。当 NeighborhoodSource 的属性设置为 Property 时,该属性参数有效。该属性的默认值为 strel('square',4)。

例程 2.5－3 是调用系统函数 vision. MorphologicalErode 实现对输入图像的腐蚀操作的程序,其运行结果如图 2.5－14 所示。

图 2.5－14　例程 2.5－3 运行效果

【例程 2.5－3】

```
% 读入图像
x = imread('peppers.png');
% 设置系统对象属性
hcsc = vision.ColorSpaceConverter;
hcsc.Conversion = 'RGB to intensity';
hautothresh = vision.Autothresholder;
herode = vision.MorphologicalErode('Neighborhood', ones(5,5));
% 运行系统对象
x1 = step(hcsc, x); % 将 RGB 图像转换成灰度图像
x2 = step(hautothresh, x1); % 将灰度图像转换成二值图像
```

```
y = step(herode, x2);  % 对二值图像进行腐蚀运算
figure;
subplot(1,3,1),imshow(x); title('原始图像');
subplot(1,3,2),imshow(x2); title('二值图像');
subplot(1,3,3),imshow(y); title('腐蚀图像');
```

② 基于 Blocks - Simulink 实现。

在 MATLAB 中,还可以通过 Blocks - Simulink 来实现对图像的腐蚀操作及膨胀操作,其原理图如图 2.5 - 15 所示,其运行结果如图 2.5 - 19 所示。

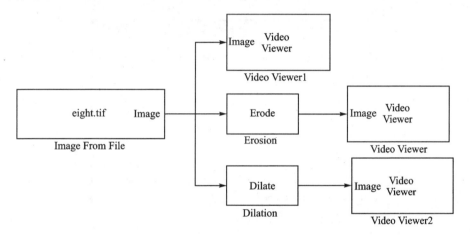

图 2.5 - 15　通过 Blocks - Simulink 实现对图像的腐蚀操作及膨胀操作

其中,各功能模块及其路径如表 2.5 - 1 所列,双击 Image From File 模块,将其的 Filename 参数设置为图像 eight. tif(见图 2.5 - 16);Erode 模块与 Dilate 模块的参数如图 2.5 - 17 和图 2.5 - 18 所示;运行结果如图 2.5 - 19 所示。

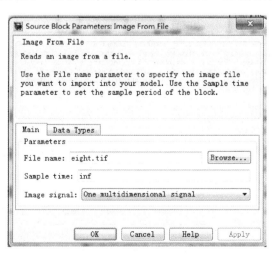

图 2.5 - 16　Image From File 模块的参数设置

表 2.5 - 1　各功能模块及其路径

功　能	名　称	路　径
读入图像	Image From File	Computer Vision System/Block Library/Sources
腐蚀操作	Erode	Computer Vision System/Block Library/Morphological Operations
膨胀操作	Dilate	Computer Vision System/Block Library/Morphological Operations
观察图像输出结果	Video Viewer	Computer Vision System/Block Library/Sinks

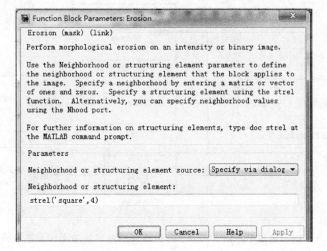

图 2.5 - 17　Erode 模块的参数设置

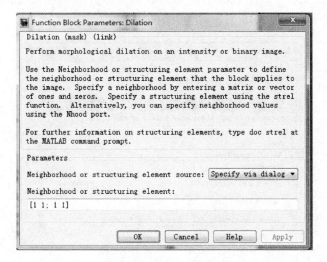

图 2.5 - 18　Dilation 模块的参数设置

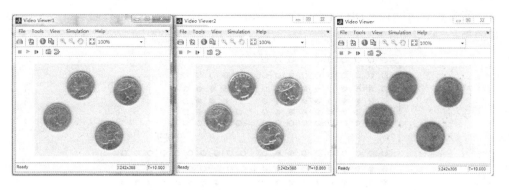

图 2.5 - 19　图 2.5 - 15 所示模型的运行结果

2.5.4　开运算与闭运算

1. 基本原理一点通

先腐蚀后膨胀称为开(open),即 $OPEN(X) = D(E(X))$。让我们来看一个开运算的例子:在图 2.5 - 20 中上面的两幅图里,左边是被处理的图像 X(二值图像,我们针对的是黑点),右边是结构元素 B;下面的两幅图里左边是腐蚀后的结果,右边是在此基础上膨胀的结果。可以看到,原图经过开运算后,一些孤立的小点被去掉了。一般来说,开运算能够去除孤立的小点、毛刺和小桥(即连通两块区域的小点),而总的位置和形状不变。这就是开运算的作用。

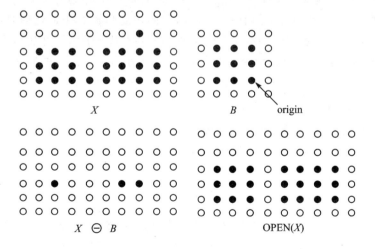

图 2.5 - 20　开运算

　　经验分享　开运算在粘连目标的分离及背景噪声(椒盐噪声)的去除方面有较好的效果。

先膨胀后腐蚀称为闭(close),即 CLOSE(X)=E(D(X))。让我们来看一个闭运算的例子(见图 2.5 – 21)。

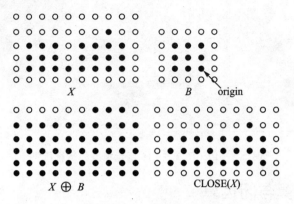

图 2.5 – 21　闭运算

在图 2.5 – 21 上面的两幅图中,左边是被处理的图像 X(二值图象,我们针对的是黑点),右边是结构元素 B,下面的两幅图中左边是膨胀后的结果,右边是在此基础上腐蚀的结果可以看到,原图经过闭运算后,断裂的地方被弥合了。一般来说,闭运算能够填平小孔,弥合小裂缝,而总的位置和形状不变。这就是闭运算的作用。

您大概已经猜到了,开和闭也是对偶运算,的确如此。用公式表示为(OPEN(X))^c=CLOSE$((X^c))$,或者(CLOSE(X))^c=OPEN$((X^c))$。即 X 开运算的补集等于 X 的补集的闭运算,或者 X 闭运算的补集等于 X 的补集的开运算。这句话可以这样来理解:在两个小岛之间有一座小桥,我们把岛和桥看作是处理对象 X,则 X 的补集为大海。如果涨潮时将小桥和岛的外围淹没(相当于用尺寸比桥宽大的结构元素对 X 进行开运算),那么两个岛的分隔,相当于小桥两边海域的连通(对 X^c 做闭运算)。

2. 例程精讲

(1) 基于 MATLAB 图像处理工具箱

在 MATLAB 图像处理工具箱中,可以使用 imopen 函数进行图像进行开运算操作,其使用格式为:

```
IM2 = imopen(IM,SE)
```

imopen 函数需要两个基本输入参数:待处理的输入图像 IM 和结构元素对象 SE。

可以使用 imopen 函数进行图像进行闭运算操作,其使用格式为:

```
IM2 = imclose(IM,SE)
```

imclose 函数需要两个基本输入参数:待处理的输入图像 IM 和结构元素对象 SE。

例程 2.5 - 4 是调用 imopen 和 imclose 函数对图像 eight 进行腐蚀和膨胀操作，其运行结果如图 2.5 - 22 所示。

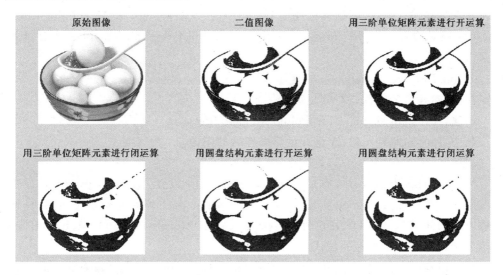

图 2.5 - 22　例程 2.5 - 4 运行结果

【例程 2.5 - 4】

```
clear all;
bw0 = imread('yuanxiao.jpg');
subplot(231),imshow(bw0),title('原始图像');
% 变为阈值取为 0.7 的二值图像
bw1 = im2bw(bw0,0.7);
subplot(232),imshow(bw1),title('二值图像');
% 用三阶单位矩阵的结构元素进行开远算
s = ones(3);
bw2 = imopen(bw1,s);
subplot(233),imshow(bw2),title('用三阶单位矩阵元素进行开运算');
% 用三阶单位矩阵的结构元素进行闭运算
bw3 = imclose(bw1,s);
subplot(234),imshow(bw3),title('用三阶单位矩阵元素进行闭运算');
% 用平坦圆盘结构元素进行开运算
s1 = strel('disk',2);
bw4 = imopen(bw1,s1);
subplot(235),imshow(bw4),title('用圆盘结构元素进行开运算');
% 用平坦圆盘结构元素进行闭运算
bw5 = imclose(bw1,s1);
subplot(236),imshow(bw5),title('用圆盘结构元素进行闭运算');
```

(2) 基于 MATLAB 计算机视觉工具箱

① 基于系统对象（System Object）的程序实现。

在 MATLAB 中,调用计算机视觉工具箱中的系统对象 vision. MorphologicalOpen 可实现对输入图像进行开运算;调用 vision. MorphologicalClose 可实现对输入图像进行闭运算。

vision. MorphologicalOpen 的具体使用方法如下:

功能:对输入的图像进行开运算。

语法:A＝step(vision. MorphologicalOpen,Img)。

其中:Img 为原始图像;A 是开运算操作后的图像。

属性:

NeighborhoodSource:结构元素输入的方式。如果设置为 Property,则通过设置系统属性参数 Neighborhood 实现;如果设置为 Input port,则在运行系统对象时,通过输入接口矩阵输入,具体方式为:A＝step(vision. MorphologicalOpen,Img,B),B 为输入接口矩阵。该属性的默认值为 Property。

Neighborhood:结构元素矩阵。当 NeighborhoodSource 的属性设置为 Property 时,该属性参数有效。该属性的默认值为 strel('disk',5)。

例程 2.5－5 是调用系统对象 vision. MorphologicalOpen 实现对输入图像进行开运算操作的程序,其运行结果如图 2.5－23 所示。

图 2.5－23　例程 2.5－5 运行结果

【例程 2.5－5】

```
% 读入图像并转换为单精度型
img = im2single(imread('blobs.png'));
%设置系统对象属性
hopening = vision.MorphologicalOpen;
hopening.Neighborhood = strel('disk', 5);
```

```
%  运行系统对象
opened = step(hopening, img);
%  显示实验结果
figure;
subplot(1,2,1),imshow(img); title('原始图像 ');
subplot(1,2,2),imshow(opened); title(' 开运算后的图像 ');
```

vision. MorphologicalClose 的具体使用方法如下：

功能：对输入的图像进行闭运算。

语法：A＝step(vision. MorphologicalClose,Img)。

其中：Img 为原始图像；A 是开运算操作后的图像。

属性：

NeighborhoodSource：结构元素输入的方式。如果设置为 Property,则通过设置系统属性参数 Neighborhood 实现；如果设置为 Input port,则在运行系统对象时,通过输入接口矩阵输入,具体方式为：A＝step(vision. MorphologicalClose,Img,B),B 为输入接口矩阵。该属性的默认值为 Property。

Neighborhood：结构元素矩阵。当 NeighborhoodSource 的属性设置为 Property 时,该属性参数有效。该属性的默认值为 strel('line',5,45)。

例程 2.5－6 是调用系统对象 vision. MorphologicalClose 实现对输入图像进行开运算操作的程序,其运行结果如图 2.5－24 所示。

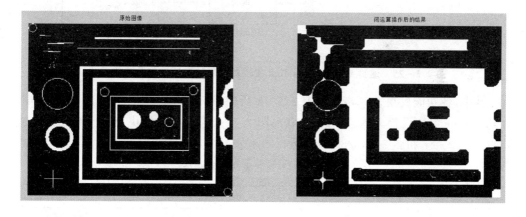

图 2.5－24　例程 2.5－6 运行结果

【例程 2.5－6】

```
%  读入图像并转换为单精度型
img = im2single(imread('blobs.png'));
%  设置系统对象属性
hclosing = vision.MorphologicalClose;
```

```
hclosing.Neighborhood = strel('disk', 10);
%   运行系统对象
closed = step(hclosing, img);
%   显示实验结果
figure;
subplot(1,2,1),imshow(img); title('原始图像');
subplot(1,2,2),imshow(closed); title('闭运算操作后的结果');
```

② 基于 Blocks - Simulink 实现。

在 MATLAB 中,还可以通过 Blocks - Simulink 来实现对图像的腐蚀操作及膨胀操作,其原理图如图 2.5 - 25 所示。

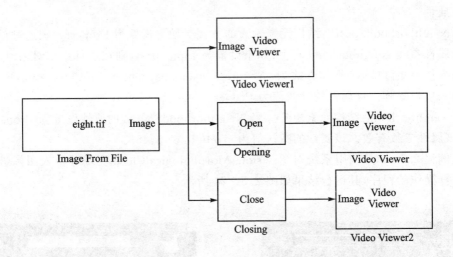

图 2.5 - 25　通过 Blocks - Simulink 实现对图像的腐蚀操作及膨胀操作

其中,各功能模块及其路径如表 2.5 - 2 所列,双击 Image From File 模块,将其的 Filename 参数设置为图像 eight. tif(见图 2.5 - 26);Open 模块与 Close 模块的参数如图 2.5 - 27 和图 2.5 - 28 所示;运行结果如图 2.5 - 29 所示。

表 2.5 - 2　各功能模块及其路径

功　能	名　称	路　径
读入图像	Image From File	Computer Vision System/Block Library/Sources
开操作	Open	Computer Vision System/Block Library/Morphological Operations
闭操作	Close	Computer Vision System/Block Library/Morphological Operations
观察图像输出结果	Video Viewer	Computer Vision System/Block Library/Sinks

下面,通过一个栅格计数的例子来说明基于数学形态学变换的应用。所需的各功能模块如图 2.5 - 30 所示,其中,各功能模块及其路径如表 2.5 - 3 所列。

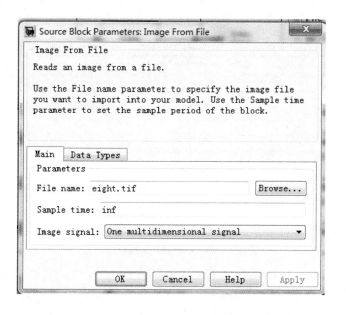

图 2.5 - 26 Image From File 模块的参数设置

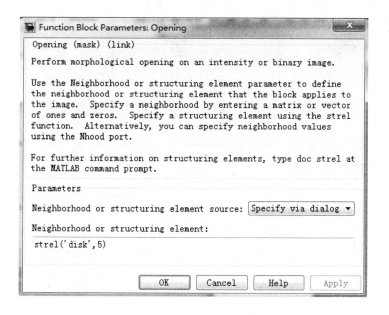

图 2.5 - 27 Open 模块的参数设置

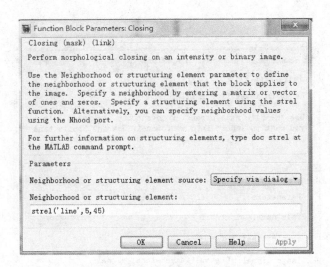

图 2.5 - 28　Close 模块的参数设置

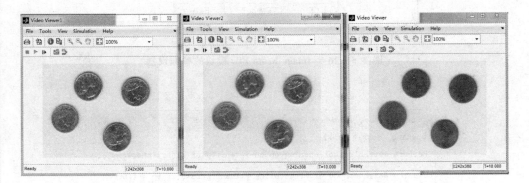

图 2.5 - 29　图 2.5 - 25 所示模型的运行结果

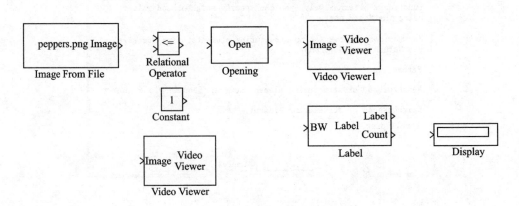

图 2.5 - 30　所需的各功能模块

表 2.5 - 3　各功能模块及其路径

功　能	名　称	路　径
读入图像	Image From File	Computer Vision System/Block Library/Sources
开操作	Open	Computer Vision System/Block Library/Morphological Operations
基于形态学 运算提取特征	Label	Computer Vision System/Block Library/Morphological Operations
比较器	Relational Operator	Simulink/Commonly Used Blocks
阈值	Constant	Simulink/Commonly Used Blocks
观察图像输出结果	Video Viewer	Computer Vision System/Block Library/Sinks
显示计数个数	Display	Simulink/Sinks

双击 Image From File 模块，对其进行图 2.5 - 31 所示的设置。

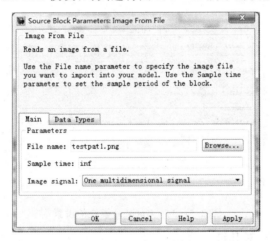

图 2.5 - 31　Image From File 模块的设置

双击 Constant 模块，对其进行图 2.5 - 32 所示的设置。

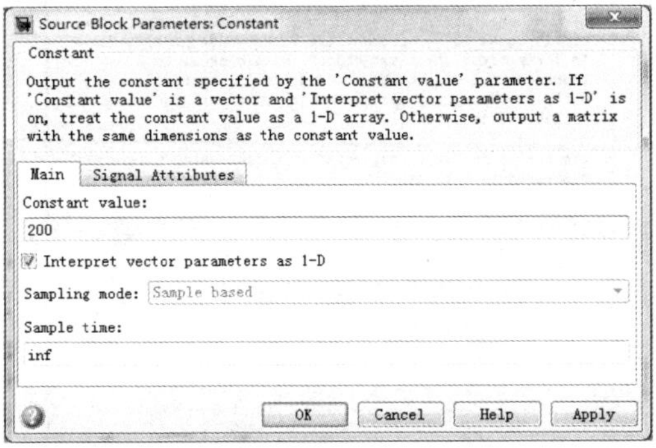

图 2.5 - 32　Constant 模块的设置

双击 Relational Operator 模块，对其进行图 2.5-33 所示的设置。

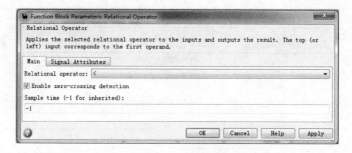

图 2.5-33　Relational Operator 模块的设置

双击 Opening 模块，对其进行图 2.5-34 所示的设置。

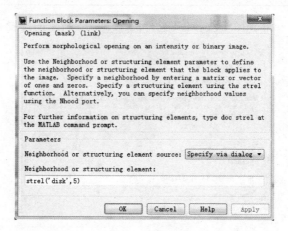

图 2.5-34　Opening 模块的设置

双击 Label 模块，对其进行图 2.5-35 所示的设置。

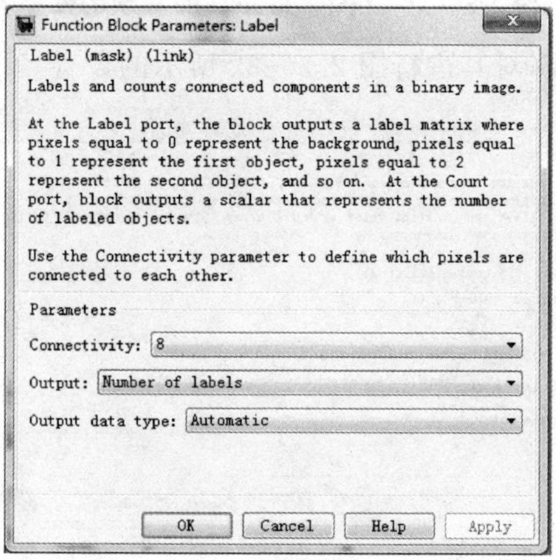

图 2.5-35　Label 模块的设置

在设置好各模块后,将其按照图 2.5 - 36 所示进行连接,其运行结果如图 2.5 - 37 和图 2.5 - 38 所示。

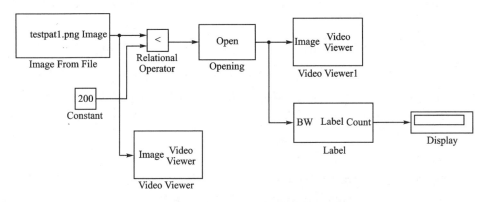

图 2.5 - 36　各功能模块连接图

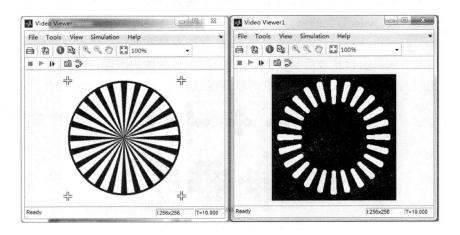

图 2.5 - 37　图 2.5 - 36 所示模型的运行结果 1

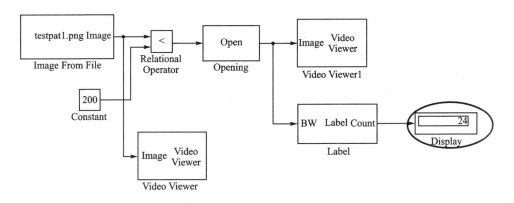

图 2.5 - 38　图 2.5 - 36 所示模型的运行结果 2

2.6　图像滤波

2.6.1　基本原理一点通

中值滤波器是一种非线性平滑滤波器,其主要功能是让与周围像素灰度值的差比较大的像素改变,并取与周围像素相近的值,从而消除孤立的噪声点。步骤如下:

① 将模板在图像中移动,并将模板中心与图像中的某个像素位置重合;

② 读取模板下各对应像素的灰度值;

③ 将这些灰度值从小到大排成一列;

④ 找出这些值里排在中间的一个;

⑤ 将这些中间值赋值给对应模板中心位置的像素。

二维中值滤波器的窗口形状可以有多种,如线状、方形、十字形、圆形、菱形等,如图 2.6-1 所示。不同形状的窗口产生不同的滤波效果,使用中必须根据图像的内容和不同的要求加以选择。从以往的经验来看,对于有缓变的较长轮廓线物体的图像,采用方形或者圆形窗口比较适宜;对于包含有尖顶角物体的图像,则适宜采用十字形窗口。使用二维中值滤波最值得注意的就是保持图像中有效的细线状物体。

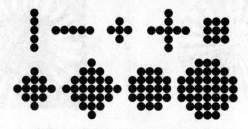

图 2.6-1　二维中值滤波器常用窗口

2.6.2　例程精讲

(1) 基于 MATLAB 图像处理工具箱

在 MATLAB 图像处理工具箱中,可以 medfilt2( )函数来实现图像的二维中值滤波,其用法如下:

$$B=medfilt2(A,[m\ n]);$$

其中,A 为输入图像矩阵,B 是中值滤波后输出的结果,[m n]用于指定滤波模板的大小,如果不设置,则默认为 3×3。

例程 2.6-1 是调用 medfilt2( )函数来实现图像的二维中值滤波的 MATLAB 源程序,其运行结果如图 2.6-2 所示。

【例程 2.6-1】

% 读入原始图像,添加椒盐噪声

```
I = imread('zhubajie.jpg');
I = rgb2gray(I);
J = imnoise(I,'salt & pepper',0.04);
% 进行中值滤波
K = medfilt2(J,[3,3]);
subplot(121), imshow(J)
subplot(122), imshow(K)
```

(a) 添加噪声后的图像

(b) 滤波后的结果

图 2.6 - 2 例程 2.6 - 1 的运行结果

(2) 基于 MATLAB 计算机视觉工具箱

① 基于系统对象(System Object)的程序实现。

在 MATLAB 中,调用计算机视觉工具箱中的系统对象 vision. MedianFilter 可实现对输入图像中值滤波。

系统对象 vision. MedianFilter 的使用方法如下:

功能:对输入的二维图像进行中值滤波。

属性:

NeighborhoodSize:中值滤波器的邻域尺寸。当将其设置为一个整数时,则表示邻域尺寸为行、列均为该尺寸的方形矩阵;当将其设置为一个二元素向量时,则表示邻域尺寸为该向量元素数值为行列数的矩阵。其默认值为[3,3]。

OutputSize:输出尺寸。可以将其设置为 Same as input size 或 Valid,默认值为 Same as input size。当将 OutputSize 属性设置为 Valid 时,输出图像的尺寸为:

输出图像的行数＝输入图像的行数－邻域行数＋1

输出图像的列数＝输入图像的列数－邻域列数＋1

PaddingMethod:输入图像扩充方法。可以将其设置为 Constant、Replicate、Symmetric、Circular。其默认值为 Constant。

PaddingValueSource：输入图像扩充值。当 PaddingMethod 属性设置为 Constant 时，该属性可调。可以将其设置为 Property 或 Input port。其默认值为 Property。

PaddingValue：当 PaddingMethod 属性设置为 Constant 且 PaddingValueSource 设置为 Property 时有效，该属性可调。其默认值为 0。

例程 2.6－2 是调用系统对象 vision.MedianFilter 对噪声图像进行滤波的程序，其运行结果如图 2.6－3 所示。

图 2.6－3　例程 2.6－2 的运行结果

【例程 2.6－2】

```
% 读入图像
img = im2single(rgb2gray(imread('peppers.png')));
% 添加噪声
img = imnoise(img, 'salt & pepper');
% 显示噪声图像
subplot(1,2,1),imshow(img),title('噪声图像');
% 定义系统对象
hmedianfilt = vision.MedianFilter([5 5]);
% 对图像进行滤波处理
filtered = step(hmedianfilt, img);
% 显示滤波后的图像
subplot(1,2,2), imshow(filtered),title('滤波图像');
```

② 基于 Blocks－Simulink 实现。

在 MATLAB 中，还可以通过 Blocks－Simulink 来实现对输入图像进行中值滤波，其原理图如图 2.6－4 所示，其运行结果如图 2.6－8 所示。

其中，各功能模块及其路径如表 2.6－1 所列。

在 MATLAB 中输入如图 2.6－5 所示的内容。

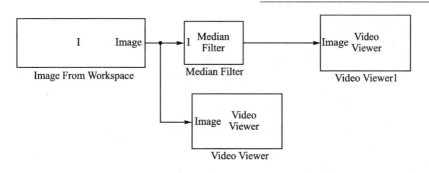

图 2.6 - 4　基于 Blocks - Simulink 进行图像中值滤波的原理图

表 2.6 - 1　各功能模块及其路径

功　能	名　称	路　径
读入图像	Image From File	Computer Vision System/Block Library/Sources
中值滤波	Median Filter	Computer Vision System/Block Library/ Filtering
观察输出结果	Video Viewer	Computer Vision System/Block Library/Sinks

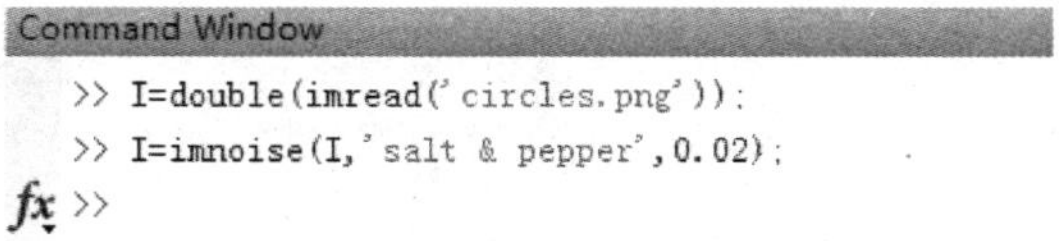

```
Command Window
>> I=double(imread('circles.png'));
>> I=imnoise(I,'salt & pepper',0.02);
fx >>
```

图 2.6 - 5　MATLAB 中输入的内容

对各模块的属性进行设置如下：

双击 Image From File 模块，如图 2.6 - 6 所示，将其输入图片设置为 I。

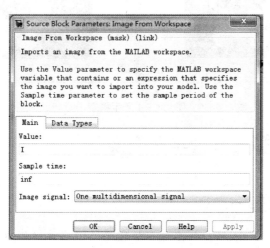

图 2.6 - 6　Image From File 模块的设置

双击 Median Filter 模块，对其进行如图 2.6 - 7 所示的设置。运行结果如图 2.6 - 8 所示。

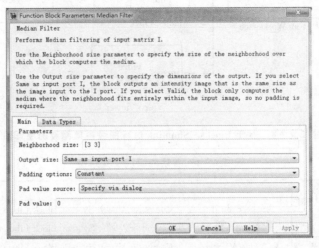

图 2.6 - 7　Median Filter 模块的设置

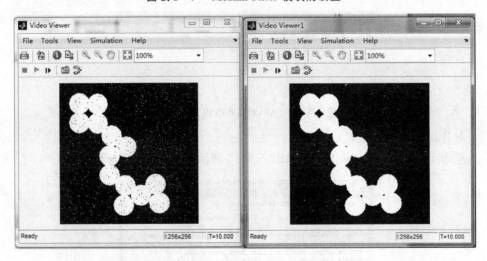

图 2.6 - 8　图 2.6 - 4 所示模型的运行结果

2.7　图像的多尺度金字塔变换

2.7.1　基本原理一点通

在数字图像处理领域，多分辨率金字塔化是图像多尺度表示的主要形式。图像处理中的金字塔算法最早是由 Burt 和 Adelson 提出的，是一种多尺度、多分辨率的方法。图像金字塔化一般包括两个步骤：

① 图像经过一个低通滤波器进行平滑；

② 然后对这个平滑图像进行抽样，一般是抽样比例在水平和垂直方向上都为 1/2，从而得到一系列尺寸缩小、分辨率降低的图像。

将得到的依次缩小的图像顺序排列，看上去很像金字塔，这便是这种多尺度处理方法名称的由来。

2.7.2　例程精讲

① 基于系统对象(System Object)的程序实现。

在 MATLAB 中，调用计算机视觉工具箱中的系统对象 vision. Pyramid，可实现对输入图像进行多尺度金字塔变换。

系统对象 vision. Pyramid 的使用方法如下：

功能：对输入的图像进行金子塔分解或扩张。

语法：A=step(vision. Pyramid，Img)。

其中：Img 为输入图像。

属性：

Operation：对输入图像进行分解操作还是扩张操作。若将其设为 Expand，则对图像进行扩张操作；若将其设为 Reduce，则对图像进行分解操作。该属性的默认值为 Reduce。

PyramidLevel：金子塔重构的层数，其应设置为 2^n；其默认值为 1。

SeparableFilter：设置滤波器的形式。可以将其设置为 Default 或 Custom，其默认值为 Default。

CoefficientA：滤波器系数。当 SeparableFilter 属性设置为 Default 时，CoefficientA 属性有效，其默认值为 0.375。

CustomSeparableFilter：特定滤波器系数。当 SeparableFilter 属性设置为 Custom 时，CustomSeparableFilter 属性有效，其默认值为[0.0625 0.25 0.375 0.25 0.0625]。

例程 2.7-1 是调用系统对象 vision. Pyramid 对噪声图像进行滤波的程序，其运行结果如图 2.7-1 所示。

【例程 2.7-1】

```
% 定义系统对象
hgausspymd = vision.Pyramid;
% 金子塔的层数为 2
hgausspymd.PyramidLevel = 2;
% 读入图像
x = imread('cameraman.tif');
% 对输入图像
y = step(hgausspymd, x);
```

% 对输入图像

```
figure, imshow(x); title(' Original Image');
figure, imshow(mat2gray(double(y)));
title('Decomposed Image');
```

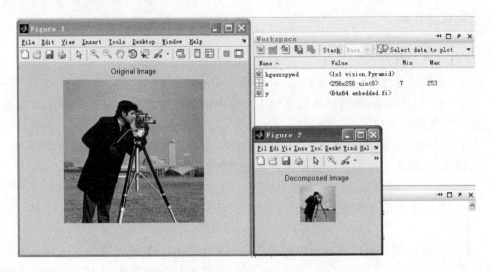

图 2.7 - 1　例程 2.7 - 1 的运行结果

② 基于 Blocks - Simulink 实现。

在 MATLAB 中，还可以通过 Blocks - Simulink 来实现对图像进行色彩空间的转换，其原理图如图 2.7 - 2 所示。

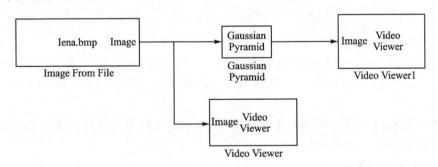

图 2.7 - 2　基于 Blocks - Simulink 进行高斯金子塔分解的原理图

其中，各功能模块及其路径如表 2.7 - 1 所列。

表 2.7 - 1　各功能模块及其路径

功　能	名　称	路　径
读入图像	Image From File	Computer Vision System/Block Library/Sources
高斯金子塔分解	Gaussian Pyramid	Computer Vision System/Block Library/Transforms
观察输出结果	Video Viewer	Computer Vision System/Block Library/Sinks

对各模块的属性进行设置如下：

双击 Image From File 模块，如图 2.7-3 和图 2.7-4 所示，将其输入图片设置为 lena. bmp。

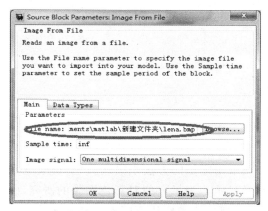

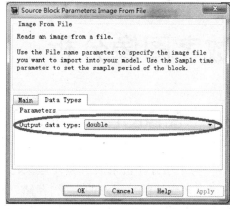

图 2.7-3　Image From File 模块输入
　　　　　图像参数设置

图 2.7-4　Image From File 模块数据
　　　　　类型参数设置

双击 Gaussian Pyramid 模块，对其进行图 2.7-5 所示的设置。

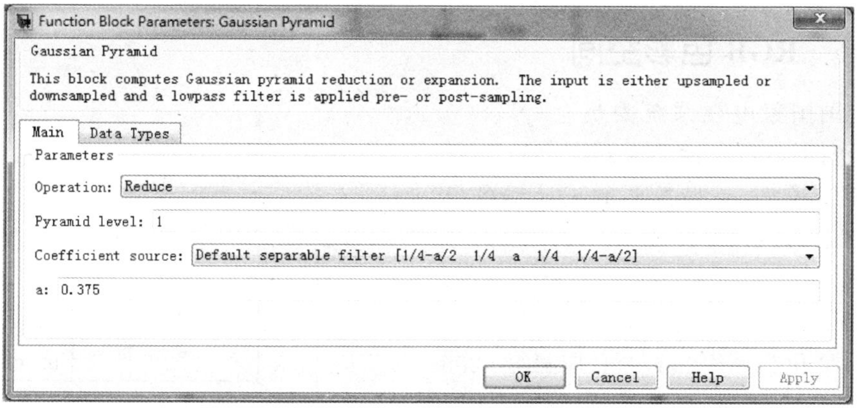

图 2.7-5　Gaussian Pyramid 模块参数设置

第**3**章

数字图像分析

3.1　图像的色彩空间

　　为了用计算机来表示和处理颜色,必须采用定量的方法来描述颜色,即建立颜色模型来支持数字图像的生成、存储、处理及显示。为了方便对彩色图像的研究,研究者建立了多种色彩空间来对应不同的色彩空间,这需要作不同的处理和转换。目前广泛采用的颜色模型有三大类,即计算颜色模型、工业颜色模型和视觉颜色模型。计算颜色模型又称为色度学颜色模型,主要应用于纯理论研究和计算推导;工业颜色模型侧重于实际的实现技术,广泛应用于计算机图形学和图像处理中,其通常采用RGB基色体系。

3.1.1　RGB色彩空间

　　美国国家电视系统委员会(NTSC)
为显示器上显示彩色图像而提出的RGB
彩色系统模型,是最重要的工业颜色模
型。RGB彩色系统构成了一个三维的彩
色空间(R,G,B)坐标系中的一个立方体。
R、G、B是彩色空间的三个坐标轴,每个
坐标都量化为$0\sim255$,0对应最暗,255
对应最亮。这样所有的颜色都将位于一
个边长为256的立方体内。彩色立方体
中任意一点都对应一种颜色,黑色$(0,0,$
$0)$位于坐标系原点,其中:$0\leqslant R\leqslant255,0\leqslant$
$G\leqslant255,0\leqslant B\leqslant255$,如图3.1-1所示。

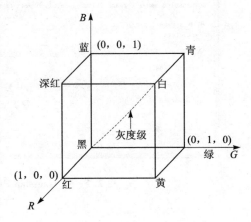

图 3.1-1　RGB 彩色立方体

　　RGB颜色空间是图像处理中最基础的颜色模型,是在配色实验的基础上建立起来的。RGB颜色空间建立的主要依据是人的眼睛有红、绿、蓝三种色感细胞,它们的最大感光灵敏度分别落在红色、蓝色和绿色区域,其合成的光谱响应就是视觉曲线,由此推出任何彩色都可以用红、绿、蓝三种基色来配置。

3.1.2 HSV 色彩空间

如图 3.1-2 所示,HSV(Hue,Saturation,Value)色彩空间的模型对应于圆柱坐标系中的一个圆锥形子集,圆锥的顶面对应于 $V=1$。它包含 RGB 模型中的 $R=1$,$G=1$,$B=1$ 三个面,所代表的颜色较亮。色彩 H 由绕 V 轴的旋转角给定。红色对应于角度 $0°$,绿色对应于角度 $120°$,蓝色对应于角度 $240°$。在 HSV 颜色模型中,每一种颜色和它的补色相差 $180°$。饱和度 S 取值为 $0\sim1$,所以圆锥顶面的半径为 1。在圆锥的顶点(原点)处,$V=0$,H 和 S 无定义,代表黑色;圆锥的顶面中心处 $S=0$,$V=1$,H 无定义,代表白色;从该点到原点代表亮度渐暗的灰色,即具有不同灰度的灰色。对于这些点,$S=0$,H 的值无定义。可以说,HSV 模型中的 V 轴对应于 RGB颜色空间的主对角线。在圆锥顶面的圆周上的颜色,$V=1$,$S=1$,这种颜色是纯色。

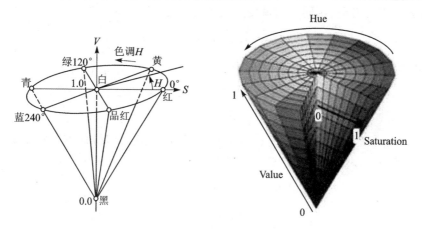

图 3.1-2　HSV 彩色立方体

HSV 模型可以只用反映色彩本质特性的色度、饱和度来进行各种颜色的聚类,将亮度信息和灰度信息从色彩中提取出去,从而去掉光照的影响,将颜色和亮度分开处理,使程序具有更强的鲁棒性,比 RGB 模型具有更好的识别效果。色度和饱和度属性能比较准确地反映颜色种类,对外界光照条件的变化敏感程度低。

颜色从 RGB 到 HSV 转换为非线性变换,其转换关系如下:

$$h = \begin{cases} \text{undefined} & \text{if} \quad \max = \min \\ 60° \times \dfrac{g-b}{\max-\min} + 0° & \text{if} \quad \max = r \quad \text{and} \quad g \geqslant b \\ 60° \times \dfrac{g-b}{\max-\min} + 0° & \text{if} \quad \max = r \quad \text{and} \quad g < b \\ 60° \times \dfrac{g-b}{\max-\min} + 0° & \text{if} \quad \max = g \\ 60° \times \dfrac{g-b}{\max-\min} + 0° & \text{if} \quad \max = b \end{cases}$$

$$s = \begin{cases} 0 & \text{if} \qquad \max = 0 \\ \dfrac{\max - \min}{\max} = 1 - \dfrac{\min}{\max} & \text{otherwise} \end{cases}$$

$$v = \max$$

式中，r、g、b 分别为图像的三基色的灰度值，h、s、v 分别为图像的色度、饱和度、亮度。

3.1.3 YUV 空间

YUV 色彩空间利用了人眼对亮度信息更加敏感的特点，把由视觉传感器采集得到的彩色图像信号，经分色、分别放大校正得到 RGB 图像，再经过矩阵变换电路得到亮度信号 Y 和两个色差信号 $B - Y(Cb)$、$R - Y(Cr)$，最后发送端将亮度和色差三个信号分别进行编码，用同一信道发送出去，用公式表示如下：

$$\begin{cases} Y = K_r R + K_g G + K_b B \\ Cb = B - Y \\ Cr = R - Y \\ Cg = G - Y \end{cases}$$

其中，K 为加权因子。显然，$Cb + Cr + Cg =$ 常数，因此，只要知道 Cb、Cr、Cg 中两项即可。因此，RGB 空间转换为 YUV 空间可以通过下面的公式来转换：

$$\begin{cases} Y = K_r R + (1 - K_b - K_r)G + K_b B \\ Cb = \dfrac{0.5}{(1 - K_b)(B - Y)} \\ Cr = \dfrac{0.5}{(1 - K_r)(R - Y)} \end{cases}$$

YUV 空间到 RGB 空间的转换公式为：

$$\begin{cases} R = Y + \dfrac{1 - K_r}{0.5 Cr} \\ G = Y - \dfrac{2K_b(1 - K_b)}{(1 - K_b - K_r)Cb} - \dfrac{2K_r(1 - K_r)}{(1 - K_b - K_r)Cr} \\ B = Y + \dfrac{1 - K_b}{0.5 Cb} \end{cases}$$

其中，$K_b = 0.114$，$K_r = 0.299$。

YUV 空间中，常用的格式有 4:4:4、4:2:2、4:2:0 等。以 4:2:2 格式为例，它对每个像素的亮度(Y)进行采集，而对色差 U 和 V 则每两个像素采集一次，其在内存中的存放格式如表 3.1-1 所列。

表 3.1-1　YUV422 格式在内存中的形式

16 位地址	D15～D8（高 8 位）	D7～D0（低 8 位）
0	Y0	Cb0
1	Y1	Cr0
2	Y2	Cb2
3	Y3	Cr2

3.1.4　HSI 色彩空间

HSI 颜色空间从人的视觉系统出发，用色调（Hue）、色饱和度（Saturation 或 Chroma）和亮度（Intensity 或 Brightness）来描述色彩。HSI 颜色空间可以用一个圆锥空间模型来描述。

通常把色调饱和度通称为色度，用来表示颜色的类别与深浅程度。由于人的视觉对亮度的敏感程度远强于对颜色浓淡的敏感程度，为了便于色彩处理和识别，人的视觉系统经常采用 HSI 颜色空间，它比 RGB 颜色空间更符合人的视觉特性。在图像处理和计算机视觉中，大量算法都可以在 HSI 颜色空间中方便地使用，由于 H、S、I 三个分量相互独立，可以将它们分开处理。因此，使用 HSI 颜色空间可以大大简化图像分析和处理的工作量。

RGB 色彩空间和 HSI 色彩空间可以相互转换。假设 R、G 和 B 分别代表 RGB 颜色空间的三个分量，HSI 空间的三个分量 H、S 和 I 计算如下：

$$H = \begin{cases} \theta & 如果 \quad B \leqslant G \\ 360° - \theta & 如果 \quad B > G \end{cases}$$

$$S = 1 - \frac{3}{R+G+B}[\min(R,G,B)]$$

$$I = \frac{1}{3}(R+G+B)$$

其中，$\theta = \arccos\left\{ \dfrac{\frac{1}{2}[(R-G)+(R-B)]}{\sqrt{(R-G)^2 + (R-B)(G-B)}} \right\}$。

3.1.5　灰度空间

颜色可分为黑白色和彩色。黑白色指不包含任何的彩色成分，仅由黑色和白色组成。在 RGB 颜色模型中，如果 $R=G=B$，则颜色 (R,G,B) 表示一种黑白颜色；其中 $R=G=B$ 的值叫作灰度值，所以黑白色又叫作灰度颜色。彩色和灰度之间可以互相转化，由彩色转化为灰度的过程叫作灰度化处理。

灰度化就是使彩色的 R、G、B 分量值相等的过程。由于 R、G、B 的取值范围是 0～255，所以灰度的级别只有 256 级，即灰度图像仅能表现 256 种颜色（灰度）。

灰度化处理的方法有如下 3 种：

① 最大值法：使 R、G、B 的值等于 3 个值中的最大的一个。最大法会形成很高色亮度图像。

② 平均值法：使 R、G、B 的值等于求出平均值。平均值法会形成较柔和的灰度图像。

③ 加权平均法：根据重要性或其他指标给 R、G、B 赋予不同的权值，并使 R、G、B 的值加权平均，即：

$$R = G = B = (WrR + WgG + WbB)/3$$

式中，Wr、Wg、Wb 分别为 R、G、B 的权值。Wr、Wg、Wb 取不同的值，加权平均法就将形成不同的灰度图像。由于人眼对绿色的敏感度最高，红色次之，对蓝色的敏感度最低，因此，使 $Wr > Wg > Wb$ 将得到合理的灰度图像。

3.1.6　Lab 色彩空间

Lab 色彩模式可以说是最大范围的色彩模式，是一种与设备无关的色彩空间，无论使用何种设备(如显示器、打印机、计算机或扫描仪)创建或输出图像，这种模型都能生成一致的颜色，在 Photoshop 中进行 RGB 与 CMYK 模式的转换都要利用 Lab 模式作为中间过渡模式来进行，只是大家平时看不到它在工作。Lab 模式在任何时间、地点、设备都有唯一性，因此在色彩管理中它是重要的表色体系。Lab 的色彩理论是建立在人对色彩感觉的基础上，Lab 色彩理论认为，在一个物体中，红色和绿色两种原色不能同时并存，黄色和蓝色两种原色也不能同时并存。

Lab 色彩模型用 3 组数值表示色彩。

① L：亮度数值，0～100；

② a：红色和绿色两种原色之间的变化区域，数值 −120～+120；

③ b：黄色到蓝色两种原色之间的变化区域，数值 −120～+120。

3.1.7　例程精讲

1. 基于 MATLAB 图像处理工具箱

在 MATLAB 的图像处理工具箱提供了将 RGB 模型转换为 HSV 模型，其调用格式如下：

```
Hsvmap = rgb2hsv(rgbmap)
HSV = rgb2hsv(RGB)
```

Hsvmap＝rgb2hsv(rgbmap)用于将 RGB 空间的色彩表 rgbmap 转换为 HSV 色彩空间的颜色映射表 Hsvmap；HSV＝rgb2hsv(RGB)则是将真彩图像 RGB 转换为 HSV 色彩空间。例程 3.1－1 是调用上述函数将一幅真彩图像转换为一个 HSV 颜色空间的图像，其运行效果如图 3.1－3 所示。

【例程 3.1－1】

```
% 读入图像
RGB = imread('wawa.jpg');
% 由 RGB 空间转换到 HSV 空间
HSV = rgb2hsv(RGB);
% 显示在 RGB 空间中的图像
subplot(121)
imshow(RGB)
title('RGB 空间图像 ');
% 显示在 HSV 空间中的图像
subplot(122)
imshow(HSV)
title(' 变换后的 HSV 空间图像 ');
```

(a) RGB空间图像　　　　(b) HSV空间图像

图 3.1－3　例程 3.1－1 的运行结果

2. 基于 MATLAB 计算机视觉工具箱

① 基于系统对象（System Object）的程序实现。

在 MATLAB 中，调用计算机视觉工具箱中的 vision. ColorSpaceConverter 可实现对输入灰度图像的边缘变换。

vision. ColorSpaceConverter 的具体使用方法如下：

功能：对输入的图像进行色彩空间转换。

语法：A＝step(vision. ColorSpaceConverter,Img)。

其中：Img 为输入图像；A 是经转换到其他色彩空间的图像。

属性：

Conversion：通过对该属性进行设置，可以实现不同图像空间的转换，其包括：

RGB to YCbCr、YCbCr to RGB、RGB to intensity、RGB to HSV、HSV to RGB、sRGB to XYZ、XYZ to sRGB、sRGB to L * a * b *、L * a * b * to sRGB。

下面通过例程 3.1－2 来具体说明 vision. ColorSpaceConverter 的使用方法，其

运行结果如图 3.1 - 4 所示。

【例程 3.1 - 2】

```
% 读入图像并显示
i1 = imread('pears.png');
imshow(i1);
% 创建系统对象
hcsc = vision.ColorSpaceConverter;
% 设置系统对象属性
hcsc.Conversion = 'RGB to intensity'; % 将 RGB 空间转换成灰度空间
% 进行转换
i2 = step(hcsc, i1);
% 显示转换后的结果
figure
imshow(i2);
```

(a) RGB空间中的图像　　　　　　　(b) 灰度空间中的图像

图 3.1 - 4　例程 3.1 - 2 的运行结果

② 基于 Blocks - Simulink 实现。

在 MATLAB 中,还可以通过 Blocks - Simulink 来实现对图像进行色彩空间的转换,其原理图如图 3.1 - 5 所示,其运行结果如图 3.1 - 9 所示。

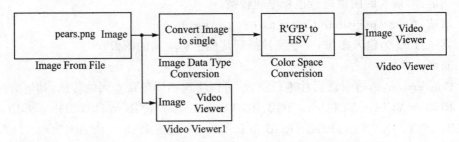

图 3.1 - 5　基于 Blocks - Simulink 进行图像色彩空间的转换

其中,各功能模块及其路径如表3.1-2所列。

表 3.1-2　各功能模块及其路径

功　能	名　称	路　径
读入图像	Image From File	Computer Vision System/Block Library/Sources
色彩空间转换	Color Space Conversion	Computer Vision System/Block Library/Conversions
图像数据转换	Image Data Type Conversion	Computer Vision System/Block Library/Conversions
观察输出结果	Video Viewer	Computer Vision System/Block Library/Sinks

对各模块的属性进行设置如下:

双击 Image From File 模块,如图3.1-6所示,将其输入图片设置为 pears. png。

双击 Image Data Type Conversion 模块,如图3.1-7所示,将其数据输出类型设置为单精度型(single)。

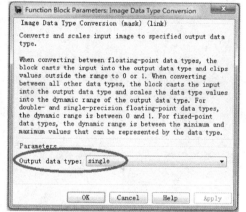

图 3.1-6　Image From File 模块
参数设置

图 3.1-7　Image Data Type Conversion
模块参数设置

双击 Color Space Conversion 模块,如图3.1-8所示,将其设置为由 RGB 空间转换成 HSV 空间。

图3.1-9是图3.1-5所示模型的运行结果。

注意:在使用 Color Space Conversion 时,如果将 Conversion 选项设置为 R'G'B' to Y'CbCr、Y'CbCr to R'G'B'、R'G'B' to intensity,其支持的数据为双精度型(double-precision)、单精度型(single-precision)、8 位无符号整型(uint8);其余转换只支持双精度型(double-precision)和单精度型(single-precision)数据类型。

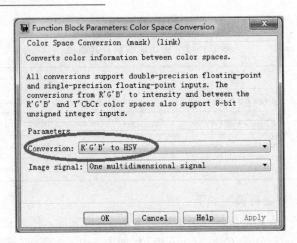

图 3.1－8　**Color Space Conversion 模块参数设置**

图 3.1－9　**图 3.1－5 所示模型的运行结果**

3.2　图像的直方图

3.2.1　灰度直方图

在数字图像处理中，灰度直方图是最简单且最有用的工具。直方图表达的信息是每种亮度的像素点的个数。直方图是图像的一个重要特征，因为直方图用少量的数据表达图像的灰度统计特征。

那么，什么是图像的灰度直方图呢？一个灰度级别在范围$[0, L-1]$的数字图像的直方图是一个离散函数，即：

$$p(r_k) = \frac{n_k}{n}$$

式中，n 是图像的像素总数，n_k 是图像中第 k 个灰度级的像素总数，r_k 是第 k 个灰度级，$k = 0,1,2,\cdots,L-1$。

图 3.2 − 1 是求图像的灰度直方图的过程示意。

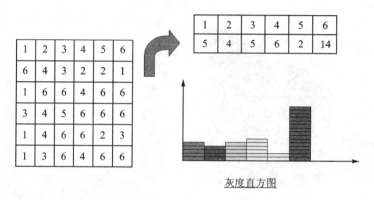

图 3.2 − 1　求图像的灰度直方图的过程示意图

图像的灰度直方图具有如下的性质：

① 灰度直方图只能反映图像的灰度分布情况，而不能反映图像像素的位置，即丢失了像素的位置信息。

② 一幅图像对应唯一的灰度直方图，反之不成立。不同的图像可对应相同的直方图。

③ 灰度直方图反映了数字图像中每一灰度级与其出现频率间的关系，它能描述该图像的概貌。

3.2.2　例程精讲

1. 基于 MATLAB 图像处理工具箱

在 MATLAB 数字图像处理工具箱中，提供了 imhist() 函数来计算并绘制灰度图像的直方图，其调用格式如下：

```
imhist(I, n)
```

该函数的功能是计算和显示图像 I 的灰度直方图，n 为指定的灰度级数目，默认为 256。如果 I 是二值图像，那么 n 仅有两个值。

例程 3.2 − 1 是用 imhist() 函数来计算并显示图像的灰度直方图的 MATLAB 源程序，其运行结果如图 3.2 − 2 所示。

【例程 3.2 − 1】

```
I = imread('guilin.jpg');
```

```
I = rgb2gray(I);
subplot(121),imshow(I)
subplot(122),imhist(I)
```

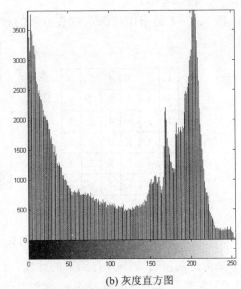

(a) 输入的原始图像　　　　　　　　　　　　(b) 灰度直方图

图 3.2 - 2　例程 3.2 - 1 的运行结果

对于 RGB 图像,可以将图像分解为 R、G、B 图像后,再对分解后的二维图像求其 R、G、B 分量的直方图。例程 3.2 - 3 便是求彩色图像直方图的 MATLAB 源程序。

【例程 3.2 - 2】

```
I = imread('pubu.jpg');
subplot(141),imshow(I);
subplot(221),imshow(I);
% R分量的灰度直方图
subplot(222),imhist(I(:,:,1));
% G分量的灰度直方图
subplot(223),imhist(I(:,:,2));
% B分量的灰度直方图
subplot(224),imhist(I(:,:,3));
```

2. 基于 MATLAB 计算机视觉工具箱

① 基于系统对象(System Object)的程序实现。

在 MATLAB 中,调用计算机视觉工具箱中的 vision. Histogram 可实现对输入灰度图像的灰度直方图统计。

vision. Histogram 的具体使用方法如下:

(a) 输入的原始图像

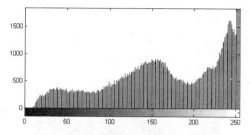

(b) *R* 分量的灰度直方图

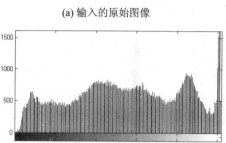

(c) *G* 分量的灰度直方图

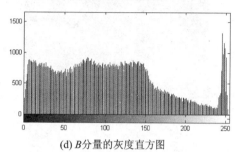

(d) *B* 分量的灰度直方图

图 3.2 - 3　输入的 **RGB** 图像及其 **R、G、B** 三个分量的灰度直方图

功能:对输入的灰度图像输出其直方图矩阵。

语法:A＝step(vision. Histogram,Img)。

其中:Img 为输入图像;A 是输出的直方图矩阵。

属性:

LowerLimit:直方图的下限;默认值为 0。

UpperLimit:直方图的上限;默认值为 1。

NumBins:直方图的条数;默认值为 256。

Normalize:是否对直方图进行归一化处理;可以将其设置成 true 或 false。

下面通过例程 3.2 - 3 来具体说明 vision. Histogram 的使用方法,其运行结果如图 3.2 - 4 所示。

【例程 3.2 - 3】

```
% 读入待转换的彩色图像,并将其转换成灰度图像
I = rgb2gray(imread('peppers.png'));
% 显示灰度图像
imshow(I)
% 将图像数据类型转换成单精度型
img = im2single(I);
% 定义系统对象
hhist2d = vision.Histogram;
% 运行系统对象,求其灰度直方图
```

```
y = step(hhist2d,img);
figure
%　显示灰度直方图
bar((0:255)/256, y);
```

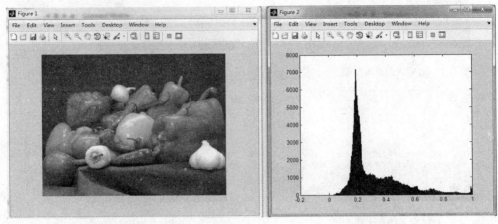

(a) 输入的灰度图像　　　　　　　　　(b) 灰度图像直方图

图 3.2 - 4　例程 3.2 - 3 的运行结果

② 基于 Blocks - Simulink 实现。

在 MATLAB 中,还可以通过 Blocks - Simulink 来实现对图像进行直方图统计,其原理图如图 3.2 - 5 所示。

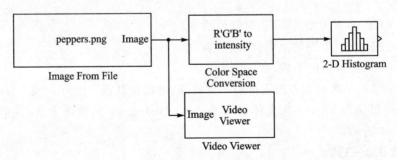

图 3.2 - 5　基于 Blocks - Simulink 进行灰度直方图统计的原理图

其中,各功能模块及其路径如表 3.2 - 1 所列。

表 3.2 - 1　各功能模块及其路径

功　能	名　称	路　径
读入图像	Image From File	Computer Vision System/Block Library/Sources
色彩空间转换	Color Space Conversion	Computer Vision System/Block Library/Conversions
二维直方图统计	2 - D Histogram	Computer Vision System/Block Library/Statistics
观察输出结果	Video Viewer	Computer Vision System/Block Library/Sinks

对各模块的属性进行设置如下:

双击 Color Space Conversion 模块,将其参数设置为如图 3.2-6 所示的参数。

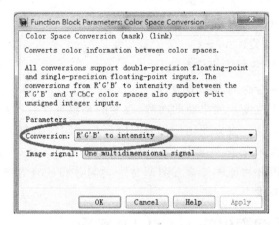

图 3.2-6　Color Space Conversion 模块参数设置

双击 2-D Histogram 模块,将其参数设置为如图 3.2-7 所示的参数。

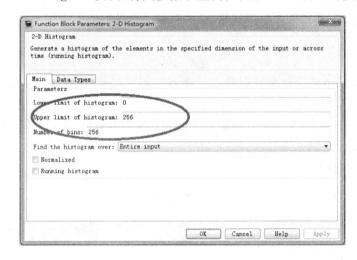

图 3.2-7　2-D Histogram 模块参数设置

3.2.3　直方图均衡化

直方图均衡化是将原图像通过某种变换,得到一幅灰度直方图为均匀分布的新图像的方法,这样增加了像素灰度值的动态范围,从而达到增强图像整体对比度的效果。

直方图均衡化过程如下:

① 列出原始图灰度级 r_k;

② 统计原始直方图各灰度级像素数 n_k;

③ 计算原始直方图各概率：$p_k = n_k/N (k=0,1,2,\cdots,L-1)$；

④ 计算累计直方图：$s_k = \sum p_k$；

⑤ 取整 $Sk = \mathrm{int}\{(L-1)s_k + 0.5\}$；

⑥ 确定映射对应关系：$r_k \rightarrow s_k$；

⑦ 统计新直方图各灰度级像素 n_k'；

⑧ 用 $p_k(s_k) = n_k'/N$ 计算新直方图。

直方图均衡化不改变灰度出现的次数，改变的是出现次数所对应的灰度级，以避免改变图像的信息结构。直方图均衡化力图使等长区间内出现的像素数接近相等。

从人眼视觉特性来考虑，一幅图像的直方图如果是均匀分布的，该图像色调给人的感觉比较协调。因此将原图像直方图调整为均匀分布的直方图，这样修正后的图像能满足人眼视觉要求。

3.2.4　直方图均衡化的 MATLAB 实现

1. 基于 MATLAB 图像处理工具箱

MATLAB 图像处理工具箱提供了用于直方图均衡化的函数 histeq( )，其语法格式为：

$$J = \mathrm{histeq}(I, n)$$

其中，I 为输入的原始灰度图像，n 表示输出图像的灰度级数目，它是一个可选参数，默认值为 64。

例程 3.2 - 4 是利用函数 histeq( )进行直方图均衡化的 MATLAB 程序，其运行结果如图 3.2 - 8 所示。

【例程 3.2 - 4】

```
% 读入待转换的彩色图像,并将其转换成灰度图像
I = imread('diaosu.jpg');
I = rgb2gray(I);
% 进行直方图均衡化处理
J = histeq(I);
% 显示输入图像与处理后的结果
subplot(211),imshow(I)
subplot(212),imshow(J)
```

(a) 输入的图像　　　　　　　　　(b) 直方图均衡化后的图像

图 3.2 - 8　例程 3.2 - 4 的运行结果

2. 基于 MATLAB 计算机视觉工具箱

① 基于系统对象(System Object)的程序实现。

在 MATLAB 中,调用计算机视觉工具箱中的 vision. HistogramEqualizer 可实现对输入灰度图像的直方图均衡化处理。

vision. HistogramEqualizer 的具体使用方法如下:

功能:对输入的灰度图像进行灰度直方图均衡化处理。

语法:A=step(vision. HistogramEqualizer,Img)。

其中:Img 为输入图像;A 是输出的灰度直方图均衡化后的图像。

属性:

Histogram:输出图像的直方图形式,可以将其设置为 Uniform、Input port、Custom。

CustomHistogram:当 Histogram 属性被设置成 Custom 时,输出图像的直方图的条数,默认值为 64。

BinCount:当 Histogram 属性被设置成 Uniform 时,输出图像的直方图的条数,默认值为 64。

下面通过例程 3.2-5 来具体说明 vision. HistogramEqualizer 的具体使用方法,其运行结果如图 3.2-9 所示。

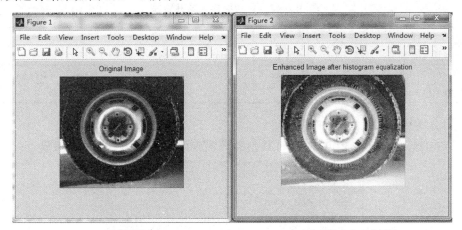

(a) 原始图像　　　　　　　　　　(b) 直方图均衡化后的图像

图 3.2-9　例程 3.2-5 的运行结果

【例程 3.2-5】

```
% 创建系统对象
hhisteq = vision.HistogramEqualizer;
% 读入图像
x = imread('tire.tif');
% 对其进行直方图均衡化
y = step(hhisteq, x);
```

% 显示原始图像与直方图均衡化的结果
```
imshow(x); title('Original Image');
figure, imshow(y);
title('Enhanced Image after histogram equalization');
```

② 基于 Blocks – Simulink 实现。

在 MATLAB 中,还可以通过 Blocks – Simulink 来实现对灰度图像进行直方图均衡,其原理图如图 3.2 – 10 所示。

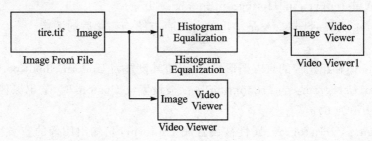

图 3.2 – 10 基于 Blocks – Simulink 进行直方图均衡化处理的原理图

其中,各功能模块及其路径如表 3.2 – 2 所列。

表 3.2 – 2 各功能模块及其路径

功 能	名 称	路 径
读入图像	Image From File	Computer Vision System/Block Library/Sources
直方图均衡	Histogram Equaization	Computer Vision System/Block Library/Conversions
观察输出结果	Video Viewer	Computer Vision System/Block Library/Sinks

对各模块的属性进行如下设置:

双击 Image From Flie 模块,将其参数设置为如图 3.2 – 11 所示的参数。

图 3.2 – 11 Image From File 模块参数设置

双击 Histogram Equalization 模块,将其参数设置为如图 3.2 - 12 所示的参数。

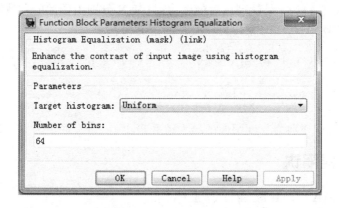

图 3.2 - 12　Histogram Equalization 模块参数设置

图 3.2 - 13 是图 3.2 - 10 所示模型的运行结果。

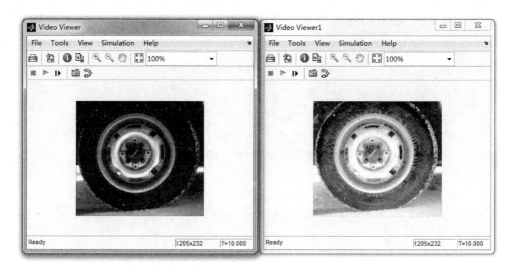

图 3.2 - 13　图 3.2 - 10 所示模型的运行结果

3.3　图像的信噪比

3.3.1　基本原理一点通

图像质量的客观评价是指采用某个或某些指定量参数和指标来描述图像的质量。它在图像融合、图像压缩和图像水印等应用中有重要的价值,是衡量不同算法性能优劣的一个重要指标。

最常见的图像评价准则是峰值信噪比(PSNR)和均方误差(MSE)。假设 $f(x, y)$ 是原始图像,$f'(x, y)$ 是处理以后的图像,M 和 N 分别为图像的列数和行数,即图像的分辨率为 $M \times N$,则 PSNR 和 MSE 的定义为:

$$PSNR = 10 \times \lg\left(\frac{[f_{max} - f_{min}]^2}{MSE}\right) = 10 \times \lg\left(\frac{[255 - 0]^2}{MSE}\right)$$

$$MSE = \frac{1}{M \times N}\sum_{x=1}^{M}\sum_{y=1}^{N}[f'(x, y) - f(x, y)]^2$$

式中,f_{max} 和 f_{min} 分别为灰度图像的最大值和最小值,通常取值为 255 和 0。

3.3.2 例程精讲

1. 基于 MATLAB 图像处理工具箱

例程 3.3 - 1 是计算两幅图像的 PSNR 值的 MATLAB 程序。

【例程 3.3 - 1】

```
function psnr = PSNR(A,B)
% 功能:计算两幅图像的 PSNR 值
% 输入:灰度图像 A、B
% 输出:psnr 的值

% 判断图像的大小是否一致、是否是一幅图像
    sizeA = size(A);sizeB = size(B);
    if sizeA~ = sizeB
        error('Image A and B are not of the same size')
    end

    if A == B
        error('Images are identical: PSNR has infinite value')
    end

% 判断图像的灰度值是否在 0~255 范围内
    max2_A = max(max(A));
    max2_B = max(max(B));
    min2_A = min(min(A));
    min2_B = min(min(B));

    if max2_A>255 ||max2_B>255 ||min2_A<0||min2_B<0
        error('input matrices must have values in the interval [0,255]')
    end

% 计算 PSNR 的值
    error_diff = A - B;
    psnr = 20 * log10(255/(sqrt(mean(mean(error_diff.^2)))));
    disp(sprintf('PSNR = + % 5.2fdB',psnr))
```

2. 基于 MATLAB 计算机视觉工具箱

① 基于系统对象(System Object)的程序实现。

在 MATLAB 中,调用计算机视觉工具箱中的 vision. PSNR 可实现计算两幅图像的信噪比。

vision. PSNR 的具体使用方法如下:

功能:计算两幅图像的信噪比。

语法:A＝step(vision. PSNR,Imag1,Imag2)。

其中:Imag1、Imag2 是待比较的两幅图像;A 是两幅图像的信噪比。

下面通过例程 3.3－2 来具体说明 vision. PSNR 的使用方法,其运行结果为 －12.0201。

【例程 3.3－2】

```
% 创建系统对象
hdct2d = vision.DCT;        % 余弦变换系统对象
hidct2d = vision.IDCT;      % 逆余弦变换系统对象
hpsnr = vision.PSNR;        % 信噪比系统对象
% 读入图像并将其转换成双精度型
I = double(imread('cameraman.tif'));
% 对其进行余弦变换
J = step(hdct2d, I);
% 将余弦系数小于 0 的部分置零,从而实现对图像的压缩
J(abs(J) < 10) = 0;
% 对压缩后的图像进行余弦逆变换
It = step(hidct2d, J);
% 计算压缩前后的两幅图像的信噪比
psnr = step(hpsnr, I,It)
% 显示结果
imshow(I, [0 255]), title('Original image');
figure, imshow(It,[0 255]), title('Reconstructed image');
```

② 基于 Blocks－Simulink 实现。

在 MATLAB 中,还可以通过 Blocks－Simulink 来计算两幅图像的信噪比,计算 PSNR 的模块位于 Computer Vision System/Block Library/Statistics 中,直接将待计算的两幅图像输入即可得出结果。

第 **4** 章

图像特征提取

4.1　图像的边缘检测

4.1.1　基本原理一点通

图像的边缘是指其周围像素灰度急剧变化的那些像素的集合,它是图像最基本的特征。边缘存在于目标、背景和区域之间,所以,它是图像分割所依赖的最重要的依据。由于边缘是位置的标志,对灰度的变化不敏感,因此,边缘也是图像匹配的重要特征。

边缘检测基本思想是先检测图像中的边缘点,再按照某种策略将边缘点连接成轮廓,从而构成分割区域。由于边缘是所要提取目标和背景的分界线,提取出边缘才能将目标和背景区分开,因此边缘检测对于数字图像处理十分重要。

边缘大致可以分为两种:一种是阶跃状边缘,边缘两边像素的灰度值明显不同;另一种为屋顶状边缘,边缘处于灰度值由小到大再到小变化的转折点处。图 4.1-1中,第 1 排是一些具有边缘的图像示例,第 2 排是沿图像水平方向的 1 个剖面图,第 3 和第 4 排分别为剖面的一阶和二阶导数。第 1 列和第 2 列是阶梯状边缘,第 3 列是脉冲状边缘,第 4 列是屋顶状边缘。

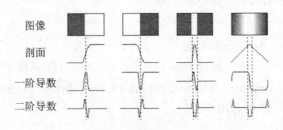

图 4.1-1　图像边缘特性

1. 运用一阶微分算子检测图像边缘

(1) 梯度边缘算子

一阶微分边缘算子也称梯度边缘算子,它是利用图像在边缘处的阶跃性,即图像

梯度在边缘取得极大值的特性进行边缘检测的。梯度是一个矢量,它具有方向 θ 和模 $|\Delta I|$,即:

$$\Delta I = \begin{pmatrix} \dfrac{\partial I}{\partial x} \\[2mm] \dfrac{\partial I}{\partial y} \end{pmatrix} \tag{4.1.1}$$

$$|\Delta I| = \sqrt{\left(\frac{\partial I}{\partial x}\right)^2 + \left(\frac{\partial I}{\partial y}\right)^2} = \sqrt{I_x^2 + I_y^2}$$

$$\theta = \arctan(I_y/I_x)$$

梯度的模值大小提供了边缘的强度信息,梯度的方向提供了边缘的趋势信息,因为梯度方向始终是垂直于边缘的方向。

在实际使用中,通常利用有限差分进行梯度近似。对于式(4.1.1)的梯度矢量,有:

$$\frac{\partial I}{\partial x} = \lim_{h \to 0} \frac{I(x + \Delta x, y) - I(x, y)}{\Delta x}$$

$$\frac{\partial I}{\partial y} = \lim_{h \to 0} \frac{I(x, y + \Delta y) - I(x, y)}{\Delta y}$$

它的有限差分近似为:

$$\frac{\partial I}{\partial x} \approx I(x + 1, y) - I(x, y) \quad (\Delta x = 1)$$

$$\frac{\partial I}{\partial y} \approx I(x, y + 1) - I(x, y) \quad (\Delta y = 1)$$

对于如图 4.1-2 所示的 3×3 模板中心像元的梯度,其梯度可以通过下式计算得到:

$$\frac{\partial I}{\partial x} = M_x = (a_2 + ca_3 + a_4) - (a_0 + ca_7 + a_6)$$

$$\frac{\partial I}{\partial y} = M_y = (a_6 + ca_5 + a_4) - (a_0 + ca_1 + a_2)$$

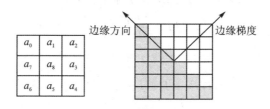

图 4.1-2　3×3 模板与梯度计算例子

参数 c 为加权系数,表示离中心像元较近。对于 $c = 1$ 的情况,可以得到 Prewitt 边缘检测卷积核,即:

$$m_x = \begin{bmatrix} -1 & 0 & +1 \\ -1 & 0 & +1 \\ -1 & 0 & +1 \end{bmatrix} \qquad m_y = \begin{bmatrix} -1 & -1 & -1 \\ 0 & 0 & 0 \\ +1 & +1 & +1 \end{bmatrix}$$

对于加权系数 $c = 2$，可以得到 Sobel 边缘检测卷积核，即：

$$m_x = \begin{bmatrix} -1 & 0 & +1 \\ -2 & 0 & +2 \\ -1 & 0 & +1 \end{bmatrix} \qquad m_y = \begin{bmatrix} -1 & -2 & -1 \\ 0 & 0 & 0 \\ +1 & +2 & +1 \end{bmatrix}$$

(2) 傅里叶变换与梯度的关系

傅里叶变换以前，图像是由在连续空间上的采样得到一系列点的集合，我们习惯用一个二维矩阵表示空间上各点，则图像可由 $z = f(x,y)$ 来表示。由于空间是三维的，图像是二维的，因此，空间中物体在另一个维度上的关系就由梯度来表示，这样可以通过观察图像得知物体在三维空间中的对应关系。为什么要提梯度呢？因为实际上对图像进行二维傅里叶变换得到频谱图，就是图像梯度的分布图，当然频谱图上的各点与图像上各点并不存在——对应的关系，即使在不移频的情况下也是没有的。在傅里叶频谱图上看到的明暗不一的亮点，实际上是图像上某一点与邻域点差异的强弱，即梯度的大小，也即该点的频率的大小(可以这么理解，图像中的低频部分指低梯度的点，高频部分相反)。一般来讲，梯度大则该点的亮度强，否则该点亮度弱。这样通过观察傅里叶变换后的频谱图，也叫功率图，我们首先可以看出，图像的能量分布，如果频谱图中暗的点数更多，那么实际图像是比较柔和的(因为各点与邻域差异都不大，梯度相对较小)；反之，如果频谱图中亮的点数多，那么实际图像一定是尖锐的，边界分明且边界两边像素差异较大。

2. 运用二阶微分算子检测图像边缘

二阶微分边缘检测算子是利用图像在边缘处的阶跃性导致图像二阶微分在边缘处出现零值这一特性进行边缘检测的，因此，该方法也称为过零点算子和拉普拉斯算子。

对图像的二阶微分可以用拉普拉斯算子来表示，即：

$$\nabla^2 I = \frac{\partial^2 I}{\partial x^2} + \frac{\partial^2 I}{\partial y^2}$$

对 $\nabla^2 I$ 的近似为：

$$\frac{\partial^2 I}{\partial x^2} = I(i,j+1) - 2(i,j) + I(i,j-1)$$

$$\frac{\partial^2 I}{\partial y^2} = I(i+1,j) - 2(i,j) + I(i-1,j)$$

$$\nabla^2 I = -4I(i,j) + I(i,j+1) + I(i,j-1) + I(i+1,j) + I(i-1,j)$$

对于如图 4.1-2 所示的 3×3 范围的像元，中心像元的 $\nabla^2 I$ 可近似为：

$$\nabla^2 I = -4a_0 + (a_2 + a_4 + a_6 + a_8)$$

其二阶微分模板为：

$$m = \begin{bmatrix} 0 & 1 & 0 \\ 1 & 4 & 1 \\ 0 & 1 & 0 \end{bmatrix}$$

虽然使用二阶微分算子检测边缘的方法简单，但它的缺点是对噪声十分敏感，同时也没有能够提供边缘的方向信息。为了实现对噪声的抑制，Marr 等提出了高斯拉普拉斯(Laplacian of Gaussian，LoG)的方法。

为了减少噪声对边缘的影响，首先图像要进行低通滤波平滑，LoG 方法采用了高斯函数作为低通滤波器。高斯函数为：

$$G(x,y) = \mathrm{e}^{-\frac{x^2+y^2}{2\sigma^2}}$$

式中，σ 决定了对图像的平滑程度。高斯函数生成的滤波模板尺寸一般设定为 6σ。使用高斯函数对图像进行滤波并对图像滤波后的结果进行二阶微分运算的过程，可以转换为先对高斯函数进行二阶微分，再利用高斯函数的二阶微分结果对图像进行卷积运算，该过程可用如下数学公式表示：

$$\nabla^2[I(x,y) \otimes G(x,y)] = \nabla^2 G(x,y) \otimes I(x,y)$$

$$\nabla^2 G(x,y) = \left(\frac{r^2-\sigma^2}{\sigma^4}\right)\mathrm{e}^{-r^2/2\sigma^2}, \quad r^2 = x^2 + y^2$$

LoG 算子的可视化三维图如图 4.1－3 所示。

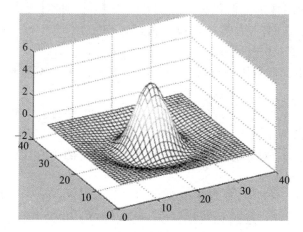

图 4.1－3　LoG 算子的可视化三维图

由图 4.1－3 可以看出，LoG 算子是一带通滤波器。研究表明，$\nabla^2 G(x,y)$ 比较符合人的视觉特性。

在实际应用中，可将 $\nabla^2 G(x,y)$ 简化为：

$$\nabla^2 G(x,y) = K\left(2 - \frac{x^2+y^2}{\sigma^2}\right) \bullet \mathrm{e}^{-\frac{x^2+y^2}{2\sigma^2}}$$

在参数设计中，σ 取值较大时，趋于平滑图像；σ 较小时，则趋于锐化图像。通常应根据图像的特点并通过实验选择合适的 σ。$\nabla^2 G(x,y)$ 用 $N \times N$ 模板算子表示时，一般选择算子尺寸为 $N = (3 \sim 4)W$。K 的选取应使各阵元为正数且使所有阵元之和为零。

在这里，检测边界就是 $\nabla^2 G(x,y)$ 的过零点，可用以下几种参数表示过零点出灰度变化的速率：

> 过零点处的斜率；
> 二次微分峰-峰差值；
> 二次微分峰-峰间曲线下面积绝对值之和。

边界点方向信息可由梯度算子给出。为减小计算量，在使用中可用高斯差分算子（DoG）：

$$\mathrm{DoG}(\sigma_1, \sigma_2) = \frac{1}{\sqrt{2\pi}\sigma_1} \cdot e^{-\frac{x^2+y^2}{2\sigma^2}} - \frac{1}{\sqrt{2\pi}\sigma_2} \cdot e^{-\frac{x^2+y^2}{2\sigma^2}}$$

代替 $\nabla^2 G(x,y)$。

利用 LoG 算子进行边缘检测的步骤如下：

① 用拉普拉斯高斯滤波器对图像滤波，得到滤波图像。

② 对得到的图像进行过零检测，具体方法为：假定得到的图像的一阶微分图像的每个像素为 $P[i,j]$，$L[i,j]$ 为其拉普拉斯值，P 和 L 的含义如图 4.1-4 所示。

接下来按照下面的规则进行判断：

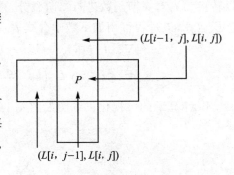

图 4.1 - 4　LoG 算子过零检测示意图

> 如果 $L[i,j] = 0$，则看数对 $(L[i-1,j], L[i+1,j])$ 或 $(L[i,j-1], L[i,j+1])$ 中是否包含正负号相反的两个数。只要这两个数中有一个包含正负号相反的两个数，则 $P[i,j]$ 是零穿越。然后看 $P[i,j]$ 对应的一阶差分值是否大于一定的阈值，如果是，则 $P[i,j]$ 是边缘点，否则不是。

> 如果 $L[i,j]$ 不为零，则看 4 个数对 $(L[i,j], L[i-1,j])$，$(L[i,j], L[i+1,j])$，$(L[i,j], L[i,j-1])$，$(L[i,j], L[i,j+1])$ 中是否有包含正负号相反的值。如果有，那么在 $P[i,j]$ 附近有零穿越。然后看 $P[i,j]$ 对应的一阶差分值是否大于一定的阈值，如果是，则将 $P[i,j]$ 作为边缘点。

3. 基于 Canny 算子检测图像边缘

Canny 边缘检测算子是边缘检测算子中最常用的一种，也是公认的性能优良的边缘检测算子，它经常被其他算子引用作为标准算子进行优劣的对比分析。Canny 提出了边缘检测算子优劣评判的 3 条标准：

> 高的检测率。边缘检测算子应该只对边缘进行响应，检测算子不漏检任何边

缘,也不应将非边缘标记为边缘。

➢ 精确的定位。检测到的边缘与实际边缘之间的距离要尽可能小。

➢ 明确的响应。对每一条边缘只有一次响应,只得到一个点。

Canny 边缘检测算子能满足上述 3 条评判标准,这也正是其优秀之处。虽然 Canny 算子也是一阶微分算子,但它对一阶微分算子进行了扩展:主要是在原一阶微分算子的基础上,增加了非最大值抑制和双阈值两项改进。利用非最大值抑制不仅可以有效地抑制多响应边缘,而且还可以提高边缘的定位精度;利用双阈值可以有效减少边缘的漏检率。

利用 Canny 算子进行边缘提取主要分 4 步进行:

第 1 步,去噪声。通常使用高斯函数对图像进行平滑滤波。为了提高运算效率,可以将高斯函数作成滤波模板,如使用 5×5 的模板 $(\sigma \approx 1.4)$,即:

$$\frac{1}{159} \times \begin{bmatrix} 2 & 4 & 5 & 4 & 2 \\ 4 & 9 & 12 & 9 & 4 \\ 5 & 12 & 15 & 12 & 5 \\ 4 & 9 & 12 & 9 & 4 \\ 2 & 4 & 5 & 4 & 2 \end{bmatrix}$$

第 2 步,计算梯度值与方向角。分别求取去噪声后图像的在 x 方向和 y 方向的梯度 M_x 和 M_y。求取梯度可以通过使用前面的 Sobel 模板与图像进行卷积完成,即:

$$m_x = \begin{bmatrix} -1 & 0 & +1 \\ -2 & 0 & +2 \\ -1 & 0 & +1 \end{bmatrix}, \quad m_y = \begin{bmatrix} -1 & -2 & -1 \\ 0 & 0 & 0 \\ +1 & +2 & +1 \end{bmatrix}$$

梯度值为:

$$| \Delta f | = \sqrt{M_x^2 + M_y^2}$$

梯度方向角:

$$\theta = \arctan(M_y/M_x)$$

将 $0° \sim 360°$ 梯度方向角归并为 4 个方向 θ':$0°$、$45°$、$90°$和$135°$。对于所有边缘,定义 $180° = 0°$、$225° = 45°$等,这样,方向角在$[-22.5° \sim 22.5°]$和$[157.5° \sim 202.5°]$范围内的角点都被归并到 $0°$方向角,其他的角度归并以此类推。

第 3 步,非最大值抑制。根据 Canny 关于边缘算子性能的评价标准,边缘只允许有一个像元的宽度,但经过 Sobel 滤波后,图像中的边缘是粗细不一的。边缘的粗细主要取决于跨越边缘的密度分布和使用高斯滤波后图像的模糊程度。非最大值抑制就是将那些在梯度方向具有最大梯度值的像元作为边缘像元保留,将其他像元删除。梯度最大值通常出现在边缘的中心,随着沿梯度方向距离的增加,梯度值将随之减小。

这样,结合在第 2 步得到的每个像元的梯度值和方向角,我们检查围绕点 (x, y) 的 3×3 范围内的像元:

MATLAB图像处理——程序实现与模块化仿真(第2版)

➢ 如果 $\theta'(x,y) = 0°$,那么,检查像元$(x+1,y)$、(x,y) 和$(x-1,y)$;

➢ 如果 $\theta'(x,y) = 90°$,那么,检查像元$(x,y+1)$、(x,y) 和$(x,y-1)$;

➢ 如果 $\theta'(x,y) = 45°$,那么,检查像元$(x+1,y+1)$、(x,y) 和$(x-1,y-1)$;

➢ 如果 $\theta'(x,y) = 135°$,那么,检查像元$(x+1,y-1)$、(x,y) 和$(x-1,y+1)$。

比较被检查的 3 个像元梯度值的大小,如果点 (x,y) 的梯度值都大于其他两个点的梯度值,那么,点 (x,y) 就被认为是边缘中心点并被标记为边缘,否则,点 (x,y) 就不被认为是边缘中心点而被删除。

第 4 步,滞后阈值化。由于噪声的影响,经常会出现本应该连续的边缘出现断裂的问题。滞后阈值化设定两个阈值:一个为高阈值 t_{high},一个为低阈值 t_{low}。如果任何像素对边缘算子的影响超过高阈值,将这些像素标记为边缘;响应超过低阈值(高低阈值之间)的像素,如果与已经标为边缘的像素 4 -邻接或 8 -邻接,则将这些像素也标记为边缘。这个过程反复迭代,将剩下的孤立的响应超过低阈值的像素则视为噪声,不再标记为边缘。具体过程如下:

① 如果像元的梯度值小于 t_{low},则像元(x,y) 为非边缘像元;

② 如果像元 (x,y) 的梯度值大于 t_{high},则像元(x,y) 为边缘像元;

③ 如果像元 (x,y) 的梯度值在 t_{low} 与 t_{high} 之间,需要进一步检查像元 (x,y) 的 3×3 邻域,看 3×3 邻域内像元的梯度是否大于 t_{high},如果大于 t_{high},则像元 (x,y) 为边缘像元;

④ 如果在像元 (x,y) 的 3×3 邻域内,没有像元的梯度值大于 t_{high},进一步扩大搜索范围到 5×5 邻域,看在 5×5 邻域内的像元是否存在梯度大于 t_{high},如果有,则像元 (x,y) 为边缘像元(这一步可选);否则,像元 (x,y) 为非边缘像元。

在第 3 步的非最大值抑制过程中,上述方法采用了近似计算:将当前像元的梯度方向近似为 4 个方向,然后,将梯度方向对应到以当前点为中心的 3×3 邻域上,然后,通过邻域上对角线方向 3 个像元梯度值的大小比较,判断是否为边缘点。这一近似方法的优点是计算速度快,但精度较差。为提高精度,可以采用双线性插值方法求取当前点在梯度方向上两边点的梯度值,然后,再进行梯度值的比较,以确定当前点是否为边缘点。

4.1.2　例程精讲

1. 基于 MATLAB 图像处理工具箱

在 MATLAB 图像处理工具箱中,提供了与图像边缘检测相关的函数,现将其介绍如下:

```
BW = edge(I, method,'threshold)
```

功能:对所输入的灰度图像进行边缘检测。

输入:I-输入的灰度图像;

172

method –进行边缘检测的方法,可以设置为 sobel、prewitt、roberts、log、

　　　　 zerocross、canny;

　　threshold –为所设定的阈值。

输出:BW –经过边缘检测后的二值图像。

通过例程 4.1 – 1 对上面这个函数进一步进行讲解,其运行结果如图 4.1 – 5 所示。

【例程 4.1 – 1】

```
%  读入图像
I = imread('circuit.tif');
%  进行边缘检测
BW1 = edge(I,'prewitt');      % 采用 Prewitt 算子进行边缘检测
BW2 = edge(I,'canny');        % 采用 Canny 算子进行边缘检测
%  显示
subplot(1,2,1), imshow(BW1);
subplot(1,2,2), imshow(BW2)
```

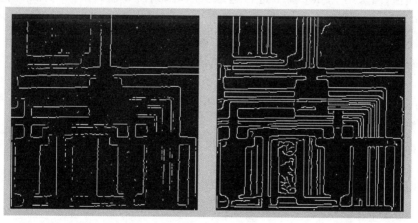

(a) 采用Prewitt算子进行边缘检测的结果　　　(b) 采用Canny算子进行边缘检测的结果

图 4.1 – 5　例程 4.1 – 1 的运行结果

2. 基于 MATLAB 计算机视觉工具箱

① 基于系统对象(System Object)的程序实现。

在 MATLAB 中,调用计算机视觉工具箱中的 vision. EdgeDetector 可实现对输入灰度图像的边缘变换。

vision. EdgeDetector 的具体使用方法如下:

功能:对输入的灰度图像进行边缘检测。

语法:A＝step(vision. EdgeDetector,Img)。

MATLAB图像处理——程序实现与模块化仿真(第2版)

174

其中:Img 为灰度图像;A 是边缘检测后的二值图像。

属性:

Method:通过对该属性进行设置,可以采用不同的边缘检测算法进行检测,可以设置的算法包括:Sobel、Prewitt、Roberts、Canny,默认值为 Sobel。

BinaryImageOutputPort:在采用 Sobel、Prewitt 或 Roberts 边缘检测算子进行边缘检测时,需对 BinaryImageOutputPort 属性进行设置;如果将该属性设置为 true,则边缘检测后的结果将输出逻辑二值数组;该属性的默认值为 true。

GradientComponentOutputPorts:如果将该属性设置为 true,则输出梯度元素,该属性的默认值为 false。

ThresholdSource:该属性的功能是如何确定阈值,可以将该属性设置为 Auto、Property、Input port,其默认值为 Auto。

Threshold:该属性的功能是用于阈值设定。只有当将 ThresholdSource 属性设置为 Property 时,Threshold 属性才可以设置。当采用 Sobel、Prewitt 或 Roberts 算子进行边缘检测时,如果需要对 Threshold 属性进行设置,则需要输入一个具体的数值作为阈值;当采用 Canny 算子进行边缘检测时,则需要输入一个二元素向量作为阈值,向量的一个元素为低阈值,向量的第二个元素为高阈值。当采用 Sobel、Prewitt 或 Roberts 算子进行边缘检测时,Threshold 属性的默认值为 20;当采用 Canny 算子进行边缘检测时,Threshold 属性的默认值为[0.25 0.6]。

ThresholdScaleFactor:阈值缩放因子。

GaussianFilterStandardDeviation:高斯滤波器标准差。当采用 Canny 算子进行边缘检测时,可以对该属性进行设置。

下面通过例程 4.1-2 来具体说明 vision.EdgeDetector 的使用方法,其运行结果如图 4.1-6 所示。

【例程 4.1-2】

```
% 定义系统对象
hedge = vision.EdgeDetector; % 用于边缘检测
% 用于颜色空间转换
hcsc = vision.ColorSpaceConverter('Conversion', 'RGB to intensity');
% 用于数据转换
hidtypeconv = vision.ImageDataTypeConverter('OutputDataType','single');
% 读入图像并将其转换成灰度图像
img = step(hcsc, imread('peppers.png'));
% 将其转换成单精度型
img1 = step(hidtypeconv, img);
% 进行边缘检测
edges = step(hedge, img1);
% 显示边缘检测后的结果
```

```
imshow(edges);
```

图 4.1 - 6　例程 4.1 - 2 的运行结果

② 基于 Blocks - Simulink 实现。

在 MATLAB 中，还可以通过 Blocks - Simulink 来实现对图像进行边缘检测，其原理图如图 4.1 - 7 所示。

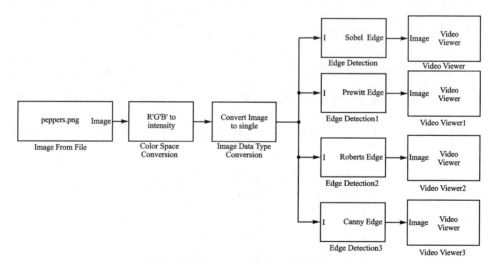

图 4.1 - 7　基于 Blocks - Simulink 进行边缘检测的原理图

其中，各功能模块及其路径如表 4.1 - 1 所列。

表 4.1 - 1　各功能模块及其路径

功　能	名　　称	路　径
读入图像	Image From File	Computer Vision System/Block Library/Sources
色彩空间转换	Color Space Conversion	Computer Vision System/Block Library/Conversions

续表 4.1 - 1

功　能	名　称	路　径
图像数据转换	Image Data Type Conversion	Computer Vision System/Block Library/Conversions
边缘检测	Edge Detection	Computer Vision System/Block Library/Analysis & Enhancement
观察输出结果	Video Viewer	Computer Vision System/Block Library/Sinks

对各模块的属性进行如下设置：

双击 Image From File 模块，将其参数设置为如图 4.1 - 8 所示的参数。

双击 Color Space Conversion 模块，将其参数设置为如图 4.1 - 9 所示的参数。

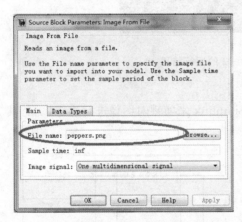 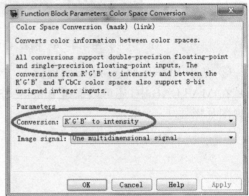

图 4.1 - 8　**Image From File** 模块参数设置　　图 4.1 - 9　**Color Space Conversion** 模块参数设置

双击 Image Data Type Conversion 模块，将其参数设置为如图 4.1 - 10 所示的参数。

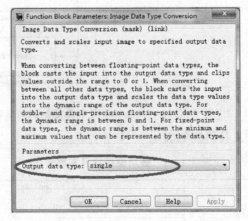

图 4.1 - 10　**Image Data Type Conversion** 模块参数设置

双击 Edge Detection 模块，将其参数设置为如图 4.1 - 11 所示的参数。将 Parameters 选项中的 Method 项设置为 Sobel。

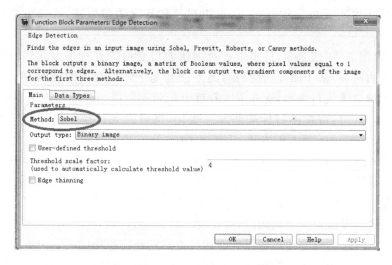

图 4.1 - 11　Edge Detection 模块参数设置

按照上一步骤所示的设置方法，将 Edge Detection1 模块、Edge Detection2 模块、Edge Detection3 模块 Parameters 选项中的 Method 项分别设置为 Prewitt、Roberts、Canny。

运行整个模型，观察检测结果，该模型的运行结果如图 4.1 - 12 所示。

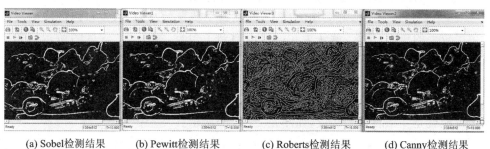

(a) Sobel 检测结果　　(b) Pewitt 检测结果　　(c) Roberts 检测结果　　(d) Canny 检测结果

图 4.1 - 12　图 4.1 - 7 所示模型的运行结果

4.2　角点特征检测

4.2.1　何谓"角点"

现实生活中的道路和房屋的拐角、道路十字交叉口和丁字路口等体现在图像中，就是图像的角点。对角点可以从两个不同的角度定义：角点是两个边缘的交点；角点是邻域内具有两个主方向的特征点。角点所在的邻域通常也是图像中稳定的、信息丰富的区域,这些领域可能具有某些特性,如旋转不变性、尺度不变性、仿射不变性和光照亮度不变性。因此,在计算机视觉和数字图像领域,研究角点具有重要的意义。

从20世纪70年代至今,许多学者对图像的角点检测进行了大量的研究。这些方法主要分为两类:基于图像边缘的检测方法和基于图像灰度的检测方法。前者往往需要对图像边缘进行编码,这在很大程度上依赖于图像的分割和边缘提取,具有较大的计算量,且一旦待检测目标局部发生变化,很可能导致操作失败。早期主要有Rosenfeld和Freeman等人的方法,后期有CCS等方法。基于图像灰度的方法通过计算点的曲率及梯度来检测角点,避免了第一类方法存在的缺陷,是目前研究的重点。此类方法主要有Moravec算子、Forstner算子、Harris算子、SUSAN算子等。

评价角点检测算法性能优劣主要从以下5个方面来考虑。

① 准确性:即使很细小的角点,算法也可以检测到;

② 定位性:检测到的角点应尽可能地接近它们在图像中的真实位置;

③ 稳定性:对相同场景拍摄的多幅图片,每一个角点的位置都不应该移动;

④ 实时性:角点检测算法的计算量越小、运行速度越快越好;

⑤ 鲁棒性:对噪声具有抗干扰性。

4.2.2　Harris角点的基本原理

人眼对角点的识别通常是通过在一个局部的小区域或小窗口内完成的,如图4.2-1(a)所示。如果在各个方向上,移动这个特定的小窗口,窗口内区域的灰度发生了较大的变化,那么,就认为在窗口内遇到了角点,如图4.2-1(b)所示。如果这个特定的窗口在图像各个方向上移动时,窗口内图像的灰度没有发生变化,那么窗口内就不存在角点,如图4.2-1(c)所示。如果窗口在某一个(些)方向移动时,窗口内图像的灰度发生了较大的变化,而在另一些方向上没有发生变化,那么,窗口内的图像可能就是一条直线的线段,如图4.2-1(d)所示。

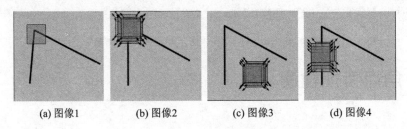

(a) 图像1　　　(b) 图像2　　　(c) 图像3　　　(d) 图像4

图4.2-1　窗口、窗口的移动与角点检测

对于图像 $I(x,y)$,当在点 (x,y) 处平移 $(\Delta x, \Delta y)$ 后的自相似性可以通过自相关函数给出:

$$c(x,y,\Delta x,\Delta y) = \sum_{(u,v) \in W(x,y)} w(u,v)(I(u,v) - I(u+\Delta x,v+\Delta y))^2$$

$$(4.2.1)$$

式中，$W(x,y)$ 是以点 (x,y) 为中心的窗口，$w(u,v)$ 为加权函数，它既可以是常数，又可以是高斯加权函数，如图 $4.2-2$ 所示。

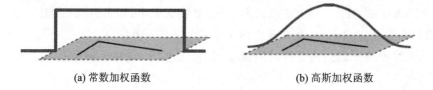

(a) 常数加权函数　　　　　　　　　　(b) 高斯加权函数

图 4.2 – 2　加权函数

根据泰勒展开，对图像 $I(x,y)$ 在平移 $(\Delta x,\Delta y)$ 后进行一阶近似：

$$I(u+\Delta x,v+\Delta y) \approx I(u,v) + I_x(u,v)\Delta x + I_y(u,v)\Delta y$$

$$= I(u,v) + [I_x(u,v),I_y(u,v)]\begin{bmatrix}\Delta x \\ \Delta y\end{bmatrix} \qquad (4.2.2)$$

式中，I_x、I_y 是图像 $I(x,y)$ 的偏导数。这样，式$(4.2.1)$可以近似为：

$$c(x,y;\Delta x,\Delta y) = \sum_w (I(u,v) - I(u+\Delta x,v+\Delta y))^2$$

$$\approx \sum_w ([I_x(u,v)I_y(u,v)]\begin{bmatrix}\Delta x \\ \Delta y\end{bmatrix})^2$$

$$= [\Delta x \quad \Delta y]\boldsymbol{M}(x,y)\begin{bmatrix}\Delta x \\ \Delta y\end{bmatrix} \qquad (4.2.3)$$

其中：

$$\boldsymbol{M}(x,y) = \sum_w \begin{bmatrix} I_x(u,v)^2 & I_x(u,v)I_y(u,v) \\ I_x(u,v)I_y(u,v) & I_y(u,v)^2 \end{bmatrix}$$

$$= \begin{bmatrix} \sum_w I_x(u,v)^2 & \sum_w I_x(u,v)I_y(u,v) \\ \sum_w I_x(u,v)I_y(u,v) & \sum_w I_y(u,v)^2 \end{bmatrix}$$

$$= \begin{bmatrix} \boldsymbol{A} & \boldsymbol{C} \\ \boldsymbol{C} & \boldsymbol{B} \end{bmatrix} \qquad (4.2.4)$$

也就是说图像 $I(x,y)$ 在点 (x,y) 处平移 $(\Delta x,\Delta y)$ 后的自相关函数可以近似为二次项函数：

$$c(x,y;\Delta x,\Delta y) \approx [\Delta x \quad \Delta y]\boldsymbol{M}(x,y)\begin{bmatrix}\Delta x \\ \Delta y\end{bmatrix} \qquad (4.2.5)$$

二次项函数本质上是一个椭圆函数。椭圆的扁率和尺寸是由 $\boldsymbol{M}(x,y)$ 的特征值 λ_1、λ_2 决定的，椭圆的方向是由 $\boldsymbol{M}(x,y)$ 的特征矢量决定的，椭圆的方程式为：

$$\begin{bmatrix} \Delta x & \Delta y \end{bmatrix} \boldsymbol{M}(x,y) \begin{bmatrix} \Delta x \\ \Delta y \end{bmatrix} = 1 \qquad (4.2.6)$$

图 4.2-3 给出二次项特征值与椭圆变化的关系。

二次项函数的特征值与图像中的角点、直线（边缘）和平面之间的关系如图 4.2-4 所示。可分为 3 种情况：

① 图像中的直线。一个特征值大，另一个特征值小，即 $\lambda_1 \gg \lambda_2$ 或 $\lambda_1 \ll \lambda_2$。自相关函数值在某一方向上大，在其他方向上小。

② 图像中的平面。两个特征值都小，且近似相等，自相关函数值在各个方向上都小。

③ 图像中的角点。两个特征值都大，且近似相等，自相关函数在所有方向上都增大。

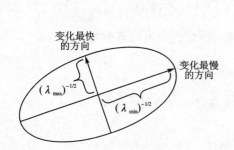 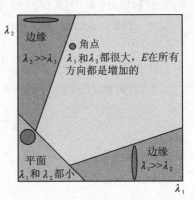

图 4.2-3 二次项特征值与椭圆变化的关系　图 4.2-4 特征值与图像中点线面之间的关系

根据二次项函数特征值的计算方法，可以求式（4.2.4）的特征值。但是 Harris 给出的角点判别方法并不需要计算具体的特征值，而是计算一个角点响应值 $\boldsymbol{R}$ 来判断角点。$\boldsymbol{R}$ 的计算公式为：

$$\boldsymbol{R} = \det \boldsymbol{M} - \alpha (\operatorname{trace} \boldsymbol{M})^2 \qquad (4.2.7)$$

式中，$\det \boldsymbol{M}$ 为矩阵 $\boldsymbol{M}(x,y) = \begin{bmatrix} \boldsymbol{A} & \boldsymbol{B} \\ \boldsymbol{B} & \boldsymbol{C} \end{bmatrix}$ 的行列式；$\operatorname{trace} \boldsymbol{M}$ 为矩阵 $\boldsymbol{M}$ 的直迹；α 为经验常数，取值范围 $0.04 \sim 0.06$。事实上，特征值是隐含在 $\det \boldsymbol{M}$ 和 $\operatorname{trace} \boldsymbol{M}$ 中，因为：

$$\det \boldsymbol{M} = \lambda_1 \lambda_2 = \boldsymbol{A}\boldsymbol{C} - \boldsymbol{B}^2$$
$$\operatorname{trace} \boldsymbol{M} = \lambda_1 + \lambda_2 = \boldsymbol{A} + \boldsymbol{C} \qquad (4.2.8)$$

4.2.3　Harris 角点的检测步骤

根据上述讨论，可以将图像 Harris 角点的检测算法实现步骤归纳如下：

① 计算图像 $I(x,y)$ 在 X 和 Y 两个方向的梯度 I_x、I_y；

$$I_x = \frac{\partial I}{\partial x} = I \otimes (-1 \quad 0 \quad 1) \quad , \quad I_y = \frac{\partial I}{\partial y} = I \otimes (-1 \quad 0 \quad 1)^{\mathrm{T}}$$

② 计算图像两个方向梯度的乘积;

$$I_x^2 = I_x \cdot I_x \qquad I_y^2 = I_y \cdot I_y \qquad I_{xy} = I_x \cdot I_y$$

③ 使用高斯函数对 I_x^2、I_y^2 和 I_{xy} 进行高斯加权,生成矩阵 $\boldsymbol{M}$ 的元素 $\boldsymbol{A}$、$\boldsymbol{B}$、$\boldsymbol{C}$。

$$\boldsymbol{A} = g(I_x^2) = I_x^2 \otimes w \qquad \boldsymbol{B} = g(I_y^2) = I_y^2 \otimes w \qquad \boldsymbol{C} = g(I_{xy}) = I_{xy} \otimes w$$

④ 计算每个像元的 Harris 响应值 $\boldsymbol{R}$,并对小于某一阈值的 $\boldsymbol{R}$ 置为零。

$$\boldsymbol{R} = \{\boldsymbol{R}: \det \boldsymbol{M} - \alpha (\mathrm{trace}\boldsymbol{M})^2 < t\}$$

⑤ 在 3×3 或 5×5 的邻域内进行非极大值抑制,局部极大值点即为图像中的角点。

4.2.4　Harris 角点的性质

① 参数 α 对角点检测的影响。

假设已经得到了式(4.2.4)所示矩阵 $\boldsymbol{M}$ 的特征值 $\lambda_1 \geqslant \lambda_2 \geqslant 0$,令 $\lambda_1 = \lambda, \lambda_2 = k\lambda, 0 \leqslant k \leqslant 1$。由特征值与矩阵 $\boldsymbol{M}$ 的直迹和行列式的关系可得:

$$\begin{aligned} \det\boldsymbol{M} &= \prod_i \lambda_i \\ \mathrm{trace}\boldsymbol{M} &= \sum_i \lambda_i \end{aligned} \tag{4.2.9}$$

由式(4.2.9)可得:

$$R = \lambda_1 \lambda_2 - \alpha(\lambda_1 + \lambda_2)^2 = \lambda^2(k - \alpha(1+k)^2) \tag{4.2.10}$$

假设 $R \geqslant 0$,则有:

$$0 \leqslant \alpha \leqslant \frac{k}{(1+k)^2} \leqslant 0.25$$

对于较小的 k 值,$R \approx \lambda^2(k - \alpha)$,$\alpha < k$。

由此,可以得出这样的结论:增大 α 值,将减小角点响应值 R,降低角点检测的灵敏性,减少被检测角点的数量;减小 α 值,将增大角点响应值 R,增加角点检测的灵敏性,增加被检测角点的数量。

② Harris 角点检测算子对亮度和对比度的变化不敏感。

Harris 角点检测算子对图像亮度和对比度的变化不敏感。这是因为在进行 Harris 角点检测时,使用了微分算子对图像进行微分运算,而微分运算对图像密度的拉升或收缩和对亮度的抬高或下降不敏感。换言之,对亮度和对比度的仿射变换并不改变 Harris 响应的极值点出现的位置,如图 4.2-5 所示。但是,由于阈值的选择,可能会影响检测角点的数量。

③ Harris 角点检测算子具有旋转不变性。

Harris 角点检测算子使用的是角点附近区域灰度二阶矩矩阵。而二阶矩矩阵可以表示成一个椭圆,椭圆的长短轴正是二阶矩矩阵特征值平方根的倒数值。如

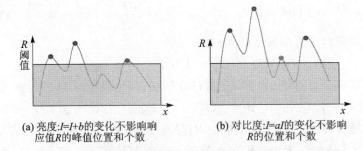

(a) 亮度:$I=I+b$的变化不影响响
应值R的峰值位置和个数

(b) 对比度:$I=aI$的变化不影响
R的位置和个数

图 4.2 - 5 亮度和对比度的变化对 Harris 检测算子的影响

图 4.2 - 6 所示,当特征椭圆转动时,特征值并不发生变化,判断角点的响应值 R 也不发生变化。所以,说明 Harris 角点检测算子具有旋转不变性。

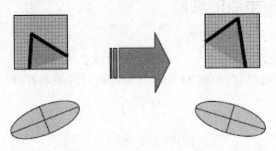

图 4.2 - 6 角点与特征椭圆

④ Harris 角点检测算子不具有尺度不变性。

如图 4.2 - 7 所示,当右图被缩小时,在检测窗口尺寸不变的前提下,在窗口内的所包含图像的内容是完全不同的。左侧的图像可能被检测为边缘或曲线,而右侧的图像则可能被检测为一个角点。

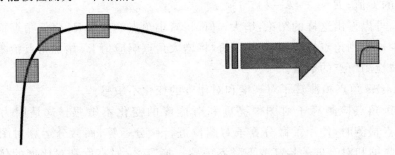

图 4.2 - 7 尺度的变化对 Harris 角点检测算子的影响

4.2.5 例程精讲

1. 基于 MATLAB 图像处理工具箱

在 MATLAB 图像处理工具箱中,提供了与角点检测相关的函数 cornermetric(),

现将其介绍如下:

```
CM = cornermetric(I, method, 'SensitivityFactor')
```

功能:对所输入的灰度图像进行角点检测。

输入:I-输入的灰度图像;method-角点检测的方法,可设置为 Harris 或 MinimumEigenvalue,其默认值为 Harris;SensitivityFactor-采用 Harris 检测时的敏感因子,默认值为 0.04。

输出:CM-角点矩阵,其大小与输入图像矩阵的大小相同,原图像中可能是角点的位置在该矩阵中的相应位置具有较大的取值。

例程 4.2-1 是调用 cornermetric()对输入图像进行 Harris 角点检测的 MATALB 程序,其运行结果如图 4.2-8 所示。

输入图像

图像中的角点

图 4.2-8　例程 4.2-1 的运行结果

【例程 4.2-1】

```
% 确定待检测的图像区域并显示
I = imread('pout.tif');
I = I(1:150,1:120);
subplot(1,2,1);
imshow(I);
title('输入图像');

% 对图像进行 Harris 角点提取
CM = cornermetric(I);

% 查找矩阵中最大值并显示
corner_peaks = imregionalmax(CM);
corner_idx = find(corner_peaks == true);
[r g b] = deal(I);
r(corner_idx) = 255;
g(corner_idx) = 255;
```

```
b(corner_idx) = 0;
RGB = cat(3,r,g,b);
subplot(1,3,3);
imshow(RGB);
title('图像中的角点');
```

2. 基于 MATLAB 计算机视觉工具箱

① 基于系统对象（System Object）的程序实现。

在 MATLAB 中，调用计算机视觉工具箱中的 vision. CornerDetector 可实现对输入灰度图像的角点检测。

vision. CornerDetector 的具体使用方法如下：

功能：对输入的灰度图像进行角点检测。

语法：A＝step(vision. CornerDetector,Img)。

其中：Img 为灰度图像；A 是角点位置矩阵。

属性：

Method：角点检测算法设置，可以将其设置为 Harris corner detection、Minimum eigenvalue 或者 Local intensity comparison，默认值为 Harris corner detection。

Sensitivity：角点检测敏感因子，只有将 Method 属性设置为 Harris corner detection 时，Sensitivity 属性才可调，角点检测敏感因子的取值范围为：$0 < k < 0.25$，默认值为 0.01。

SmoothingFilterCoefficients：平滑滤波器系数。

CornerLocationOutputPort：该属性的功能为角点位置输出使能；当该属性设置为 true 时，输出角点的位置矩阵；其默认值为 true。

MetricMatrixOutputPort：该属性的功能为角点相应输出使能；当该属性设置为 true 时，输出角点的响应值矩阵；其默认值为 false；CornerLocationOutputPort 属性与 MetricMatrixOutputPort 不能同时设置为 false。

MaximumCornerCount：检测角点数量的最大值；当 CornerLocationOutputPort 属性设置为 true 时，MaximumCornerCount 属性才有效；该属性的默认值为 200。

CornerThreshold：角点判别阈值，只有大于该阈值时，才被认为是角点；当 CornerLocationOutputPort 属性设置为 true 时，CornerThreshold 属性才有效。

NeighborhoodSize：邻域大小设置。当 CornerLocationOutputPort 属性设置为 true 时，NeighborhoodSize 才有效。该属性的默认值为[11 11]。

下面通过例程 4.2－2 来具体说明 vision. CornerDetector 的具体使用方法，其运行结果如图 4.2－9 所示。

【例程 4.2－2】

```
% 读入图像并转换成单精度型
I = im2single(imread('hongkong.jpg'));
```

```
% 创建角点检测系统对象
hcornerdet = vision.CornerDetector;
% 对输入的图像进行 Harris 角点检测
pts = step(hcornerdet, I);
% 设置角点标记
color = [1 0 0]; % [red, green, blue]   % 将标志点的颜色设置为红色
hdrawmarkers = vision. MarkerInserter ('Shape', 'Circle', 'Size', 10, 'BorderColor',
'Custom', 'CustomBorderColor', color);   % 创建用于标记的系统对象
J = step(hdrawmarkers, J, pts); % 在图像上标注角点
imshow(J); title ('角点检测结果');
```

图 4.2 - 9　例程 4.2 - 2 的运行结果

② 基于 Blocks - Simulink 实现。

在 MATLAB 中,还可以通过 Blocks - Simulink 来实现对图像进行边缘检测,其原理图如图 4.2 - 10 所示。

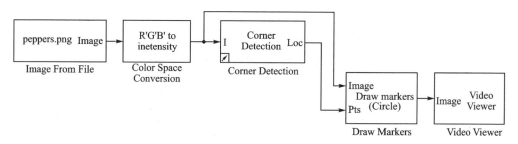

图 4.2 - 10　基于 Blocks - Simulink 进行边缘检测的原理图

其中,各功能模块及其路径如表 4.2 - 1 所列。

表 4.2 - 1 各功能模块及其路径

功 能	名 称	路 径
读入图像	Image From File	Computer Vision System/Block Library/Sources
色彩空间转换	Color Space Conversion	Computer Vision System/Block Library/Conversions
角点检测	Corner Detection	Computer Vision System/Block Library/Analysis & Enhancement
绘制标记	Draw Markers	Computer Vision System/Block Library/Draw Markers
观察输出结果	Video Viewer	Computer Vision System/Block Library/Sinks

对各模块的属性进行设置如下:

双击 Image From File 模块,将其参数设置为如图 4.2 - 11 所示的参数。

双击 Color Space Conversion 模块,将其参数设置为如图 4.2 - 12 所示的参数。

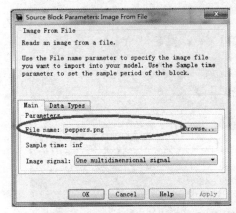 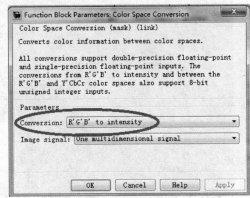

图 4.2 - 11 Image From File 模块参数设置   图 4.2 - 12 Color Space Conversion 模块参数设置

双击 Corner Dtection 模块,将其参数设置为如图 4.2 - 13 所示的参数。

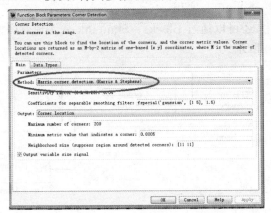

图 4.2 - 13 Color Space Conversion 模块参数设置

　　右击 Corner Dtection 模块，单击 Look Under Mask 选项，进入 Corner Dtection 内部界面时，单击 Simulation 下的 Configuration Parameters 选项，进行如图 4.2 - 14 所示的设置。

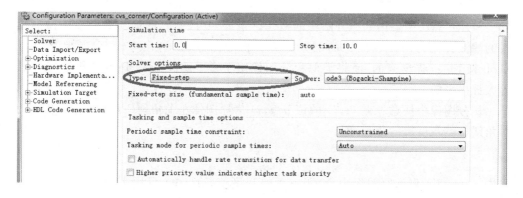

图 4.2 - 14　Configuration Parameters 模块参数设置

图 4.2 - 15 是图 4.2 - 10 所示模型的运行结果。

图 4.2 - 15　图 4.2 - 10 所示模型的运行结果

4.3　SURF 特征提取

　　为了提高搜索特征点的速度，Bay 等人提出的 SURF(Speeded Up Robust Features，SURF)算法，SURF 将 DoH 中的高斯二阶微分模板进行了近似简化，使得模板对图像的滤波只需要进行几个简单的加减法运算,并且,这种运算与滤波模板的尺寸无关,从而极大地提高了尺度不变特征的检测速度。

4.3.1 积分图像

SURF 算法中要用到积分图像的概念。借助积分图像,图像与高斯二阶微分模板的滤波转化为对积分图像的加减运算。积分图像(Integral image)的概念是由 Viola 和 Jones 提出来的,而将类似积分图像用于盒子滤波(Box Filter)却是 Simard 等人提出来的。

积分图像中任意一点 (i,j) 的值 $ii(i,j)$ 为原图像左上角到任意点 (i,j) 相应的对角线区域灰度值的总和,即:

$$ii(i,j) = \sum_{i' \leqslant i, j' \leqslant j} p(i',j')$$

式中,$p(i',j')$ 表示原图像中点 (i',j') 的灰度值,$ii(i,j)$ 可用下面两式迭代计算得到:

$$S(i,j) = S(i,j-1) + p(i,j)$$
$$ii(i,j) = ii(i-1,j) + S(i,j)$$

式中,$S(i,j)$ 表示一列的积分,且 $S(i,-1) = 0$,$ii(-1,j) = 0$。求积分图像,只需对原图像所有像素进行一遍扫描。

如图 4.3-1 所示,在求取窗口 W 内的像元灰度和时,不管窗口 W 的大小如何,均可以用积分图像的 4 个相应点 (i_1,j_1)、(i_2,j_2)、(i_3,j_3)、(i_4,j_4) 的值计算得到。也就是说,求取窗口 W 内的像元灰度和与窗口的尺寸是无关的。窗口 W 内像元的灰度和为:

$$\sum_w = ii(i_4,j_4) - ii(i_2,j_2) - ii(i_3,j_3) + ii(i_1,j_1)$$

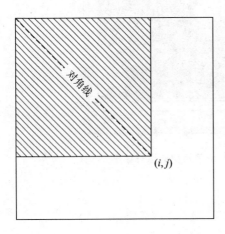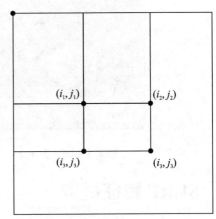

图 4.3-1 积分图像计算和 W 窗口内像元的灰度求和计算

假设有一灰度值均为 1 的图像,那么该图像中任一点 (i,j) 的积分图像值实际就是图像左上角点到任一点 (i,j) 构成的矩形区域面积(像元数)的大小。$\sum_{w}$ 就是由 W 构成的矩形框包含的面积。

在最新的 MATLAB 2012 中,可以调用计算机视觉系统工具箱中(Computer Vision System Toolbox)的 integralImage() 函数来计算输入灰度图像的积分图像,其调用格式如下:

```
J = integralImage(I)
```

其中,I 为待处理的灰度图像,J 为积分图像。

4.3.2　DoH 近似

给定图像 I 中一个点 $x(x,y)$,在点 x 处,尺度为 σ 的 Hessian 矩阵 $H(x,\sigma)$ 定义如下:

$$H(x,\sigma) = \begin{bmatrix} L_{xx}(x,\sigma) & L_{xy}(x,\sigma) \\ L_{xy}(x,\sigma) & L_{yy}(x,\sigma) \end{bmatrix}$$

式中,$L_{xx}(x,\sigma)$ 是高斯二阶微分 $\dfrac{\partial^2}{\partial x^2} g(\sigma)$ 在点 x 处与图像 I 的卷积,$L_{xy}(x,\sigma)$ 和 $L_{yy}(x,\sigma)$ 具有同样的含义。

由于二阶高斯微分模板被离散化和剪裁的原因,导致了图像在旋转奇数倍的 $\pi/4$ 时,即转动到模板的对角线方向时,特征点检测的重复性(Repeatability)降低。而在 $\pi/2$ 时,特征点检测的重复性最高。但这一小小的不足不影响我们使用 Hessian 矩阵进行特征点检测。

为了将模板与图像的卷积转化成盒子滤波(Box Filter)运算,需要对高斯二阶微分模板进行简化,使得简化后的模板只是由几个矩形区域组成,矩形区域内填充同一值,如图 4.3-2 所示,在简化模板中白色区域的值为 1,黑色区域的值为 -1,灰色区域的值为 0。

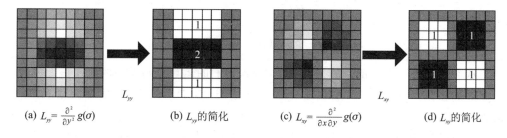

(a) $L_{yy} = \dfrac{\partial^2}{\partial y^2} g(\sigma)$　　(b) L_{yy} 的简化　　(c) $L_{xy} = \dfrac{\partial^2}{\partial x \partial y} g(\sigma)$　　(d) L_{xy} 的简化

图 4.3-2　高斯二阶微分模板以及简化

对于 $\sigma = 1.2$ 的高斯二阶微分滤波,我们设定模板的尺寸为 9×9 的大小,并用它作为最小尺度空间值对图像进行滤波和斑点检测。使用 D_{xx}、D_{yy} 和 D_{xy} 表示模板与图像进行卷积的结果，这样，便可将 Hessian 矩阵的行列式作如下简化：

$$\mathrm{Det}(H) = L_{xx}L_{yy} - L_{xy}L_{xy}$$

$$= D_{xx}\frac{L_{xx}}{D_{xx}}D_{yy}\frac{L_{yy}}{D_{yy}} - D_{xy}\frac{L_{xy}}{D_{xy}}D_{xy}\frac{L_{xy}}{D_{xy}}$$

$$= D_{xx}D_{yy}\left(\frac{L_{xx}}{D_{xx}}\frac{L_{yy}}{D_{yy}}\right) - D_{xy}D_{xy}\left(\frac{L_{xy}}{D_{xy}}\frac{L_{xy}}{D_{xy}}\right)$$

$$= A\left(\frac{L_{xx}}{D_{xx}}\frac{L_{yy}}{D_{yy}}\right) - B\left(\frac{L_{xy}}{D_{xy}}\frac{L_{xy}}{D_{xy}}\right)$$

$$= \left(A - B\left(\frac{L_{xy}}{D_{xy}}\frac{L_{xy}}{D_{xy}}\right)\left(\frac{D_{xx}}{L_{xx}}\frac{D_{yy}}{L_{yy}}\right)\right)\left(\frac{L_{xx}}{D_{xx}}\frac{L_{yy}}{D_{yy}}\right)$$

$$= (A - BY)C$$

式中，$Y = \dfrac{|L_{xy}(1.2)|_F |D_{xx}(9)|_F}{|L_{xx}(1.2)|_F |D_{xy}(9)|_F} = 0.912 \cong 0.9$，$|X|_F$ 为 Frobenius 范数。理论上讲，对于不同 σ 值和对应的模板尺寸，Y 值是不同的，但为了简化起见，可以认为它是一个常数。同样，也可以认为 C 为常数，由于常数 C 不影响对于极大值求取，因此，便有：

$$\mathrm{Det}(H_{\mathrm{approx}}) = D_{xx}D_{yy} - (0.9D_{xy})^2$$

不过，在实际计算滤波响应值时需要将模板盒子尺寸（面积）进行归一化处理，以保证使用一个统一的 Frobenius 范数能适应所有的滤波尺寸。如对于 9×9 模板的 L_{xx} 和 L_{yy} 盒子的面积为 15，L_{xy} 的盒子面积为 9。一般而言，如果盒子内部填充值为 $v^n \in \{1, -1, -2\}$，盒子对应的 4 个角点积分图像值为 $\{p_1^n, p_2^n, p_3^n, p_4^n\}$，盒子面积分别为 s_{xx}、$s_{yy}(s_{xx} = s_{yy})$ 和 s_{xy}，那么，盒子滤波响应值为：

$$D_{xx} = \frac{1}{s_{xx}}\sum_{n=1}^{3} v^n(p_4^n - p_2^n - p_3^n + p_1^n)$$

$$D_{yy} = \frac{1}{s_{yy}}\sum_{n=1}^{3} v^n(p_4^n - p_2^n - p_3^n + p_1^n)$$

$$D_{xy} = \frac{1}{s_{xy}}\sum_{n=1}^{4} v^n(p_4^n - p_2^n - p_3^n + p_1^n)$$

从 D_{xx}、D_{yy} 和 D_{xy} 的计算公式可以看出，它们的运算量与模板的尺寸是无关的。计算 D_{xx} 和 D_{yy} 只有 12 次加减法和 4 次乘法，计算 D_{xy} 只有 16 次加减法和 5 次乘法。

使用近似的 Hessian 矩阵行列式来表示图像中某一点 x 处的斑点响应值，遍历图像中所有的像元点，便形成了在某一尺度下斑点检测的响应图像。使用不同的模板尺寸，便形成了多尺度斑点响应的金字塔图像，利用这一金字塔图像，就可以进行斑点响应极值点的搜索，其过程完全与 SIFT 算法类同。

4.3.3　尺度空间表示

通常要想获取不同尺度的斑点,必须建立图像的尺度空间金字塔。一般的方法是通过采用不同 σ 的高斯函数,对图像进行平滑滤波,然后,重采样图像以获得更高一层的金字塔图像。

由于采用了盒子滤波和积分图像,通过不同尺寸盒子滤波模板与积分图像求取 Hessian 矩阵行列式的响应图像,然后,在响应图像上采用 3D 非最大值抑制,求取各种不同尺度的斑点。

如前所述,我们使用 9×9 的模板对图像进行滤波,其结果作为最初始的尺度空间层(此时,尺度值 $s = 1.2$,近似 $\sigma = 1.2$ 的高斯微分),后续的层将通过逐步放大滤波模板尺寸,以及放大后的模板不断与图像进行滤波得到。由于采用盒子滤波和积分图像,滤波过程并不随着滤波模板尺寸的增加而使运算工作量增加。

我们需要将尺度空间划分成若干组(Octaves)。一个组代表了逐步放大的滤波模板对同一输入图像进行滤波的一系列响应图。每个组又由若干固定的层组成。由于积分图像离散化的原因,两个层之间的最小尺度变化量是由高斯二阶微分滤波器在微分方向上对正负斑点响应长度 l_0 决定的,它是盒子滤波模板尺寸的 1/3。对于 9×9 的盒子滤波模板,l_0 为 3。下一个层的响应长度至少应该在 l_0 的基础上增加 2 个像元,以保证一边一个像元,即:$l_0 = 5$,这样,模板的尺寸就为 15×15,如图 4.3 - 3 所示。以此类推,我们可以得到一个尺寸逐渐增大的模板序列,它们的尺寸分别为:9×9、15×15、21×21、27×27、39×39,黑色、白色区域的长度增加偶数个像元,以保证一个中心像元的存在。

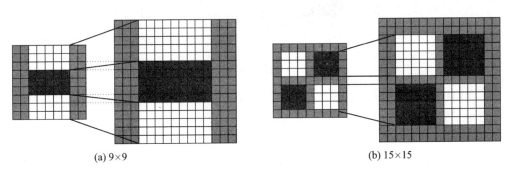

(a) 9×9　　　　　　　　　　　　　(b) 15×15

图 4.3 - 3　滤波模板 D_{yy} 和 D_{xy} 尺寸从 9×9 增大到 15×15

采用类似的方法来处理其他组的模板序列。其方法是将滤波器尺寸增加量翻倍(6、12、24、48)。这样,可以得到第 2 组的滤波器尺寸,它们分别为 15、27、39、51;第 3 组的滤波器尺寸为 27、51、75、99。如果原始图像尺寸仍然大于对应的滤波器尺寸,尺度空间的分析还可进行第 4 组,其对应的模板尺寸分别是 51、99、147 和 195。图 4.3 - 4 给出了第 1~3 个组的滤波器尺寸变化的图形表示。对数水平轴代表尺度,组之间有相互重叠,其目的是为了覆盖所有可能的尺度。在通常尺度分析情况下,随着尺度的增大,被检测到的斑点数量迅速衰减,如图 4.3 - 5 所示。与此同时,为了减少运算量,提高计算的速度,可以考虑在滤波时,将采样间隔设为 2°。

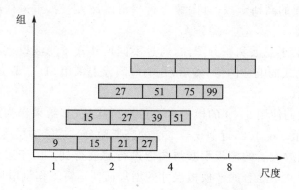

图 4.3 - 4　3 个不同组的滤波器尺寸的图形化表示

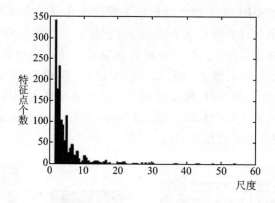

图 4.3 - 5　检测点的直方图统计

我们可以给出滤波响应长度 l、滤波器的尺寸 L、组索引 o、层索引 s、尺度 σ 之间的相互关系:

$$l = 2^{o+1}(s+1) + 1$$
$$L = 3 \times l = 3 \times (2^{o+1}(s+1) + 1)$$
$$\sigma = 1.2 \times \frac{L}{9} = \frac{l}{3}$$

滤波器可以采用矢量数据结构来表示。数据结构中分别包含滤波器中每个盒子的坐标、盒子中的填充值、盒子的面积等信息。坐标既可以是以滤波器中心像元为原点,也可以是以左上角像元为原点。

图 4.3 - 6 所示为不同尺寸时的滤波器模板的图形化表示。

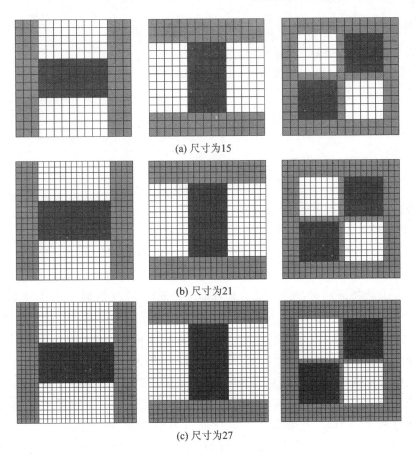

(a) 尺寸为15

(b) 尺寸为21

(c) 尺寸为27

图 4.3 - 6　不同尺寸时的滤波器模板的图形化表示

4.3.4　SURF 特征描述算子

而 SURF 特征描述子在生成特征矢量使用的是积分图像。这样做的目的就是要充分利用在特征点检测时形成的中间结果（积分图像），避免在特征矢量生成时对图像进行重复运算。

为了保证特征矢量具有旋转不变性，需要对每个特征点分配一个主方向。为此，我们需要以特征点为中心，以 $6s(s$ 为特征点的尺度）为半径的圆形区域内，对图像进行 Haar 小波响应运算，如图 4.3 - 7 所示。

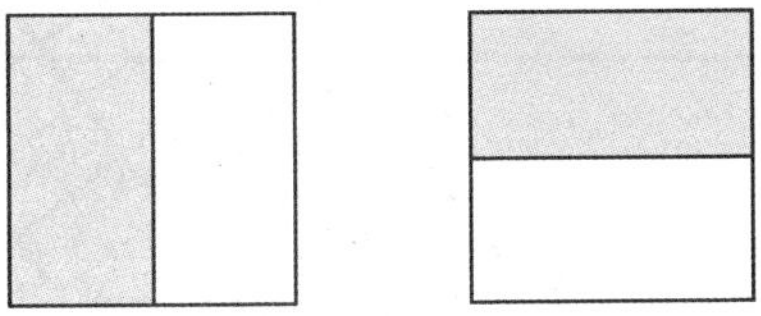

使用 $\sigma = 2s$ 的高斯加权函数对 Haar 小波的响应值进行高斯加权。为了求取主方向，需要设计一个以特征点为中心，张角

X方向响应　　　　Y方向响应

图 4.3 - 7　Haar 小波响应模板

为 $\frac{\pi}{3}$ 的扇形滑动窗口。如图4.3-8所示,以步长0.2弧度左右,旋转这个滑动窗口,并对滑动窗口内图像 Haar 小波响应值 $\mathrm{d}x$、$\mathrm{d}y$ 进行累加,得到一个矢量 (m_w, θ_w):

$$m_w = \sum_w \mathrm{d}x + \sum_w \mathrm{d}y$$

$$\theta_w = \mathrm{arctan}\left(\frac{\sum\limits_w \mathrm{d}x}{\sum\limits_w \mathrm{d}y}\right)$$

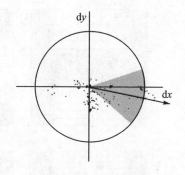

图 4.3 - 8 求取主方向时滑动窗口围绕特征点转动

主方向为最大 Haar 响应累加值所对应的方向,也就是最长矢量所对应的方向,即:

$$\theta = \theta_w \mid \max\{m_w\}$$

当存在另一个相当于主峰值80%能量的峰值时,则将这个方向认为是该特征点的辅方向。一个特征点可能会被指定具有多个方向(一个主方向,一个以上辅方向),这可以增强匹配的鲁棒性。,如果当在 m_w 中出现另一个大于主峰能量 $\max\{m_w\}$ 80%时的次峰,可以将该特征点复制成两个特征点。一个主方向为最大响应能量所对应方向,另一个的主方向为次最大响应能量所对应的方向。

生成特征点描述算子与确定特征点的方向有些类似,它需要计算图像的 Haar 小波响应。不过,与主方向的确定不同的是,这次不是使用一个圆形区域,而是在一个矩形区域来计算 Haar 小波响应。以特征点为中心,沿特征点的主方向将 $20s \times 20s$ 的图像划分成 4×4 个子块,每个子块利用尺寸 $2s$ 的 Haar 小波模板进行响应值计算,然后对响应值进行统计 $\sum \mathrm{d}x$、$\sum |\mathrm{d}x|$、$\sum \mathrm{d}y$、$\sum |\mathrm{d}y|$ 形成特征矢量,如图4.3-9所示。图中,以特征点为中心,以 $20s$ 为边长的矩形窗口为特征描述算子计算使用的窗口,特征点到矩形边框的线段表示特征点的主方向。

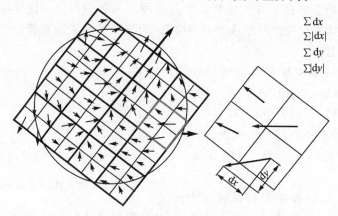

$\sum \mathrm{d}x$
$\sum |\mathrm{d}x|$
$\sum \mathrm{d}y$
$\sum |\mathrm{d}y|$

图 4.3 - 9 特征描述算子的表示

将 $20s$ 的窗口划分成 4×4 子窗口,每个子窗口中有 $5s\times5s$ 个像元,使用尺度为 $2s$ 的 Haar 小波对子窗口图像进行其响应值计算,共进行 25 次采样,分别得到沿主方向的 $\mathrm{d}y$ 和垂直于主方向的 $\mathrm{d}x$。然后,以特征点为中心,对 $\mathrm{d}x$、$\mathrm{d}y$ 进行高斯加权计算,其中 $\sigma=3.3s$。最后,分别对每个子块的响应值进行统计,得到每个子块的矢量:

$$V_{子块}=\left[\sum \mathrm{d}x,\sum |\mathrm{d}x|,\ \sum \mathrm{d}y,\sum |\mathrm{d}y|\right]$$

由于共有 4×4 个子块,因此,特征描述算子由 $4\times4\times4=64$ 维特征矢量组成。SURF 描述子不仅具有尺度和旋转不变性,而且对光照的变化也具有不变性。使用小波响应本身就具有亮度不变性,而对比度不变性则是通过将特征矢量进行规一化来实现。图 4.3-10 给出了三种不同图像模式的子块得到的不同结果。对于实际图像描述算子,可以认为它们是由这三种不同模式图像的描述算子组合而成的。

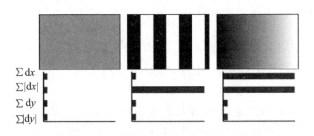

图 4.3-10　不同的图像密度模式得到不同的描述算子结果

为了充分利用积分图像进行 Haar 小波的响应计算,我们不像图 4.3-10 那样,直接通过旋转 Haar 小波模板求其响应值,而是在积分图像上先使用水平和垂直的 Haar 小波模板求其响应值,在求得响应值 $\mathrm{d}x$ 和 $\mathrm{d}y$ 后,然后根据主方向旋转 $\mathrm{d}x$ 和 $\mathrm{d}y$,使其与主方向保持一致。为了求旋转后的 Haar 小波响应值,首先要得到旋转前图像的位置。旋转前后图像的位置关系,可以通过点的旋转公式得到:

$$x=x_0-j\times \mathrm{scale}\times \sin(\theta)+i\times \mathrm{scale}\times \cos(\theta)$$
$$y=y_0+j\times \mathrm{scale}\times \cos(\theta)+i\times \mathrm{scale}\times \sin(\theta)$$

在得到点 (j,i) 在旋转前对应积分图像的位置 (x,y) 后,利用积分图像与水平、垂直 Haar 小波求得水平和垂直两个方向的响应值 $\mathrm{d}x$ 和 $\mathrm{d}y$。对 $\mathrm{d}x$ 和 $\mathrm{d}y$ 进行高斯加权处理,并根据主方向的角度,对 $\mathrm{d}x$ 和 $\mathrm{d}y$ 进行旋转变换,从而,得到旋转后的 $\mathrm{d}x'$ 和 $\mathrm{d}y'$。其计算公式如下:

$$\mathrm{d}x'=w(-\mathrm{d}x\times \sin\theta+\mathrm{d}y\times \cos\theta)$$
$$\mathrm{d}y'=w(\mathrm{d}x\times \cos\theta+\mathrm{d}y\times \sin\theta)$$

图 4.3-11 说明在有噪声干扰下,SURF 特征描述子与没有噪声干扰时具有相同的特征矢量。

一般而言,特征矢量的长度越长,特征矢量所承载的信息量就越大,特征描述子的独特性就越好,但匹配所付出的时间代价就越大。对于 SURF 描述算子,可以将

MATLAB图像处理——程序实现与模块化仿真(第2版)

196

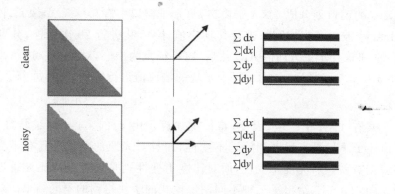

图 4.3 - 11　SURF 特征描述算子抗干扰性示意图

它扩展用到 128 维矢量来表示。具体的方法是在求 $\sum dx$、$\sum |dx|$ 时,区分 $dy < 0$ 和 $dy \geqslant 0$ 情况。同样,在求取 $\sum dy$、$\sum |dy|$ 时,区分 $dx < 0$ 和 $dx \geqslant 0$ 情况。这样,每个子块就产生了 8 个梯度统计值,从而使描述子特征矢量的长度增加到 $8 \times 4 \times 4 = 128$ 维。

　　为了实现快速匹配,SURF 算法在特征矢量中增加了一个新的变量,即特征点的拉普拉斯响应正负号。在特征点检测时,将 Hessian 矩阵的迹(Trace)的正负号记录下来,作为特征矢量的一个变量。这样做并不增加运算量,因为特征点检测时已经对 Hessian 矩阵的迹进行计算了。在特征匹配时,这个变量可以有效地节省搜索时间,因为只有两个正负号相同的特征点才可能匹配,对于不同正负号的特征点就不再进行相似性计算了。简单地说,可以根据特征点的响应值符号,将特征点分成两组,一组是具有拉普拉斯正响应的特征点,一组是具有拉普拉斯负响应的特征点。匹配时,只有符号相同组中的特征点才能进行相互匹配。

4.3.5　例程精讲

　　在最新的 MATLAB 2012 中,可以调用计算机视觉系统工具箱中 detectSUR-FFeatures()函数来检测输入灰度图像的 SURF 特征,其具体使用方法如下:

```
POINTS = detectSURFFeatures(I,Name,Value)
```

　　功能:用于检测灰度图像的 SURF 特征;

　　输入:I - 待检测的灰度图像;Name,Vakue - MetricThreshold:矩阵阈值,只有大于该阈值的才能确定为 SURF 特征点,默认值为 1000;NumOctaves:组数(Octaves),默认值为 3;NumScaleLevels:每组的尺度层数,默认值为 4。

　　输出:POINTS -返回的一个对象,其中包含着 SURF 特征点的信息。

　　例程 4.3 - 1 是调用 detectSURFFeatures()函数来对图像进行检测的 MAT-LAB 程序,其运行结果如图 4.3 - 12 所示。

【例程 4.3 - 1】

```
% 读入图像；
I = imread('cameraman.tif');
% 对输入的图像检测 SURF 特征；
points = detectSURFFeatures(I);
% 显示最强的十个 SURF 特征点；
imshow(I); hold on;
plot(points.selectStrongest(10));
```

当获得一幅图像的 SURF 特征点的信息后，可以调用 extractFeatures( )函数获取 SURF 特征向量。extractFeatures( )函数的具体使用方法如下：

```
[FEATURES,VALID_POINTS] = extractFeatures(I,POINTS)
```

功能：提取特征点的特征向量。

输入：I-灰度图像；POINTS-特征点信息。

输出：FEATURES-特征描述向量；VALID_POINTS-有效特征点坐标。

例程 4.3 - 2 是调用 extractFeatures( )函数来提取图像 SURF 特征的 MATLAB 程序，其运行结果如图 4.3 - 13 所示。

【例程 4.3 - 2】

```
% 读入图像；
I = imread('cameraman.tif');
% 检测 SURF 特征点；
points = detectSURFFeatures(I);
% 提取 SURF 特征点的特征向量；
[features, valid_points] = extractFeatures(I, points);
% Plot the ten strongest SURF features
figure; imshow(I); hold on;
plot(valid_points.selectStrongest(10),'showOrientation',true);
```

图 4.3 - 12　例程 4.3 - 1 的运行结果　　图 4.3 - 13　例程 4.3 - 2 的运行结果

第 **5** 章

运动估计与跟踪

5.1 基于块匹配的运动估计

5.1.1 基本原理一点通

运动估计就是结合数字图像处理技术运用某种算法对视频图像进行直接处理，估算出图像序列之间的全局运动偏移量，也即检测出由摄像机抖动而引起的图像变化量。

块匹配法是一种最常见的运动估计方法，它基于这样的假设：图像是由运动块构成的，一个图像块中的所有像素都具有相同的运动特征。块匹配法的基本思想如图 5.1-1 所示：在当前帧中选择以 (x,y) 为中心，大小为 $M \times N$ 的宏块 block1，当图像序列没有抖动时，参考帧上的宏块 block 与当前帧上的宏块 block1 匹配。而摄像载体的突然抖动，使摄像机所成的像出现了晃动不稳的现象，这时，在参考帧中的一个较大的搜索窗口内（$M+2*$ dxmax，$N+2*$ dymax）寻找与宏块 block1 尺寸相同的最佳匹配块 block2。那么，当前帧相对于参考帧的平移运动矢量 MV 可由这两块的初始点的坐标差得到。

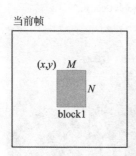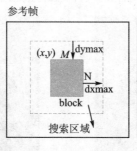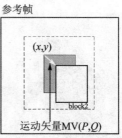

图 5.1-1 块匹配原理图

各种块匹配算法的优越的差异主要体现在匹配准则、搜索策略以及块尺寸选择方法等诸多方面的影响。

5.1.2　块匹配的准则

典型的块匹配准则有：最小平均绝对差值、最小总绝对差值、最小均方误差以及归一化相关函数等匹配准则，其定义分别如下所述。

(1) 最小平均绝对差(MAD)

$$\text{MAD}(i,j) = \frac{1}{MN} \sum_{s=1}^{M} \sum_{t=1}^{N} | f_k(s,t) - f_{k-1}(s+i,t+j) | \qquad (5.1.1)$$

在式(5.1.1)中，(i,j) 为位移矢量，f_k 和 f_{k-1} 分别为当前帧和参考帧的灰度值，宏块的大小为 $M \times N$。当 MAD 值在搜索区域内某一个点处达到最小时，该点为要找的最优匹配点。

(2) 最小均方误差(MSE)

$$\text{MSE}(i,j) = \frac{1}{MN} \sum_{s=1}^{M} \sum_{t=1}^{N} | f_k(s,t) - f_{k-1}(s+i,t+j) |^2 \qquad (5.1.2)$$

最优匹配点相当于找 MSE 值最小的点。

(3) 归一化相关函数(NCCF)

$$\text{NCCF}(i,j) = \frac{\sum_{s=1}^{M} \sum_{t=1}^{N} f_k(s,t) f_{k-1}(s+i,t+j)}{[\sum_{s=1}^{M} \sum_{t=1}^{N} f_k^2(s,t)]^{1/2} [\sum_{s=1}^{M} \sum_{t=1}^{N} f_{k-1}^2(s+i,t+j)]^{1/2}} \qquad (5.1.3)$$

这里，最优匹配相当于找 NCCF 的最大值点。

(4) 最小总绝对差值(SAD)

由于 MAD 匹配准则简单易用，不做乘法运算，所以使用率较高。但在实际应用中，通常使用求绝对误差和的 SAD 来代替 MAD 作匹配准则，其定义如下式所示：

$$\text{SAD}(i,j) = \sum_{s=1}^{M} \sum_{t=1}^{N} | f_k(s,t) - f_{k-1}(s+i,t+j) | \qquad (5.1.4)$$

5.1.3　块匹配运动估计搜索路径

块匹配运动估计算法经过多年的发展和应用，已经相对比较成熟。从最基础的全搜索法到早期的三步法、二维对数法、交叉法等，以及发展到综合性能较其他算法优越的菱形法。下面就对主要的运动估计算法做简要介绍和分析。

(1) 全匹配搜索算法 FS

全匹配搜索算法(Full Search Method, FS)是对每一个像素点(搜索范围之内)进行匹配运算，最后找到一个最优的运动矢量，是搜索精度最高的算法。

① 算法的基本思想。

全搜索法是在 $[(M+2) \times \mathrm{d}x_{\max}] \times [(N+2) \times \mathrm{d}y_{\max}]$ 的搜索范围内，在所有像素点的位置处利用 SAD 匹配准则计算 SAD(i,j) 值，则所求的运动矢量为最小 SAD 值对应的偏移量。此算法简单、可靠，找到的必为全局最优点。

② 算法描述。

FS算法原理简单,可以从两个步骤加以描述。

步骤一:从搜索区域的中心点出发,按照由近及远顺时针的方向,以SAD搜索准则作为匹配准则,对搜索范围内每个点处计算SAD值。

步骤二:对比所有的SAD值,找到最小的SAD值的点,则该点所对应的位置处即为所要求的最佳运动矢量。

虽然全搜索算法具有简单易行、搜索精度高的优点,但其计算量大,不能够满足特定场合实时性的要求。

(2) 三步搜索法

三步搜索法(Three Step Search,TSS)相比于全匹配搜索算法,具有简单、健壮、性能良好的特点,为人们所重视。

① 算法的基本思想。

TSS算法并非像FS算法那样遍历搜索范围内所有的点,而是采用一种由粗到细的搜索模式进行匹配计算,寻找最小误差点。

② 算法描述。

TSS算法像其名称一样,可分为三个步骤进行描述。

步骤一:从搜索范围内的中心点开始,选取最大搜索长度的一半为步长,以SAD准则作为匹配准则,对中心点及周围距离步长的8个点处分别计算SAD值并进行比较,找到最小的SAD值所对应的位置点。

步骤二:将步长减半,以上一步最小SAD位置处的点作为中心点,重新对中心点以及周围距离步长的8个点处分别计算SAD值并进行比较,找到最小的SAD值所对应的位置点。

步骤三:重复步骤二,直到步长减为1,则该点所在位置处即为所求最佳运动矢量,算法结束。

TSS算法应用统一模板进行搜索,使得第一步的步长过大,容易陷入局部最小点,从而对小运动估计时效果不理想。但是,三步法的搜索速度较快,是一种较典型的快速搜索算法。

(3) 菱形法

菱形搜索(Diamond Search,DS)算法,也称为钻石搜索法,经过多次改进发展,已成为目前表现性能最优异的快速块匹配算法之一,并且已被视频压缩MPEG-4国际标准采纳并收入验证模型。

① 算法的基本思想。

搜索模板的形状和大小影响整个算法的运行速度和新能。DS算法并不是像TSS算法采用固定的搜索模板,而是采用了两种搜索模板:大模板LDSP(Large Diamond Search Pattern)和小模版(Small Diamond Search Pattern),其中,大模板含有9个检测点,而小模版含有5个检测点,如图5.1-2和图5.1-3所示。搜索时先用大模板计算,当最小 SAD 值对应的点出现在中心点处时,换小模版 SDSP 再进行匹配计算,寻找最小的 SAD 值所对应的最优匹配点。

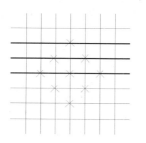 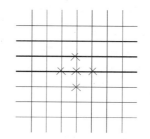

图 5.1-2　大模板 LDSP　　　　图 5.1-3　小模版 SDSP

② 算法描述。

对于菱形搜索算法,可以从三个步骤对其加以描述:

步骤一:将大模板的中心处与搜索区域的中心处重合,以 SAD 准则作为匹配搜索准则,在大模板的 8 个点处分别进行匹配计算 SAD 值并进行比较,若最小的 SAD 值所对应的点位于中心点,则进行步骤三;否则到步骤二。

步骤二:以步骤一找到的最小的 SAD 值所对应的点作为中心点,用新的大模板来进行匹配计算 SAD 值,若最小的 SAD 值所对应的点位于中心点,则进行步骤三;否则到步骤二。

步骤三:以上一次找到的最小的 SAD 值所对应的点作为中心点,将小模板的中心点与该中心点重合,分别对小模板的 5 个点处计算 SAD 值并进行比较,找出最小 SAD 值所对应的点,则该点所在的位置即为的对应最佳运动矢量。

DS 算法的特点在于结合视频图像中运动矢量的基本规律,选用两种形状大小不同的搜索模板分别对视频图像进行粗定位和准确定位。粗定位的优点在于,不会在搜索匹配过程中陷入局部最优;而准确定位的优点在于,在搜索匹配过程中不会有较大的起伏。而且,在搜索匹配过程中,各步骤之间有很强的相关性,提高了稳像速度。

5.1.4　例程精讲

MATLAB 2012 计算机视觉系统工具箱提供了 vision.BlockMatcher 用于计算基于块匹配的运动估计,其用法如下:

```
H = vision.BlockMatcher(Name,Value)
```

返回一个运动估计的系统对象,其包含两幅图像的相对运动信息。

属性:

ReferenceFrameSource:如何设定参考帧,可以将其设为 Input port 或 Property;如果将其设置为 Input port,则可通过输入设置参考帧;如果将其设置为 Property,则是通过设置属性的方式设置参考帧。该属性的默认值为 Property。

ReferenceFrameDelay：参考帧与当前帧的间隔，其默认值为 1。只有当 ReferenceFrameSource 属性设置为 Property 时，ReferenceFrameDelay 属性才有效。

SearchMethod：最佳匹配搜索方法，可以将其设置为 Exhaustive 或 Three - step，其默认值为 Exhaustive。

BlockSize：块的尺寸，其默认值为[17,17]。

Overlap：输入图像的重叠区域，其默认值为 0。

MaximumDisplacement：搜索的最大位移，其默认值为[7 7]。

MatchCriteria：匹配标准，其可以设置为 Mean square error 或 Mean absolute difference，其默认值为 Mean square error。

OutputValue：运动输出的形式，其可以设置为 Magnitude - squared 或 Horizontal and vertical components in complex form，其默认值为 Magnitude - squared。

例程 5.1 - 1 是调用 vision.BlockMatcher 系统对象两幅图像运动估计的程序，其运行结果如图 5.1 - 4 所示。

图 5.1 - 4　例程 5.1 - 1 的运行结果

【例程 5.1 - 1】

```
% 读入图像并对其进行数据类型转换
img1 = im2double(rgb2gray(imread('onion.png')));
% 建立几何偏移系统对象
htran = vision.GeometricTranslator('Offset', [5 5], 'OutputSize', 'Same as input image');
% 建立块匹配系统对象
hbm = vision.BlockMatcher('ReferenceFrameSource','Input port','BlockSize',[35 35]);
hbm.OutputValue = 'Horizontal and vertical components in complex form';
% 建立将两幅图像进行叠加的系统对象
halphablend = vision.AlphaBlender;
% 将输入的图像的各像素产生[5 5]的位移
img2 = step(htran, img1);
```

```
% 计算两幅图像的位移
motion = step(hbm, img1, img2);
```

```
% 将两幅图像进行叠加
img12 = step(halphablend, img2, img1);
```

```
% 显示运动方向
[X Y] = meshgrid(1:35:size(img1, 2), 1:35:size(img1, 1));
imshow(img12); hold on;
quiver(X(:), Y(:), real(motion(:)), imag(motion(:)), 0); hold off;
```

5.2　基于高斯混合模型的背景检测

背景建模法是从视频图像中检测运动目标的主要方法之一,其基本思想是对图像序列的背景进行建模。一旦背景模型建立,将当前的图像与背景模型进行某种比较,根据比较结果确定前景目标(需要检测的运动目标)。

5.2.1　单高斯背景模型

单高斯背景模型(Single Gaussian Background Model)的基本思想是将图像中每一个像素点的颜色值看成是一个随机过程 X,并假设该点的某一像素值出现的概率服从高斯分布。令 $I(x,y,t)$ 表示像素点 (x,y,t) 在 t 时刻的像素值,则有:

$$P(I(x,y,t)) = \eta(x,u_t,\sigma_t) = \frac{1}{\sqrt{2\pi}\sigma_t}e^{-\frac{(x-u_t)^2}{2\sigma_t^2}} \tag{5.2.1}$$

其中, u_t 和 σ_t 分别为 t 时刻该像素高斯分布的期望值和标准差。简单来说,每一个像素点的背景模型包含一个期望值 u_t 和一个偏差 σ_t。

假设一个图像序列 $I_0, I_1, \cdots, I_n$,对于坐标为 (x,y) 的像素,它的初始背景模型的期望值 $u_0(x,y)$ 和偏差 $\sigma_0(x,y)$,另外为了计算偏差,增加一个方差 $\sigma_0^2(\mathrm{x},y)$:

$$u_0(x,y) = I(x,y,0) \tag{5.2.2}$$

$$\sigma_0(x,y) = \text{std\_init} \tag{5.2.3}$$

$$\sigma_0^2(x,y) = \text{std\_init} \times \text{std\_init} \tag{5.2.4}$$

其中,std_init 通常设置为 20。

对于 t 时刻的像素值 $I(x,y,t)$,按照下面的公式来判断它是否为背景像素,令 output 为输出图像:

$$\text{output}(x,y,t) = \begin{cases} 0, & |I(x,y,t) - u_{t-1}(x,y)| < \lambda \times \sigma_{t-1}(x,y) \\ 1, & \text{otherwise} \end{cases}$$

$$\tag{5.2.5}$$

检测完毕后对那些被判定为背景的像素的背景模型进行更新:

$$u_t(x,y) = (1-\alpha) \times u_{t-1}(x,y) + \alpha \times I(x,y,t) \tag{5.2.6}$$

$$\sigma_t^2(x,y) = (1-\alpha) \times \sigma_{t-1}^2(x,y) + \alpha \times (I(x,y,t) - u_t(x,y))^2 \quad (5.2.7)$$

$$\sigma_t(x,y) = \sqrt{\sigma_t^2(x,y)} \quad (5.2.8)$$

高斯背景建模算法的流程如下:

① 用第一帧图像的数据通过式(5.2.2)~式(5.2.4)初始化背景模型。

② 通过式(5.2.5)检测前景像素和背景像素。

③ 通过式(5.2.6)~式(5.2.8)对背景模型进行更新。

④ 返回步骤②直至停止。

5.2.2　混合高斯背景模型

混合高斯背景模型(Gaussian Mixture Model)是单高斯模型的改进算法。在单高斯背景模型中将单个高斯分布作为相应某一像素值的概率密度分布,混合高斯背景模型对其进行了扩展,通过多个高斯概率密度函数的加权平均来平滑地近似任意形状的密度分布函数。令 $I(x,y,t)$ 表示像素点 (x,y,t) 在 t 时刻的像素值,则有:

$$P(I(x,y,t)) = \sum_{i=1}^{K} \omega_i^t \eta_i(x,u_i^t,\sigma_i^t) \quad (5.2.9)$$

其中 K 为高斯分布的个数,称为高斯混合概率密度的混合系数。ω_i^t 为 t 时刻第 i 个高斯分量的加权系数,也即权重。

对于一个像素的 K 个高斯分量,根据 $\dfrac{\omega}{\sigma}$ 的值对它们从大到小进行排列,对于满足下式的前 B 个高斯分布被当作是背景模型。

$$B = \text{argmin}_b \left\{ \sum_{k=1}^{b} \omega_k > T \right\} \quad (5.2.10)$$

其中 T 是背景模型占有高斯分布的最小比例,通常为 0.7,如果 T 太小退化为单高斯,T 较大则可以描述复杂的动态背景。

对于当前像素 (x,y,t),如果它的值 $I(x,y,t)$ 与它的背景模型中第 $k(k \leqslant B)$ 个高斯分布匹配,即 $I(x,y,t)$ 在 $[u_k^t - \lambda \times \sigma_k^t, u_k^t + \lambda \times \sigma_k^t]$ 范围之内,λ 一般设置为 2.5,那么该像素被认为是背景,否则是前景。令输出图像为 output,公式如下:

$$output(x,y,t) = \begin{cases} 0, & u_k^t - \lambda \times \sigma_k^t \leqslant I(x,y,t) \leqslant u_k^t + \lambda \times \sigma_k^t \quad \text{and} \quad k \leqslant B \\ 1, & \text{otherwise} \end{cases}$$

$$(5.2.11)$$

在检测完前景之后,若该像素被认为是前景,即前 B 个高斯分布中没有一个与之匹配,则用一个新的高斯分布取代权重最小的那个高斯分布。新的分布的期望值即为当前的像素值,同时为它分配一个较大的初始偏差 std_init 和较小的初始权重值 weight_init。

若该像素被认为是背景,则对该像素的各个高斯分布的权重做如下调整:

$$\omega_i^t = (1-\alpha) \times \omega_i^{t-1} + \alpha \times D_{i,t} (i \leqslant M) \quad (5.2.12)$$

其中 α 为学习率,值在 0~1 范围内。如果第 i 个高斯分布与当前像素匹配,则 $D_{i,t} =$

1，否则 $D_{i,t} = 0$。

对于与当前像素匹配的高斯分布，更新它们的期望值和偏差值：

$$u_i^t = (1-\beta) \times u_i^{t-1} + \beta \times I(t) \tag{5.2.13}$$

$$\sigma_i^{t^2} = (1-\beta) \times \sigma_i^{(t-1)^2} + \beta \times (I(t) - u_i^t)^2 \tag{5.2.14}$$

$$\sigma_i^t = \sqrt{\sigma_i^{t^2}} \tag{5.2.15}$$

5.2.3　例程精讲

MATLAB 2012 计算机视觉系统工具箱提供了 vision. ForegroundDetector 用于根据混合高斯背景建模的方法检测背景，其用法如下：

```
Foreground = step(vision.ForegroundDetector,frame)
```

输入：frame－输入的每一帧的视频图像。

输出：Foreground－返回一个系统对象，其中包含了各种前景对象信息。

属性：

AdaptLearningRate：自适应学习率。当其被设置为 true 时，学习率为 1/(视频帧数)；当其被设置为 false 时，学习率为所设定的步长。该属性的默认值为 true。

NumTrainingFrames：获取视频前段用于背景建模的帧数。当 AdaptLearningRate 属性被设置成为 false 时，NumTrainingFrames 属性无效。NumTrainingFrames 属性的默认值为 150。

LearningRate：参数更新的学习率。当 AdaptLearningRate 属性被设置成为 false 时，LearningRate 属性无效。LearningRate 属性的默认值为 0.005。

MinimumBackgroundRatio：被确认为背景的阈值，其默认值为 0.7。

NumGaussians：混合模型中高斯模型的数量，其默认值为 5。

InitialVariance：新高斯模型中的方差，其默认值为 $(30/255)^2$。

例程 5.2－1 是调用 vision. ForegroundDetector 系统对象进行运动目标检测的程序，其运行结果如图 5.2－1 所示。

【例程 5.2－1】

```
% 建立联通区域检测系统对象,检测到的联通区域像素为 250 个以上才被确认为联通区域
hblob = vision. BlobAnalysis ('CentroidOutputPort', false, 'AreaOutputPort', false,
'BoundingBoxOutputPort', true, 'MinimumBlobArea', 250);
% 建立绘制标志系统对象
hsi = vision.ShapeInserter('BorderColor','White');
% 建立视频播放系统对象
hsnk = vision.VideoPlayer();

% 循环对每帧视频进行处理
while~isDone(hsrc)
```

```
% 读入视频
frame = step(hsrc);
% 采用基于高斯混合模型的背景建模对前景目标进行检测
fgMask = step(hfg, frame);
% 对检测出的前景目标进行联通区域检测,去除面积较小的区域
bbox = step(hblob, fgMask);
% 将移动车辆用方框标出
out = step(hsi, frame, bbox);
% 以视频的形式播放检测结果
step(hsnk, out);
end
% 释放系统对象
release(hsnk);
release(hsrc);
```

图 5.2 - 1　例程 5.2 - 1 的运行结果

5.3　基于光流法的运动目标检测

5.3.1　光流和光流场的概念

　　光流是空间运动物体在观测成像面上的像素运动的瞬时速度。它利用图像序列的像素强度数据的时域变化和相关性来确定各自像素位置的"运动",即反映图像灰度在时间上的变化与景物中物体结构及其运动的关系。将二维图像平面特定坐标点

上的灰度瞬时变化率定义为光流矢量。光流场是指图像灰度模式的表观运动，它是一个二维矢量场，所包含的信息就是各个像素点的瞬时运动速度矢量信息。光流场每个像素都有一个运动矢量，因此可以反映相邻帧之间的运动。

5.3.2　光流场计算的基本原理

设在时刻 t 时，像素点 (x,y) 处的灰度值为 $I(x,y,t)$；在时刻 $t+\Delta t$ 时，该点运动到新的位置，它在图像上的位置变为 $(x+\Delta x,\ y+\Delta y)$，灰度值记为 $I(x+\Delta x,y+\Delta y,t+\Delta t)$。根据图像一致性假设，即图像沿着运动轨迹的亮度保持不变，满足 $\dfrac{\mathrm{d}I(x,y,t)}{\mathrm{d}t}=0$，则：

$$I(x,y,t)=I(x+\Delta x,y+\Delta y,t+\Delta t) \qquad (5.3.1)$$

设 u 和 v 分别为该点的光流矢量沿 x 和 y 方向的两个分量，且 $u=\dfrac{\mathrm{d}x}{\mathrm{d}t}$，$v=\dfrac{\mathrm{d}y}{\mathrm{d}t}$，将式(5.3.1)的左边用泰勒公式展开，得到：

$$I(x+\Delta x,y+\Delta y,t+\Delta t)=I(x,y,t)+\frac{\partial I}{\partial x}\Delta x+\frac{\partial I}{\partial y}\Delta y+\frac{\partial I}{\partial t}\Delta t+\varepsilon \qquad (5.3.2)$$

忽略二阶以上的高次项，则有：

$$\frac{\partial I}{\partial x}\Delta x+\frac{\partial I}{\partial y}\Delta y+\frac{\partial I}{\partial t}\Delta t=0 \qquad (5.3.3)$$

由于 $\Delta t\rightarrow 0$，于是有：

$$\frac{\partial I}{\partial x}\frac{\mathrm{d}x}{\mathrm{d}t}+\frac{\partial I}{\partial y}\frac{\mathrm{d}y}{\mathrm{d}t}+\frac{\partial I}{\partial t}=0 \qquad (5.3.4)$$

也即：

$$I_x u+I_y v+I_t=0 \qquad (5.3.5)$$

这是光流基本等式。设 I_x、I_y 和 I_t 分别为参考点像素的灰度值沿 x、y、t 这三个方向的偏导数，式(5.3.5)可以写成下面的矢量形式。

$$\nabla I\cdot U+I_t=0 \qquad (5.3.6)$$

上述光流方程中，$\nabla I=(I_x,I_y)$ 表示梯度方向，$U=(u,v)^{\mathrm{T}}$ 表示光流。由于光流 $U=(u,v)^{\mathrm{T}}$ 有两个变量，而光流的基本等式只有一个方程，故对于构成该矢量的两个分量 u 和 v 的解是非唯一的，即只能求出光流沿梯度方向上的值，而不能同时求光流的两个速度分量 u 和 v。因此，从基本等式求解光流场是一个病态问题，必须附加另外的约束条件才能求解。

5.3.3　运用光流法检测运动物体的基本原理

光流法检测运动物体的基本原理是：给图像中的每一个像素点赋予一个速度矢量，这就形成了一个图像运动场，在运动的一个特定时刻，图像上的点与三维物体上的点一一对应，这种对应关系可由投影关系得到，根据各个像素点的速度矢量特征，可以对图像进行动态分析。如果图像中没有运动物体,则光流矢量在整个图像区域是连续变化的。当图像中有运动物体时,目标和图像背景存在相对运动,运动物体所形成的速度矢量必然和邻域背景速度矢量不同,从而检测出运动物体及位置。但是光流法的优点在于光流不仅携带了运动物体的运动信息,而且还携带了有关景物三维结构的丰富信息,它能够在不知道场景的任何信息的情况下,检测出运动对象。

5.3.4　Horn – Schunck 算法

Horn – Schunck 算法引入的附加约束条件的基本思想是:在求解光流时,要求光流本身尽可能地平滑,即引入对光流的整体平滑性约束求解光流方程病态问题。所谓平滑,就是在给定的邻域内 $\nabla^2 u + \nabla^2 v$ 应尽量得小,这就是求条件极值时的约束条件。对 u,v 的附加条件如下:

$$\min\left\{\left[\frac{\partial u}{\partial x}\right]^2 + \left[\frac{\partial u}{\partial y}\right]^2 + \left[\frac{\partial v}{\partial x}\right]^2 + \left[\frac{\partial v}{\partial y}\right]^2\right\} \tag{5.3.7}$$

式中,$\nabla^2 u = \left[\frac{\partial u}{\partial x}\right]^2 + \left[\frac{\partial u}{\partial y}\right]^2$ 是 u 的拉普拉斯算子,$\nabla^2 v = \left[\frac{\partial v}{\partial x}\right]^2 + \left[\frac{\partial v}{\partial y}\right]^2$ 是 v 的拉普拉斯算子。综合式(5.3.5)和式(5.3.7),Horn – Schunck 算法将光流 u,v 的计算归结为如下问题:

$$\min\left\{\iint (I_x u + I_y v + I_t)^2 + \alpha^2\left[\left[\frac{\partial u}{\partial x}\right]^2 + \left[\frac{\partial u}{\partial y}\right]^2 + \left[\frac{\partial v}{\partial x}\right]^2 + \left[\frac{\partial v}{\partial y}\right]^2\right]\right\} \tag{5.3.8}$$

可以得到相应的欧拉-拉格朗日方程,并利用高斯-塞德尔方法进行求解,得到图像上每个位置的第 $(n+1)$ 次迭代估计 (u^{n+1}, v^{n+1}) 为:

$$u^{n+1} = \overline{u^n} - \overline{I_x}\frac{\overline{I_x}\,\overline{u^n} + \overline{I_y}\,\overline{v^n} + I_t}{\alpha^2 + \overline{I_x}^2 + \overline{I_y}^2}$$

$$v^{n+1} = \overline{u^n} - \overline{I_y}\frac{\overline{I_x}\,\overline{u^n} + \overline{I_y}\,\overline{v^n} + I_t}{\alpha^2 + \overline{I_x}^2 + \overline{I_y}^2} \tag{5.3.9}$$

求解过程要得到稳定的解通常需要上百次的迭代。整个迭代过程既与图像的尺寸有关,又与每次的传递量(速度的改变量)有关。由迭代公式可以发现,在一些缺乏特征较为平坦的区域(梯度为 0 或较小),其速度由迭代公式的第 1 项决定,该点的速度信息需要从特征较为丰富的区域传递过来。为了加快算法的收敛速度,一方面可以用金字塔的层次结构来减小图像的尺寸加快扩散,另一方面可以采用增加扩散量的方法来加速算法。

5.3.5　Lucas – Kanade 算法

与 Horn 方法不同,Lucas – Kanade 方法是基于局部约束的。假定以 p 点为中心的一个小区域内各点的光流相同,对区域内不同的点给予不同的权重,这样光流的计算就转化为如下的方程:

$$\sum_{x \in \Omega} W^2(x) \left[\nabla I(x,t) \cdot v + I_t(x,t) \right]^2 = 0 \tag{5.3.10}$$

式(5.3.10)中，Ω 代表以 p 点为中心的一个小的区域，$W(x)$ 为窗函数，代表区域中各点的权重，离 p 点越近，权重越高。式(5.3.10)的解可以由下面的方程得到：

$$A^2 W^2 A v = A^T W^2 b \tag{5.3.11}$$

对于邻域 Ω 内的 n 个点 m_i，其中：

$$A = (\nabla I(x_1), \nabla I(x_2), \cdots, \nabla I(x_n))^T \tag{5.3.12}$$

$$W = \mathrm{diag}(W(x_1), W(x_2), \cdots, W(x_n)) \tag{5.3.13}$$

$$b = -(I_t(x_1), I_t(x_2), \cdots, I_t(x_n))^T \tag{5.3.14}$$

最后，方程的解为：

$$v = (A^T W^2 A)^{-1} A^T W^2 b \tag{5.3.15}$$

实际上，$A^T W^2 A$ 为 2×2 矩阵：

$$A^T W^2 A = \begin{bmatrix} \sum W^2(x) I_x^2(x) & \sum W^2(x) I_x(x) I_y(x) \\ \sum W^2(x) I_y(x) I_x(x) & \sum W^2(x) I_y^2(x) \end{bmatrix} \tag{5.3.16}$$

式(5.3.16)中所有的求和都是在 Ω 的所有点上进行的。

假设 $A^T W^2 A$ 的特征值为 λ_1 和 λ_2，并且 $\lambda_1 \geqslant \lambda_2$，则：

① 如果 $\lambda_1 > \tau, \lambda_2 > \tau$，则利用式(5.3.15)计算 v；

② 如果 $\lambda_1 > \tau, \lambda_2 < \tau$，则不能得到光流的完整信息；

③ 如果 $\lambda_1 < \tau$，则认为数据不可靠，不能计算光流。

在 Lucas‐Kanade 算法的具体实现中，Ω 为 3×3，则可以得到一个超定的图像流约束方程：

$$\begin{bmatrix} I_{x1} & I_{x2} & \cdots & I_{x9} \\ I_{y1} & I_{y2} & \cdots & I_{y9} \end{bmatrix}^T [u \quad v]^T = [-I_{t1} \quad -I_{t2} \quad \ldots \quad -I_{t9}]^T \tag{5.3.17}$$

图像流约束方程实际是速度平面 (u,v) 上的直线方程，如果考虑图像序列中连续的 $J(J \geqslant 2)$ 帧图像，并假定目标的运动速度在 J 帧图像里近似保持不变，对于运动目标而言，其在连续 J 帧图像里的 J 条运动约束直线，必在速度平面近似交于一点。

为了进一步提高 Lucas‐Kanade 方法的准确度以及运算速度，在实际应用中，可以将高斯金字塔分层与 Lucas‐Kanade 方法结合起来，采用了由粗到精的分层策略将图像分解成不同的分辨率，随着级别的增加，分辨率越来越低，并将在粗尺度下得到的结果作为下一尺度的初始值，在不同的分辨率上对图像序列进行流速计算，这是计算大的运动速度的有效的技术手段。

5.3.6　例程精讲

① 基于系统对象(System Object)的程序实现。

MATLAB 2012 计算机视觉系统工具箱（Computer Vision System）提供了 vision. OpticalFlow 用于采用光流的方法估计目标的速度，其调用方法如下：

```
of = step(vision. OpticalFlow, frame)
```

输入：frame –输入的每一帧的视频图像或图像序列。

输出：of –返回一个系统对象，其中包含了目标的速度。

主要属性：

Method：采用何种具体的光流算法进行检测。可以将该属性设置为 Horn – Schunck 或者 Lucas – Kanade，其默认值为 Horn – Schunck。

Smoothness：平滑因子，其默认值为 1。当 Method 属性设置成 Horn – Schunck 时，Smoothness 属性才可调。

IterationTerminationCondition：迭代终止条件。当 Method 属性设置成 Horn – Schunck 时，IterationTerminationCondition 属性有效。IterationTerminationCondition 可以设置成为 When maximum number of iterations is reached、When velocity difference falls below threshold、Whichever comes first，其默认值为 When maximum number of iterations is reached。

MaximumIterationCount：最大迭代次数，其默认值为 10。当 Method 属性设置成 Horn – Schunck、IterationTerminationCondition 属性设置为 When maximum number of iterations is reached 或 Whichever comes first 时，MaximumIterationCount 属性才有效。

VelocityDifferenceThreshold：计算停止的速度差分阈值，默认值为 eps。当 Method 属性设置成 Horn – Schunck、IterationTerminationCondition 属性设置为 When maximum number of iterations is reached 或 Whichever comes first 时，VelocityDifferenceThreshold 属性才有效。

OutputValue：速度输出值的形式，其可以设置成为 Magnitude – squared 或 Horizontal and vertical components in complex form，OutputValue 属性的默认值为 Magnitude – squared。

ImageSmoothingFilterStandardDeviation：图像滤波器标准差，其默认值为 1.5。当 Method 属性设置成 Horn – Schunck 时该属性有效。

GradientSmoothingFilterStandardDeviation：梯度平滑滤波器标准差，其默认值为 1。

例程 5.3 – 1 是调用 vision. OpticalFlow 系统对象跟踪汽车的 MATLAB 程序，其运行结果如图 5.3 – 1 所示。

【例程 5.3 – 1】

```
% 创建系统对象
hvfr = vision. VideoFileReader ('viptraffic. avi', 'ImageColorSpace', 'Intensity',
```

```
'VideoOutputDataType','uint8');             % 用于读入视频的系统对象
    hidtc = vision.ImageDataTypeConverter;       % 用于图像数据类型转换的系统对象
    hof = vision.OpticalFlow('ReferenceFrameDelay',1);   % 用于光流法检测的系统对象
    hof.OutputValue = 'Horizontal and vertical components in complex form';
    % 用于在图像中绘制标记
    hsi = vision.ShapeInserter('Shape','Lines','BorderColor','Custom','CustomBorderColor',
255);
    hvp = vision.VideoPlayer('Name','Motion Vector');   % 用于播放视频图像的系统对象
    while ~isDone(hvfr)
        frame = step(hvfr);      % 读入视频
        im = step(hidtc,frame);  % 将图像的每帧视频图像转换成单精度型
        of = step(hof,im);       % 采用光流发对视频中的每一帧图像进行处理
        lines = videooptflowlines(of,20);     % 产生坐标点
        if ~isempty(lines)
          out =  step(hsi,im,lines);          % 标记出光流
          step(hvp,out);                      % 观看检测效果
        end
    end
    % 释放系统对象
    release(hvp);
    release(hvfr);
```

图 5.3 - 1　例程 5.3 - 1 的运行结果

② 基于 Blocks - Simulink 实现。

该模型通过光流法估计视频帧中的运动向量，并对运动向量进行阈值和形态学

闭操作,计算出二进制图像,再定位出每个二进制图像中的汽车信息,通过在经过白线的汽车上绘制绿色矩形框,统计感兴趣区域的汽车数量。

　　其实现步骤如下：

　　1) Simulink 模型构建。如图 5.3 - 2 所示,optical_flow_tracking 模型分为视频输入模块、色彩空间转换模块、光流估计模块、阈值和区域滤波模块、视频输出显示模块。该模型通过光流估计技术,估计了视频帧中的运动向量,并对运动向量进行阈值和形态学闭操作,计算出二进制图像,再通过 Blob Analysis 模块定位出每个二进制图像中的汽车信息,然后通过绘制图形模块给经过白线的汽车添加绿色矩形框,同时在左上角,用计数器窗口统计感兴趣区域的汽车数量。

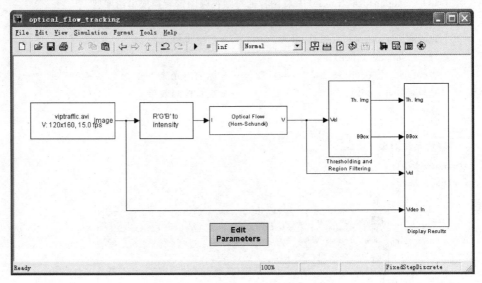

图 5.3 - 2　光流法汽车追踪仿真模型

　　2) 视频输入模块。如图 5.3 - 2 所示,模型以 viptraffic. avi 为视频输入源,视频帧图像大小为 120×160,视频帧频率为 15 fps。

　　3) 色彩空间转换模块。设置色彩空间转换模块中的 Conversion 参数为 R'G'B' to intensity,Image signal 为 One multidimensional signal。

　　4) 光流估计模块。通过 Horn - Schunck 方法,估计两帧视频间的光流。

　　5) 阈值与区域滤波模块。如图 5.3 - 3 所示,通过上一模块得到的光流信息,计算出速度的阈值,并对运动向量进行中值滤波和形态学闭操作,得到视频帧中光流信息的阈值。模块的另一输出端口为通过区域滤波模块得到的感兴趣区域。

　　6) 视频输出显示模块。如图 5.3 - 4 所示,视频输出端口 1 显示了上述视频帧中图像光流信息的阈值视频;通过边界框和汽车数量统计模块,将感兴趣区域中的带有边界框汽车及其数量通过端口 2 输出;端口 3 输出原始视频;端口 4 输出带有光流线的运动汽车视频。

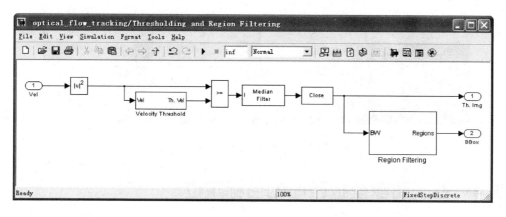

图 5.3 - 3　阈值与区域滤波模块

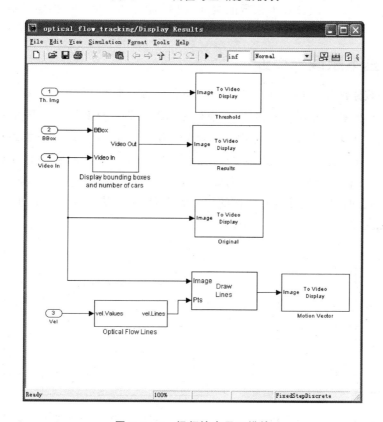

图 5.3 - 4　视频输出显示模块

7）结果分析。如图 5.3 - 5 所示，第 1 幅图得到了视频帧中的光流信息阈值图，运动中的汽车以二进制图像中的白色图像表示；第 2 幅图得到了视频帧中感兴趣区域的汽车数量以及汽车的绿色矩形框标定；第 3 幅图为原始视频帧；第 4 幅图则通过光流线，绘制出了运动中的汽车。

图 5.3－5　流法汽车追踪模型的处理结果

5.4　基于图像模板匹配的目标定位

基于图像的目标定位技术在智能交通、视频监控、工业检测、智能机器人等领域有着广泛的应用。本节主要介绍基于二维相关运算的图像模板匹配定位。

5.4.1　基本原理一点通

假设被搜索图像 S 的大小为 $N \times N$，模板 T 的大小为 $M \times M$。如图 5.4－1 所示，把模板 T 在搜索图像 S 上移动，在模板覆盖下的那块搜索图叫作子图 $S^{i,j}$；i、j 为这块子图的左上角像点在 S 图像中的坐标，称为参考点，其中，i 和 j 的取值范围为 $1 < i,j < N-M+1$。比较 T 和 $S^{i,j}$ 的内容，若两者一致，则 T 和 S 之差为零。例如，在图 5.4－2 中有若干个目标，现在需要寻找一下有无三角形的图像。若在被搜索图像中有待寻找的目标，且模板有一样的尺寸和方向，它的基本原则就是通过相关函数的计算找到它以及其在被搜索图中的位置。

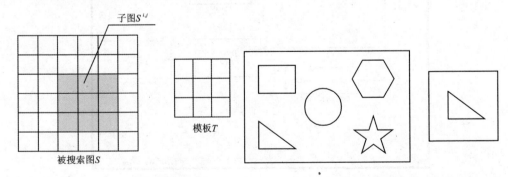

图 5.4－1　搜索图像及模板　　　　　图 5.4－2　被搜索图像与模板

一般采用下列两种测度之一来度量 T 和 $S^{i,j}$ 的相似程度：

$$D(i,j) = \sum_{m=1}^{M} \sum_{n=1}^{M} \left[S^{i,j}(m,n) - T(m,n) \right]^2 \qquad (5.4.1)$$

或者：

$$D(i,j) = \sum_{m=1}^{M} \sum_{n=1}^{M} |S^{i,j}(m,n) - T(m,n)|$$

展开式(5.4.1),则有:

$$D(i,j) = \sum_{m=1}^{M} \sum_{n=1}^{M} [S^{i,j}(m,n)]^2 - 2\sum_{m=1}^{M} \sum_{n=1}^{M} [S^{i,j}(m,n) \times T(m,n)] + \sum_{m=1}^{M} \sum_{n=1}^{M} [T(m,n)]^2$$

$$(5.4.2)$$

式(5.4.2)中,右边第 3 项表示模板的总能量,是一个常数,与 (i,j) 无关;第 1 项是模板覆盖下那块子图像的能量,它随 (i,j) 位置而缓慢改变;第 2 项是子图像和模板的互相关项,随 (i,j) 而改变。T 和 $S^{i,j}$ 匹配时这项取最大值,因此可用下列相关函数做相似性测度:

$$R(i,j) = \frac{\sum_{m=1}^{M} \sum_{n=1}^{M} [S^{i,j}(m,n) \times T(m,n)]}{\sqrt{\sum_{m=1}^{M} \sum_{n=1}^{M} [S^{i,j}(m,n)]^2} \sqrt{\sum_{m=1}^{M} \sum_{n=1}^{M} [T(m,n)]^2}}$$

根据许瓦尔兹不等式,$0 \leqslant R(i,j) \leqslant 1$,当且仅当 $S^{i,j}(m,n) = kT(m,n)$ 时,$R(i,j) = 1$。这里 k 为标量常数。

5.4.2　例程精讲

① 基于系统对象(System Object)的程序实现。

MATLAB 2012 计算机视觉系统工具箱提供了 vision. TemplateMatcher 用于实现基于模板匹配的目标定位,其调用方法如下:

使用方法:Loc＝step(vision. TemplateMatcher,I,T)。

输入:I-待搜索的图像;T-模板图像。

输出:Loc-模板在待搜索图像中的位置。

属性:

Metric:模板匹配的方法。可以将其设置为 Sum of absolute differences、Sum of squared differences、Maximum absolute difference。其默认值为 Sum of absolute differences。

OutputValue:输出的形式。可以将其设置为 Metric matrix 或 Best match location,其默认值为 Best match location。

SearchMethod:搜索方法。可以将其设置为 Exhaustive 或 Three－step,其默认值为 Exhaustive。

NeighborhoodSize:邻域尺寸,其默认值为 3。

例程 5.4－1 为调用 vision. TemplateMatcher 系统对象进行模板匹配的例程,其运行结果如图 5.4－3 所示。

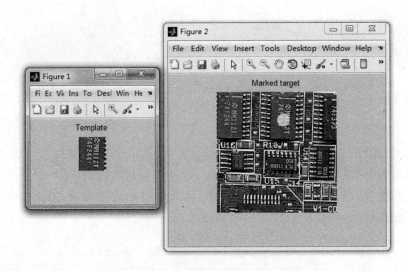

图 5.4 - 3　例程 5.4 - 1 的运行结果

【例程 5.4 - 1】

```
% 创建系统对象
htm = vision.TemplateMatcher;
hmi = vision.MarkerInserter('Size', 10, 'Fill', true, 'FillColor', 'White', 'Opacity', 0.75);

I = imread('board.tif');
I = I(1:200,1:200,:);
% 将 RGB 图像转换成灰度图像
    Igray = rgb2gray(I);
% 创建模板
    T = Igray(20:75,90:135)
% 确定模板的位置
    Loc = step(htm,Igray,T);
% 将模板的位置在原图上进行标记
    J = step(hmi, I, Loc);
% 显示结果
imshow(T); title('Template');
figure; imshow(J); title('Marked target');
```

② 基于 Blocks - Simulink 实现。

在 MATLAB 中,还可以通过 Blocks - Simulink 来实现基于模板匹配的目标定位,其原理图如图 5.4 - 4 所示。

其中,各功能模块及其路径如表 5.4 - 1 所列。

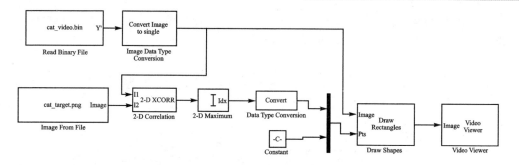

图 5.4 - 4　基于 Blocks - Simulink 进行模板匹配目标定位

表 5.4 - 1　各功能模块及其路径

功　　能	名　　称	路　　径
读入图像	Image From File	Computer Vision System/Block Library/Sources
读入视频	Read Binary File	Computer Vision System/Block Library/Sources
图像数据转换	Image Data Type Conversion	Computer Vision System/Block Library/Conversions
二维互相关运算	2 - D Correlation	Computer Vision System/Block Library/Statistics
互相关运算后求最大值的位置	2 - D Maximum	Computer Vision System/Block Library/Statistics
常量	Constant	Simulink/Commonly Used Blocks
绘制标记	Draw Shapes	Computer Vision System/Block Library/Text & Graphics
观察输出结果	Video Viewer	Computer Vision System/Block Library/Sinks

对各模块的属性进行设置如下：

双击 Read Binary File 模块，如图 5.4 - 5 所示，将其输入设置为 cat_video. bin。

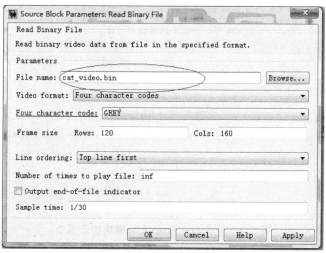

图 5.4 - 5　Read Binary File 模块的设置

双击 Image From File 模块,如图 5.4-6 所示,将其输入设置为 cat_target.png; 再将其数据类型设置为 single(单精度型),如图 5.4-7 所示。

图 5.4-6　Image From File 模块的设置 1

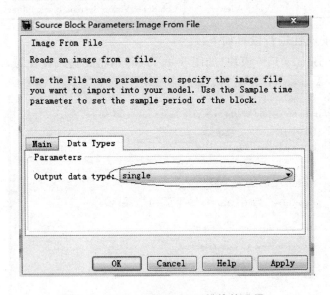

图 5.4-7　Image From File 模块的设置 2

双击 2 - D Correlation 模块，对其进行如图 5.4 - 8 所示的设置。

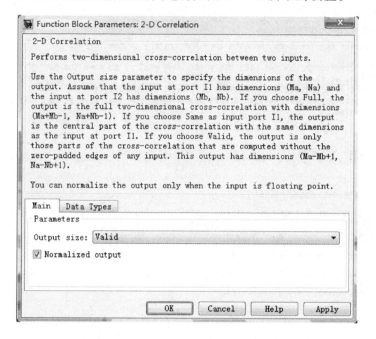

图 5.4 - 8　2 - D Correlation 模块的设置

双击 2 - D Maximum 模块，对其进行如图 5.4 - 9 所示的设置。

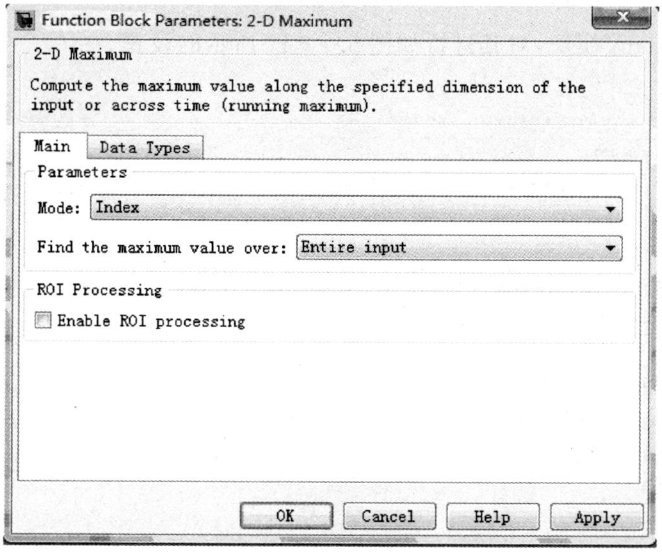

图 5.4 - 9　2 - D Maximum 模块的设置

双击 Data Type Conversion 模块，对其进行如图 5.4 - 10 所示的设置。

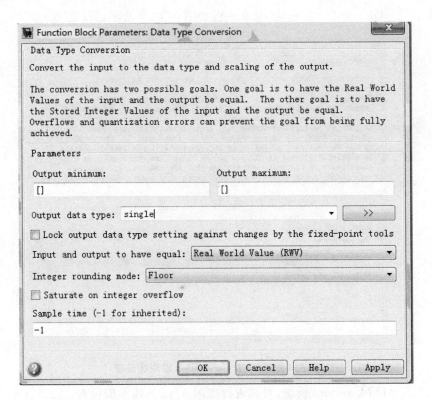

图 5.4 - 10　Data Type Conversion 模块的设置

双击 Constant 模块，对其进行如图 5.4 - 11 所示的设置。

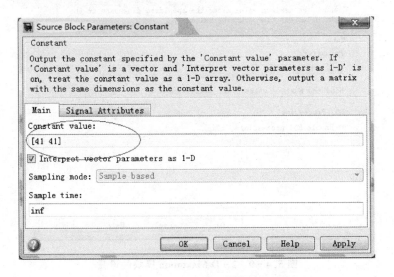

图 5.4 - 11　Constant 模块的设置

双击 Draw Shapes 模块,对其进行如图 5.4 - 12 所示的设置。

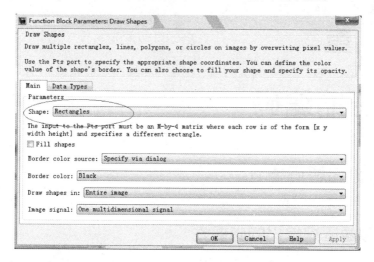

图 5.4 - 12 Draw Shapes 模块的设置

将各模块的属性设置完毕后,运行图 5.4 - 4 所示的模型,其运行结果如图 5.4 - 13 所示。

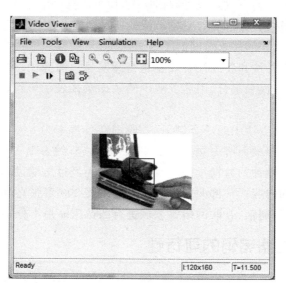

图 5.4 - 13 图 5.4 - 4 所示模型的运行结果

第 **6** 章

图像压缩编码

6.1 图像编解码概述

6.1.1 图像压缩编码的必要性

信息时代带来了"信息爆炸",使数据量大增,因此,无论传输或存储都需要对数据进行有效的压缩。众所周知,图像的数据量非常大,为了有效地传输和存储图像,有必要压缩图像的数据量,而且随着现代通信技术的发展,要求传输的图像信息的种类和数据量愈来愈大,若不对其进行数据压缩,便难以推广应用。

就拿遥感探测领域来说,随着卫星影像数据规模的日益增长,有限的卫星信道容量与传输大量遥感数据的需求之间的矛盾日益突出,图像压缩技术作为解决这一问题的有效途径,其必要性和经济社会效益越来越明显。图像压缩就是对图像数据按照一定的规则进行变换和组合,用尽可能少的数据量来表示影像,形象地说,就是对影像数据"瘦身"。

再来看我们日常生活中的一个例子:一段图像分辨率为 640×480 的 32 位色彩的视频影像,其中一幅画面所占数据量是 $640 \times 480 \times 4$,约为 1.2 MB,如果视频播放速率是 25 帧/秒,每秒钟的数据量是 30 MB。如果不经过压缩,那么一张 650 MB 的光盘只能放 21 秒的内容。一部两个小时的电影需要 300 多张光盘。因此,在遥感探测、多媒体录放、视频通信、互联网络等领域进行图像压缩是十分必要的。

6.1.2 图像压缩编码的可行性

从压缩的客体——"数字图像"来看,原始图像数据是高度相关的,存在很大的冗余。数据冗余造成比特数浪费,消除这些冗余可以节约码字,也就是达到了数据压缩的目的。大多数图像内相邻像素之间有较大的相关性,这称为空间冗余(图 6.1-1)。序列图像前后帧内相邻之间有较大的相关性,这称为时间冗余。而压缩的目的就是尽可能地消除这些冗余。

图像的规则性可以用图像的自相关系数来衡量,如图 6.1-2 所示,图像越有规则,其自相关系数越大,图像的空间冗余就越大。

图 6.1-1　空间冗余示意图

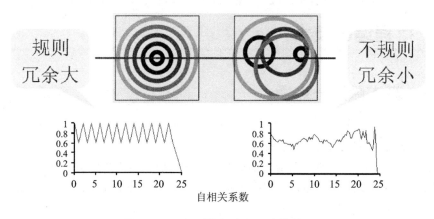

图 6.1-2　规则性与空间冗余的关系

　　从图像感知的主体——"人的视觉系统和大脑"来看，有些图像信息（如色度信息、高频信息）在通常的视感觉过程中与另外一些信息相比来说不那么重要，这些信息可以认为是心里视觉冗余，去除这些信息并不会明显地降低人眼所感受到的图像质量，因此在压缩的过程中可以去除这些人眼不敏感的信息，从而实现数据压缩。

6.1.3　图像压缩编码的分类

　　图像压缩编码是指按照一定的格式存储图像数据的过程，而压缩编码技术则是研究如何在满足一定的图像的保真条件下，压缩表示原始图像数据的编码方法。

　　图像压缩编码技术从不同的角度出发，有不同的分类方法。根据压缩过程有无信息损失，可分为有损编码和无损编码。无损编码是指对图像数据进行了无损压缩，解码后重新构造的图像与原始图像之间完全相同。有损编码是指对图像进行有损压缩，致使解码后重新构造的图像与原始图像之间存在着一定的误差。有损压缩利用了图像信息本身包含的许多冗余信息，例如，视觉冗余和空间冗余。可以针对人类的视觉对颜色不敏感的生理特性，对丢失一些颜色信息所引起的细微误差不易被发现的特点来删除视觉冗余；由于图像信息之间存在着很大的相关性，存储图像数据时，

并不是以像素为基本单位,而是存储图像中的一些数据块,以删除空间冗余。由于有损压缩在一般情况下可以获得较好的压缩比,因此在对图像的质量要求不苛刻的情况下是一种理想的编码选择。

6.1.4 图像压缩的评价指标

压缩比和失真性是衡量图像压缩的重要指标。

压缩比:图像压缩前后的信息量之比。

失真性:该性能指标主要是针对有损编码而言的,是指图像经有损压缩,然后将其解码后的图像与原图像之间的误差。有损压缩会使原始图像数据不能完全恢复,信息受到一定的损失,但压缩比较高,复原后的图像存在一定的失真。

6.2 行程编码技术

6.2.1 基本原理一点通

行程编码也叫作 RLE 压缩编码,其中 RLE 是 Run – Length – Encoding 的缩写,这种压缩方法是最简单的图像压缩方法。

行程编码的基本原理是在给定的数据图像中寻找连续的重复数值,然后用两个字符取代这些连续值。例如,一串字母表示的数据为"aaabbbbcccddeeddaa",经过游程编码处理可表示为"3a4b4c3d2e2d2a"。

对于数字图像而言,同一幅图像某些连续的区域颜色相同,即在这些图像中,许多连续的扫描都具有同一种颜色,或者同一扫描行中许多连续的像素都具有同样的颜色值,在这种情况下,只要存储一个像素的颜色值、相同颜色像素的位置以及相同颜色的像素数目即可,对数字图像的这种编码成为行程编码,把具有相同灰度值(颜色值)的相连像素序列称为一个行程。

对于简单的灰度图像,行程编码的数据结构如表 6.2 – 1 所列。

表 6.2 – 1　行程编码数据结构

相同像素起始坐标	像素的灰度值
(k, j)	c

行程长度隐含在起始坐标中,不必单独列出。

6.2.2 例程精讲

行程编码的 M 语言实现如例程 6.2 – 1 所示。

【例程 6.2 – 1】

```
clear
```

```
% 读入图像并进行灰度转换
I = imread('pears.png');
imshow(I)
IGRAY = rgb2gray(I);
[m n] = size(IGRAY);
% 建立数组 RLEcode,其中元素排列形式为[行程起始行坐标、行程列坐标、灰度值]
c = I(1,1);RLEcode(1,1:3) = [1 1 c];
t = 2;
% 进行行程编码
for k = 1:m
    for j = 1:n
        if(not(and(k == 1,j == 1)))
            if(not(I(k,j) == c))
                RLEcode(t,1:3) = [k j I(k,j)];
                c = I(k,j);
                t = t + 1;
            end
        end
    end
end
```

对例程 6.2-1 分析可知,待压缩的灰度图像大小为 $486 \times 732 = 355\ 754$ 个字节,而输出行程编码的数组为 925 719 个字节,比原来图像占用的存储空间还要大,可见对该幅图像采用行程编码的效果并不好。

我们对例程 6.2-1 稍做修改,使得待压缩编码的图像为二值图像,如例程 6.2-2 所示,再来看行程编码的压缩效果。

【例程 6.2-2】

```
clear
% 读入图像并转换成二值图像
I = imread('pears.png');
imshow(I)
IBW = im2bw(I);
[m n] = size(IBW);
% 建立数组 RLEcode,其中元素排列形式为[行程起始行坐标、行程列坐标、灰度值]
c = I(1,1);RLEcode(1,1:3) = [1 1 c];
t = 2;
% 进行行程编吗
for k = 1:m
    for j = 1:n
        if(not(and(k == 1,j == 1)))
            if(not(IBW(k,j) == c))
```

```
                    RLEcode(t,1:3) = [k j IBW(k,j)];
                    c = IBW(k,j);
                    t = t + 1;
                end
            end
        end
    end
```

对二值化图像进行行程编码,压缩后的输出行程编码的数组为 31170,为原来存储图像所需空间的 8.8%,取得了良好的压缩效果。

通过对例程 6.2 - 1 和例程 6.2 - 2 的运行结果进行分析可知,行程编码对于仅包含很少几个灰度级的图像,特别是二值图像,压缩效果好。特别地,该编码方法对单一颜色背景下物体的图像,具有较高的压缩比。对于其他情况下的图像,其压缩比较低,甚至在最坏的情况下,比如图像的每一个像素都与周围的像素不同,行程编码甚至可将文件的大小加倍,达不到压缩编码的目的。

6.3　哈夫曼编码

6.3.1　基本原理一点通

哈夫曼编码是运用信息熵原理的一种无损编码。压缩的方法是利用变长编码将图像中出现概率较大的灰度值赋予短码字,而对出现概率小的灰度值赋予长码字,从而达到压缩数据的目的。

哈夫曼编码的主要步骤如下:
步骤 1:将图像灰度按照概率大小排列;
步骤 2:将两个最小概率加起来作为新的概率;
步骤 3:重复步骤 1、2,直到概率之和达到 1 为止;
步骤 4:每次合并符号时,将被合并的符号赋以 1 和 0(大概率赋 1,小概率赋 0);
步骤 5:寻找从每一信源符号到概率为 1 处的路径,记录下路径上的 1 和 0;
步骤 6:对每一信元符号写出 1、0 序列,序列的顺序是从树根到信源符号节点。

6.3.2　例程精讲

例如,一幅 40 个像素的图像,具有 5 个灰度级 A、B、C、D、E,如果 40 个像素中,A 级具有 15 个像素,B 级具有 7 个像素,C 级具有 7 个像素,D 级具有 6 个像素,E 级具有 5 个像素,则各个灰度级的出现概率从大到小依次为:A - 0.375,B - 0.175,C - 0.175,D - 0.150,E - 0.125。按照 6.3.1 小节行程的二叉树如图 6.3 - 1 所示,所形成的哈夫曼编码表如表 6.3 - 1 所列。

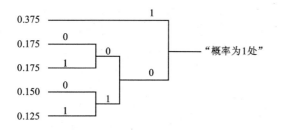

图 6.3-1　哈夫曼树

表 6.3-1　哈夫曼编码表

码　字	灰度级	码　长
1	表示 A 色	1
000	表示 B 色	3
001	表示 C 色	3
010	表示 D 色	3
011	表示 E 色	3

通过上述分析可知,利用哈夫曼编码压缩图像数据时,必须读取图像数据两次。第一次读取数据计算每个数据出现的频率,并对各数据出现的频率以二叉树方式进行排序,在排序过程中获取各数值得编码值。将这些长度不等的编码与对应的图像数据放置到一个转换表格中。第二次读取数据是利用转换表中的编码值取代图像数据存入图像文件中。

以下为哈夫曼编码的 MATLAB 源程序。

```
clc
clear
I = [0 1 3 2 1 3 2 1;
     0 5 7 6 2 5 6 7;
     1 6 0 6 1 6 3 4;
     2 6 7 5 3 5 6 5;
     3 2 2 7 2 6 1 6;
     2 6 5 0 2 7 5 0;
     1 2 3 2 1 2 1 2;
     3 1 2 3 1 2 2 1;]; %
[m,n] = size(I);
%
p1 = 1;s = m * n;
for k = 1:m
    for L = 1:n
        f = 0;
        for b = 1:p1 - 1
            if(c(b,1) == I(k,L))f = 1;break;end
        end
        if(f == 0)c(p1,1) = I(k,L);p1 = p1 + 1;end
    end
end
%
for g = 1:p1 - 1
```

```
            p(g) = 0;c(g,2) = 0;
            for k = 1:m
                for L = 1:n
                    if(c(g,1) == I(k,L))p(g) = p(g) + 1;end
                end
            end
            p(g) = p(g)/s;
    end
    p11 = p;
    %
    pn = 0;po = 1;
    while(1)
        if(pn> = 1.0)break;
        else
            [pm,p2] = min(p(1:p1 - 1));p(p2) = 1.1;
            [pm2,p3] = min(p(1:p1 - 1));p(p3) = 1.1;
            pn = pm + pm2;p(p1) = pn;
            tree(po,1) = p2;tree(po,2) = p3;
            po = po + 1;p1 = p1 + 1;
        end
    end
    %
    for k = 1:po - 1
        tt = k;m1 = 1;
        if(or(tree(k,1)< = g,tree(k,2)< = g))
            if(tree(k,1)< = g)
                c(tree(k,1),2) = c(tree(k,1),2) + m1;
                m2 = 1;
                while(tt<po - 1)
                    m1 = m1 * 2;
                    for L = tt:po - 1
                        if(tree(L,1) == tt + g)
                            c(tree(k,1),2) = c(tree(k,1),2) + m1;
                            m2 = m2 + 1;tt = L;break;
                        elseif(tree(L,2) == tt + g)
                            m2 = m2 + 1;tt = L;break;
                        end
                    end
                end
                c(tree(k,1),3) = m2;
            end
```

```
            tt = k;m1 = 1;
            if(tree(k,2)<g)
                m2 = 1;
                while(tt<po - 1)
                    m1 = m1 * 2;
                    for L = tt:po - 1
                        if(tree(L,1) == tt + g)
                            c(tree(k,2),2) = c(tree(k,2),2) + m1;
                            m2 = m2 + 1;tt = L;break;
                        elseif(tree(L,2) == tt + g)
                            m2 = m2 + 1;tt = L;break;
                        end
                    end
                end
                c(tree(k,2),3) = m2;
            end
        end
end
%
[M,N] = size(c);
disp('coding')
A1 = dec2bin(c(1,2),c(1,3))
A2 = dec2bin(c(2,2),c(2,3))
A3 = dec2bin(c(3,2),c(3,3))
A4 = dec2bin(c(4,2),c(4,3))
A5 = dec2bin(c(5,2),c(5,3))
A6 = dec2bin(c(6,2),c(6,3))
A7 = dec2bin(c(7,2),c(7,3))
A8 = dec2bin(c(8,2),c(8,3))
for m = 1:M
    if(p11(m)~ = 0)H(m) = - p11(m) * log2(p11(m));
    end
end
disp('信源的熵')
H1 = sum(H)
NN = 0;
for i = 1:M
    NN = NN + p11(1,i) * c(i,3);
end
disp('平均码长')
NN
```

```
disp('编码效率')
yita = H1/(NN * log2(2))
disp('冗余度')
Rd = 1 - yita
```

运行结果：

coding

A1 =

00000

A2 =

11

A3 =

100

A4 =

01

A5 =

101

A6 =

0001

A7 =

001

A8 =

00001

信源的熵：

 H1 =

　　 2.7639

平均码长：

 NN =

　　 2.8281

编码效率：

 yita =

　　 0.9773

冗余度：

 Rd =

　　 0.0227

6.3.3　哈夫曼编码的特点

① 哈夫曼编码构造的数据不一定是唯一的。原因是在对两个最小概率的图像灰度值进行编码时,可以是大概率为 1,小概率为 0,也可以相反。而当两个灰度值的概率相等时,1、0 的分配也是随机的,这就造成了编码的不唯一性。

② 当图像灰度值分布不是很均匀时,哈夫曼编码的效率很高;而在图像灰度值的概率分布比较均匀时,哈夫曼编码的效率就很低。

③ 哈夫曼编码需要先计算出图像数据的概率特性行成编码表后,才能对图像数据编码,因此,哈夫曼编码缺乏构造性,即不能使用某种数学模型建立信源符号与编码之间的对应关系,必须通过查表方法,建立起它们之间的对应关系。如果信源符号很多,编码就会很大,这必将影响到存储、编码、传输的效率。

> **经验分享**　静态哈夫曼编码的局限性主要体现在:
> ① 若将哈夫曼编码用于网络通信,会引起较大的延时。
> ② 对较大文件进行哈夫曼编码,会出现频繁的磁盘读/写访问,降低了数据编码的速度。
>
> 为此,可以采用动态哈夫曼编码的方法。动态哈夫曼编码使用了一棵动态变化的哈夫曼树,对第 $t+1$ 个字符的编码是根据原始数据中前 t 个字符得到的哈夫曼树来进行的,编码和解码使用相同的初始哈夫曼数,每处理完一个字符,编码和解码使用相同的方法修改哈夫曼树,不必保存哈夫曼树信息。编码和解码一个字符所需的时间与该字符的编码长度成正比,所以动态哈夫曼编码可实时进行。

6.4　矢量量化编码

在航天、军事、气象、医学、多媒体等领域中经常需要大量存储和传输各种静态图像和视频图像。为了提高传输效率和减少存储空间,必须采取有效的压缩编码算法消除图像中所包含的各种冗余信息,并在给定的失真条件下使用尽量少的比特数来描述图像。矢量量化(VQ)作为一种有效的有损压缩技术,其突出优点是压缩比大以及解码算法简单,因此它已经成为图像压缩编码的重要技术之一。矢量量化压缩技术的应用领域非常广阔,如军事部门和气象部门的卫星(或航天飞机)遥感照片的压缩编码和实时传输、雷达图像和军用地图的存储与传输、数字电视和 DVD 的视频压缩、医学图像的压缩与存储、网络化测试数据的压缩和传输、语音编码、图像识别和语音识别等。

矢量量化的理论基础是香农的速率失真理论,其基本原理是用码书中与输入矢量最匹配的码字的索引代替输入矢量进行传输和存储,而解码时只需简单的查表操作。基本矢量量化的三大关键技术,即码书设计、码字搜索和码字索引分配。

6.4.1　矢量量化定义

基本的矢量量化器可以定义为从 k 维欧氏空间 R^k 到其一个有限子集 C 的一个映射,即 $Q:R^k \rightarrow C$,其中 $C = \{y_i \mid y_i \in R^k, i = 0, 1, \cdots, N-1\}$ 称为码书,N 为码书大小。该映射满足: $Q(x \mid x \in R^k) = y_p$,其中 $x = (x_0, x_1, \cdots, x_{k-1})$ 为 R^k 中的 k 维矢量,$y_p = (y_{p0}, y_{p1}, \cdots, y_{p(k-1)})$ 为码书 C 中的码字并满足:

$$d(x, y_p) = \min_{0 \leqslant j \leqslant N-1} d(x, y_j)$$

其中,$d(x, y_j)$ 为输入矢量 x 与码字 y_j 之间的失真测度。每一个矢量 $x = (x_0, x_1, \cdots, x_{k-1})$ 都能在码书 $C = \{y_i \mid y_i \in R^k, i = 0, 1, \cdots, N-1\}$ 中找到其最近码字 $y_p = Q(x \mid x \in R^k)$。输入矢量空间通过量化器 Q 量化后,可以用划分 $S = \{S_i \mid i = 0, 1, \cdots, N-1\}$ 来描述,其中 S_i 是所有映射成码字 y_i 的输入矢量的集合,即 $S_i = \{x \mid Q(x) = y_i\}$。这 N 个子空间 $S_0, S_1, \cdots, S_{N-1}$ 满足:

$$\bigcup_{i=0}^{N-1} S_i = S \text{ 且 } S_i \bigcap S_j = \Phi(i \neq j)$$

6.4.2　矢量量化编解码的过程

基本的矢量量化编码和解码过程如图 6.4-1 所示。矢量量化编码器根据一定的失真度在码书中搜索出与输入矢量之间失真最小的码字。传输时仅传输该码字的索引。矢量量化解码过程很简单,只要根据接收到的码字索引在码书中查找该码字,并将它作为输入矢量的重构矢量。

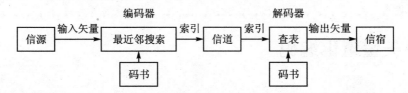

图 6.4-1　矢量量化编码和解码示意图

6.4.3　LBG 矢量量化码书设计算法

矢量量化的首要问题是设计出性能好的码书。如果没有码书,那么编码将成为无米之炊。假设采用平方误差测度作为失真测度,训练矢量数为 M,目的是生成含 $N(N<M)$ 个码字的码书,则码书设计过程就是寻求把 M 个训练矢量分成 N 类的一种最佳方案(使得均方误差最小),而把各类的质心矢量作为码书的码字。码书设计算法的目的就是寻求有效的算法尽可能找到全局最优或接近全局最优的码书以提高码书的性能,并且尽可能减少计算复杂度。

矢量量化码字搜索算法是指在码书已经存在的情况下,对于给定的输入矢量,在码书中搜索与输入矢量之间失真最小的码字。

一种有效和直观的矢量量化码书设计算法——LBG 算法(也叫 GLA 算法)是由 Linde、Buzo 和 Gray 首先提出来的。该算法基于最佳矢量量化器设计的最佳划分和最佳码书这两个必要条件,且是 Lloyd 算法在矢量空间的推广,其特点为物理概念清晰、算法理论严密及算法实现容易。

设训练矢量集为 $X = \{x_0, x_1, \cdots, x_{M-1}\}$,待产生的码书为 $C = \{y_0, y_1, \cdots, y_{N-1}\}$,其中 $x_i = \{x_{i0}, x_{i1}, \cdots, x_{i(k-1)}\}$,$y_j = \{y_{j0}, y_{j1}, \cdots, y_{j(k-1)}\}$,$0 \leqslant i \leqslant M-1, 0 \leqslant j \leqslant N-1$,则码书设计过程就是需求把训练矢量集 X 分成 N 个子集 $S_j(j = 0, 1, \cdots, N-1)$ 的一种最佳聚类方案,而子集 S_j 的质心矢量 y_j 作为码字。假设平方误差测度用来表征训练矢量 x_i 和码字 y_j 之间的失真,即:

$$d(x_i, y_j) = \sum_{l=0}^{k-1} (x_{il} - y_{jl})^2$$

则码书设计的准则可用下列数学形式表达:

最小化
$$f(W, X, C) = \sum_{j=0}^{N-1} \sum_{i=0}^{M-1} w_{ij} d(x_i, y_j)$$

约束条件
$$\sum_{j=0}^{N-1} w_{ij} = 1, 0 \leqslant i \leqslant M-1$$

其中 W 为 $M \times N$ 矩阵,其元素满足:

$$w_{ij} = \begin{cases} 1 & x_i \in S_j \\ 0 & x_i \notin S_j \end{cases}$$

矩阵 W 可看作训练矢量的聚类结果。根据 W,可计算码字:

$$y_j = \frac{1}{|S_j|} \sum_{i=0}^{M-1} w_{ij} x_i$$

其中,$|S_j|$ 代表子集 S_j 中训练矢量的数目,或者说是矩阵 W 第 $(j+1)$ 行 $(w_{ij}, i = 0, 1, \cdots, M-1)$ 中非零元素的数目。

针对训练矢量集为 $X = \{x_0, x_1, \cdots, x_{M-1}\}$,其 LBG 算法的具体步骤如下:

① 给定初始码书 $C^{(0)} = \{y_0^{(0)}, y_1^{(0)}, \cdots, y_{N-1}^{(0)}\}$,令迭代次数 $n = 0$,平均失真 $D^{(-1)} \to \infty$,给定相对误差门限 $\varepsilon (0 < \varepsilon < 1)$。

② 用码书 $C^{(n)}$ 中的各码字作为质心,根据最佳划分原则把训练矢量集 X 划分为 N 个胞腔 $S^{(n)} = \{S_0^{(n)}, S_1^{(n)}, \cdots, S_{N-1}^{(n)}\}$,$S_i^{(n)}$ 满足:

$$S_i^{(n)} = \{v \mid d(v, y_i^{(n)}) = \min_{0 \leqslant j \leqslant N-1} d(v, y_j^{(n)}), v \in X\}$$

③ 计算平均失真:

$$D^{(n)} = \frac{1}{M} \sum_{i=0}^{M-1} \min_{0 \leqslant j \leqslant N-1} d(x_i, y_j^{(n)})$$

判断相对误差是否满足:

$$\left| (D^{(n-1)} - D^{(n)})/D^{(n)} \right| \leqslant \varepsilon$$

若满足,则停止算法,码书 $C^{(n)}$ 就是所求的码书。否则,转步骤④。

④ 根据最佳码书条件,计算各胞腔的质心,即:

$$y_i^{(n+1)} = \frac{1}{\left| S_i^{(n)} \right|} \sum_{v \in S_i^{(n)}} v$$

由这 N 个新质心 $y_i^{(n+1)}$,$i = 0,1,\cdots,N-1$ 形成新码书 $C^{(n)}$,置 $n = n+1$,转步骤②。

6.4.4　矢量量化码字搜索

编码时间是影响编码系统实时性的一个重要因素,数据存储量和传输效率也是压缩编码系统中的重要问题。编码时间的降低主要通过减少编码计算复杂度来完成,而传输时间和存储量的降低往往通过降低比特率(比特/采样)来解决。矢量量化编码过程最终归结为在给定码书中搜索与输入矢量最匹配码字的过程。假定码书 $C = \{y_0, y_1, \cdots, y_{N-1} \mid y_i \in R^k\}$,其中 N 为码字个数,而 k 维输入矢量 $x = (x_0, x_1, \cdots, x_{k-1})$ 与码字 $y_i = (y_{i0}, y_{i1}, \cdots, y_{i(k-1)})$ 之间的失真测度采用平方误差测度来描述,即:

$$d(x, y_i) = \sum_{i=0}^{k-1} (x_l - y_{il})^2$$

则矢量量化码字搜索问题就是在码书 C 中搜索出与输入矢量 x 最匹配的码字 y_j,使得 y_j(与 x 之间)的失真是所有码字中最小的,即:

$$d(x, y_j) = \min_{0 \leqslant i \leqslant N-1} d(x, y_i)$$

6.4.5　例程精讲

例程 6.4 - 1 是基于 LBG 矢量量化编码的 MATLAB 源程序,其运行结果如图 6.4 - 2 所示。

【例程 6.4 - 1】

```
img = imread('cameraman.tif');        % 调入原始图像
img = double(img)/255;                 % 归一化
[height,width] = size(img);            % 求出图像的行数和列数
figure(1)
subplot(1,2,1);                        % y轴方向有一个图,x轴方向有两个图,此处显示
                                       % 左边第一个图
imshow(img);                           % 显示原始图像
title('矢量量化编码前的图像')
subplot(1,2,2);                        % 此处显示右边第二个图
imhist(img);                           % 显示直方图
```

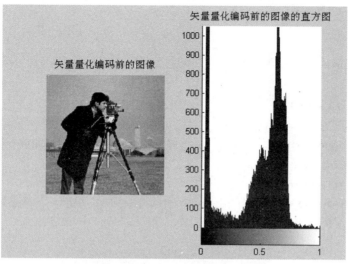

图 6.4 - 2 例程 6.4 - 1 的运行结果

```
title('矢量量化编码前的图像的直方图')
siz_word = 4;                         % 设置码字的大小
siz_book = 512;                       % 设置码书的大小
img1 = zeros(height * width,1);       % 定义一个行数为 height * width,列数为 1 的全零
                                      % 列向量矩阵 img1
for i = 1:height                      % 将 height * width 的矩阵存到列矩阵 img1 中
    for j = 1:width
        img1((i - 1) * width + j) = img(i,j);
    end
end
M = floor(height * width/siz_word);   % 取整
r = mod(height * width,siz_word);     % 求余
```

```
    if r>0
        M = M + 1;
    end
    img2 = zeros(M,siz_word);              % 定义一个 M * siz_word 的矩阵 img2
    p = 1;
    A = zeros(siz_word,1);                 % 定义一个长度为 4 的列矩阵 A
    r = 1;
    for i = 1:height * width               % 将矩阵 img1 中的数据存入矩阵 img2 中
        A(r) = img1(i);
        if r == siz_word
            img2(p,:) = A;
            p = p + 1;
            r = 1;
        else
            r = r + 1;
        end
    end
    % LBG 算法开始
    % 初始化码书
    p = 1;
    r = 1;
    code_book = zeros(siz_book,siz_word);  % 定义码书,大小为 512 * 4 的矩阵
    A = zeros(siz_word,1);                 % 定义一个长度为 4 的列矩阵 A
    for i = 1:siz_book * siz_word          % 将矩阵 img1 中的数据存入码书 code_book 中
        A(r) = img1(i);
        if r == siz_word
            code_book(p,:) = A;
            p = p + 1;
            r = 1;
        else
            r = r + 1;
        end
    end
    MIU = zeros(M,siz_book);               % 运算矩阵,大小为 M * siz_book 的矩阵
    t = 1;
    while t == 1                           % 总循环
        for i = 1:M
            B = zeros(siz_word,1);         % 定义一个长度为 4 的列矩阵 B
```

```
    B = img2(i,:);
    A = zeros(siz_word,1);                % 定义一个长度为 4 的列矩阵 A
    A = code_book(1,:);
    tep01 = 0.0;                          % 累计变量
    for p = 1:siz_word
    tep01 = tep01 + (A(p) - B(p))^2;      % 码书矩阵第一行与矩阵 img2 的 i 行的差值累加和
    end
    r = 1;
    for j = 2:siz_book
        A = code_book(j,:);
        tep02 = sum((A - B).^2);          % 码书矩阵其他行依次与矩阵 img2 的 i 行的差值累加和
        if tep02<tep01
            r = j;
            tep01 = tep02;
        end
    end
    MIU(i,r) = 1.0;                       % 在运算矩阵 MIU 中将满足要求的位置填 1.0
end
t = 0;
% 定义一个与码书大小相同的中间矩阵 code_book1
code_book1 = zeros(siz_book,siz_word);
for j = 1:siz_book
    for p = 1:siz_word
        tep01 = 0.0;
        for i = 1:M
        code_book1(j,p) = code_book1(j,p) + MIU(i,j) * img2(i,p);    % 运算
        tep01 = tep01 + MIU(i,j);
        end
        if tep01>0
            code_book1(j,p) = code_book1(j,p)/tep01;
        else
            code_book1(j,p) = 0.0;
        end
    end
end
tep01 = 0.0;                             % 中间运算码书与码书的平方误差累加器
for j = 1:siz_book
    for p = 1:siz_word
```

```
            tep01 = tep01 + (code_book1(j,p) - code_book(j,p))^2;
        end
    end
    if tep01/siz_book<0.000001      % 判断相对误差是否满足码书的设计要求
        t = 0;                      % 如果条件成立,则可得所需码书
    end
    code_book = code_book1;
end
% 编码后图像恢复过程
img3 = zeros(M,siz_word);
for i = 1:M
    for j = 1:siz_book
        if MIU(i,j) == 1
            t = j;
        end
    end
    img3(i,:) = code_book(t,:);
end
img5 = zeros(height,width);
for i = 1:height
    for j = 1:width
        tep01 = (i - 1) * width + j;
        i1 = floor(tep01/siz_word);
        if i1 == 0
            i1 = 1;
        end
        j1 = mod(tep01,siz_word);
        if j1 == 0
            j1 = siz_word;
        end
        img5(i,j) = floor(img3(i1,j1) * 255);
    end
end
figure(2)
imshow(uint8(img5));    % 显示恢复图像
title('矢量量化编码后恢复的图像')
```

6.4.6　矢量量化与标量量化

矢量量化之所以能够压缩数据,是由于它能够去掉冗余度,而且它有效地利用了

矢量中各分量间的 4 种相互关联的性质：线性依赖性、非线性依赖性、概率密度函数的形状以及矢量维数。而标量量化只能利用线性依赖性和概率密度函数的形状来消除冗余度。所以，一个 k 维最佳矢量量化器的性能总是优于 k 个最佳标量量化器。基本的矢量量化编码器需要使用由 N 个 k 维矢量组成的码书。对某个输入矢量进行编码时，在码书中搜索与该输入矢量之间失真最小的码字，将其对应的标号（需要 $\log_2 N$ bit）发送到接收端。接收端也具备相同的码书，解码时根据接收到的标号在码书中找到对应的码字。

在相同的速率下，矢量量化的失真明显比标量量化的失真小；而在相同的失真条件下，矢量量化所需的码速率比标量量化所需码速率低得多。但是，由于矢量量化的复杂度随矢量维数成指数式增加，所以矢量量化的复杂度比标量量化的复杂度高。

6.5　变换编码

6.5.1　变换编码概述

所谓变换编码，是指将待编码的数字图像从空间域信号映射到另一个变换域空间，产生一批变换系数，然后对这些系数进行编码处理。

数字图像信号一般具有较强的相关性，若选用的正交矢量空间的基矢量与图像本身的主要特征很接近，则在该正交矢量空间中描述图像信号会变得更简单。数字图像经过正交变换后之所以能够实现数据压缩，是因为经过多维坐标系适当地旋转变换后，把散布在各个坐标原坐标轴上的原始图像数据集中到新坐标系中少数坐标轴上了，从而为后续的量化和编码提供了高效压缩数据的可能。

变换编码技术已有近 30 年的历史，技术上比较成熟，理论也比较完备，广泛应用于各种图像数据压缩中，如灰度图像、彩色图像、静止图像、运动图像以及多媒体计算机技术中的电视图像帧内压缩和帧间压缩。

6.5.2　基于离散余弦变换的图像压缩

离散余弦变换（DCT）在图像压缩中具有广泛的应用，在对图像进行 JPEG 压缩处理时，首先将输入的图像分为 8×8 或 16×16 的图像块，然后对每个图像块进行二维 DCT 变换，最后将变换得到的 DCT 系数进行量化、编码，形成压缩后的 JPEG 图像格式。在显示 JPEG 图像时，首先将量化、编码后的 DCT 系数进行解码，并对每个 8×8 或 16×16 的块进行二维 DCT 反变换，最后将操作完成后的所有块重构成一幅完整的图像。对于一幅典型的图像而言，进行 DCT 变换后，大部分的 DCT 系数的值非常接近于零，如果舍弃这些接近于 0 的 DCT 系数，在重构图像时并不会因此带来画面质量的显著下降，这就是 JPEG 算法能够对图像进行压缩的原理。例程 6.5-1 是采用二维离散余弦变换（DCT）进行图像压缩的 MATLAB 程序。

【例程 6.5 - 1】

功能:利用 JPEG 的压缩原理,输入一幅图像,将其分成 8×8 的图像块,计算每个图像块的 DCT 系数。DCT 变换的特点是变换后图像大部分能量集中在左上角,因此左上角反映图像低频部分数据,右下角反映原图像高频部分数据,而图像的能量通常集中在低频部分。因此,对二维图像进行 DCT 变换后,只保留 DCT 系数矩阵最左上角的 10 个系数,然后对每块图像利用这 10 个系数进行 DCT 反变换来重构。具体代码如下:

```
I = imread('hangtian.jpg');
I = rgb2gray(I);
I1 = I;
% 图像存储类型转换
I = im2double(I);
% 离散余弦变换矩阵
T = dctmtx(8);
% 对原始图像进行余弦变换
B = blkproc(I,[8 8],'P1 * x * P2',T,T');
% 定义一个二值掩模矩阵,用来压缩 DCT 的系数
% 该矩阵只保留 DCT 变换矩阵的最左上角的 10 个系数
mask = [1 1 1 1 0 0 0 0
        1 1 1 0 0 0 0 0
        1 1 0 0 0 0 0 0
        1 0 0 0 0 0 0 0
        0 0 0 0 0 0 0 0
        0 0 0 0 0 0 0 0
        0 0 0 0 0 0 0 0
        0 0 0 0 0 0 0 0];
% 数据压缩,丢弃右下角高频数据
B2 = blkproc(B,[8 8],'P1 .* x',mask);
I2 = blkproc(B2,[8 8],'P1 * x * P2',T',T);
% 进行 DCT 反变换,得到压缩后的图像
subplot(1,2,1),imshow(I1),title('原始图像');
subplot(1,2,2),imshow(I2),title('压缩后的图像');
```

例程 6.5 - 1 的运行结果如图 6.5 - 1 所示。可以看出,在图像被压缩后,图像的边缘部位出现了一定的模糊和锯齿效果,这是因为在压缩时程序只选取了 10 个 DCT 系数,摒弃了其他的 DCT 系数。重构的图像并没有造成视觉质量的显著下降,重构图像的失真在可以接受的范围之内。当然,如果选取稍多的 DCT 中低频系数(通过修改 mask 变量中的 DCT 系数),可以获得更好质量的压缩图像。

(a) 输入的原始图像　　　　　　　　(b) 压缩后的图像

图 6.5 - 1　例程 6.5 - 1 的运行结果

6.5.3　基于小波变换的图像压缩

小波变换用于图像压缩具有压缩比高、压缩速度快、压缩后能保持图像的特征基本不变的特点,且在传递过程中可以抗干扰。

基于小波变换进行图像压缩的基本原理是:根据二维小波分解算法,一幅图像做小波分解后,可得到一些不同分辨率的图像,而表现一幅图像最主要的部分是低频部分,如果去掉图像的高频部分而只保留低频部分,则可以达到图像压缩的目的。基于小波分析的图像压缩方法有很多,比较成功的有小波包最优基方法、小波域纹理模型方法、小波变换零树压缩、小波变换向量量化压缩等。

例程 6.5 - 2 是采用小波变换进行图像压缩的 MATLAB 程序。

【例程 6.5 - 2】

```
X = imread('robot.jpg');
X = rgb2gray(X);
X1 = X;
% 分解图像,提取分解结构中的第一层系数
[c,l] = wavedec2(X,2,'bior3.7');
cA1 = appcoef2(c,l,'bior3.7',1);
```

(a) 原始图像

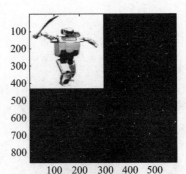

(b) 小波分解后的低频和高频信息

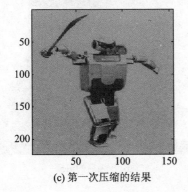

(c) 第一次压缩的结果

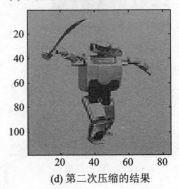

(d) 第二次压缩的结果

图 6.5 - 2   例程 6.5 - 2 的运行结果

```
cH1 = detcoef2('h',c,l,1);
cD1 = detcoef2('d',c,l,1);
cV1 = detcoef2('v',c,l,1);

% 重构第一层系数

A1 = wrcoef2('a',c,l,'bior3.7',1);
H1 = wrcoef2('h',c,l,'bior3.7',1);
D1 = wrcoef2('d',c,l,'bior3.7',1);
V1 = wrcoef2('v',c,l,'bior3.7',1);
c1 = [A1 H1;V1 D1];
subplot(221),imshow(X1),title('原始图像'); axis square;
subplot(222),image(c1);title('分解后的高频和低频信息');
axis square

% 对图像进行压缩,保留第一层低频信息并对其进行量化编码
ca1 = wcodemat(cA1,440,'mat',0);
ca1 = 0.5 * ca1;
subplot(223);image(ca1);
axis square;
title('第一次压缩图像的大小:');
```

```
%  压缩图像,保留第二层低频信息并对其进行量化编码
cA2 = appcoef2(c,l,'bior3.7',2);
ca2 = wcodemat(cA2,440,'mat',0);
ca2 = 0.5 * ca2;
subplot(224);
image(ca2);
title('第二次压缩图像');
axis square;
```

　　应用小波变换进行图像压缩时,在理论上可以获得任何压缩比的压缩图像,且实现起来也较为简单。当然任何方法既有区别于其他方法的优点,同时又具有一定的缺陷。因此,要很好地对图像进行压缩处理,需要综合利用多种技术进行。这对基于小波分析的图像压缩也不例外,往往也需要利用小波分析和其他相关技术的有机结合才能达到较为完美的结果。

第 **7** 章

双目立体视觉

7.1　什么是双目立体视觉

　　双目立体视觉是计算机视觉的一个重要分支,即由不同位置的两台摄像机拍摄同一幅场景,通过计算空间点在两幅图像中的视差,获得该点的三维坐标值的技术。20 世纪 80 年代,美国麻省理工学院人工智能实验室的 Marr 提出了一种视觉计算理论并应用在双睛匹配上,使两张有视差的平面图产生有深度的立体图形,奠定了双目立体视觉发展理论基础。双目立体视觉在许多领域均极具应用价值,如微操作系统的位姿检测与控制、机器人导航与航测、三维测量学及虚拟现实等。

　　双目立体视觉是模仿人的双眼成像的原理,如图 7.1 - 1 所示,不仅能够获得二维图像信息,还可以获得目标距离观测点的距离。

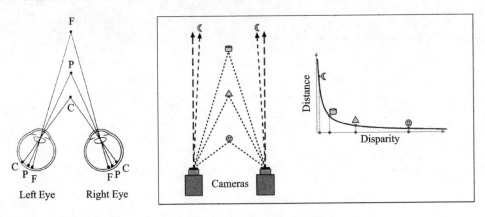

图 7.1 - 1　双眼成像与双目立体视觉

7.2　双目立体视觉测距的基本原理

　　双目立体视觉三维测量是基于视差原理,其基本原理示意图如图 7.2 - 1 所示。图中,定义基线距 B 为两摄像机的投影中心连线的距离,相机焦距为 f。

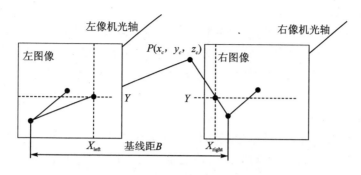

图 7.2 - 1　双目立体成像原理

设两摄像机在同一时刻观看空间物体的同一特征点 $P(x_c, y_c, z_c)$，分别在"左眼"和"右眼"上获取了点 P 的图像，它们的图像坐标分别为 $p_{\text{left}} = (X_{\text{left}}, Y_{\text{left}})$，$p_{\text{right}} = (X_{\text{right}}, Y_{\text{right}})$。

现两摄像机的图像在同一个平面上，则特征点 P 的图像坐标 Y 坐标相同，即 $Y_{\text{left}} = Y_{\text{right}} = Y$，则由三角几何关系得到：

$$\begin{cases} X_{\text{left}} = f\dfrac{x_c}{z_c} \\[2mm] X_{\text{right}} = f\dfrac{(x_c - B)}{z_c} \\[2mm] Y = f\dfrac{y_c}{z_c} \end{cases} \quad (7.2.1)$$

则视差为：$\text{Disparity} = X_{\text{left}} - X_{\text{right}}$。由此可计算出特征点 P 在相机坐标系下的三维坐标为：

$$\begin{cases} x_c = \dfrac{B \cdot X_{\text{left}}}{\text{Disparity}} \\[2mm] y_c = \dfrac{B \cdot Y}{\text{Disparity}} \\[2mm] z_c = \dfrac{B \cdot f}{\text{Disparity}} \end{cases} \quad (7.2.2)$$

因此，左相机像面上的任意一点只要能在右相机像面上找到对应的匹配点，就可以确定出该点的三维坐标。这种方法是完全的点对点运算，像面上所有点只要存在相应的匹配点，就可以参与上述运算，从而获取其对应的三维坐标。由式(7.2.2)得出物体的距离与视差成反比。

7.3　双目立体视觉测量的流程

双目立体视觉技术的实现可分为以下步骤：图像获取、摄像机标定、特征提取、图像匹配和三维重建。

(1) 图像获取

图像的获取是立体视觉的信息来源。常用的立体视觉图像一般为双目图像，有的采用多目图像。图像获取的方式有多种，主要由具体运用的场合和目的决定。立体图像的获取不仅要满足应用要求，而且要考虑视点差异、光照条件、摄像机性能和场景特点等方面的影响。

(2) 摄像机标定

对双目立体视觉而言，对摄像机的标定是实现立体视觉基本而又关键的一步。通常先采用单摄像机的分别标定方法，分别得到两个摄像机的内、外参数；再通过同一世界坐标中的一组定标点来建立两个摄像机之间的位置关系。

对内参数的标定包括标定摄像机内部几何、光学参数；对外参数的标定包括相机坐标系与世界坐标系的转换关系。

目前常用的单摄像机标定方法主要有：

① 摄影测量学的传统设备标定法。利用至少 17 个参数描述摄像机与三维物体空间的约束关系，计算量非常大。

② 直接线性变换法。涉及的参数少、便于计算。

③ 透视变换短阵法。从透视变换的角度来建立摄像机的成像模型，无需初始值，可进行实时计算。

④ 相机标定的两步法。首先，采用透视短阵变换的方法求解线性系统的摄像机参数，再以求得的参数为初始值，考虑畸变因素，利用最优化方法求得非线性解，标定精度较高。

⑤ 双平面标定法。在双摄像机标定中，需要精确的外部参数，由于结构配置很难准确，两个摄像机的距离和视角受到限制，一般都需要至少 6 个以上（建议取 10 个以上）的已知世界坐标点，才能得到比较满意的参数矩阵，所以，实际测量过程不但复杂，而且效果并不一定理想，大大地限制了其应用范围。此外，双摄像机标定还需考虑镜头的非线性校正、测量范围和精度的问题。

(3) 特征提取

特征提取的目的是要获取匹配赖以进行的图像特征，图像特征的性质与图像匹配的方法选择有着密切的联系。目前，还没有建立起一种普遍适用的获取图像特征的理论，因此导致了立体视觉研究领域中匹配特征的多样化。

一般而言，尺度较大的图像特征蕴含较多的图像信息，且特征本身的数目较少，匹配效率高；但特征的提取和描述过程存在较大的困难，定位精度也较差。而对于尺度较小的图像特征来说，对其进行表达和描述相对简单，定位精度较高；但由于其本身数目较多，所包含的图像信息少，在匹配时需要采用较严格的约束条件和匹配策略，以尽可能地减少匹配歧义和提高匹配效率。总的来说，好的匹配特征应该具有要可区分性、不变性、唯一性以及有效解决匹配歧义的能力。

（4）立体匹配

立体匹配是指将同一个空间物理点在不同图像中的映像点对应起来的过程。与普通的图像配准不同,立体视觉中图像对之间的差异是由摄像时观察点的不同引起的,而不是由其他如景物本身的变化、运动所引起的。根据匹配基元的不同,立体匹配可分为稠密匹配、特征匹配和相位匹配三大类。

稠密匹配算法的实质是利用局部窗口之间灰度信息的相关程度进行匹配,它在变化平缓且细节丰富的地方可以达到较高的精度。但该算法的匹配窗大小难以选择,通常借助于窗口形状技术来改善视差不连续处的匹配;其次,是计算量大、速度慢,采取由粗至精分级匹配策略能大大减少搜索空间的大小,与匹配窗大小无关的互相关运算能显著提高运算速度。

特征匹配有三个基本的步骤组成:

① 从立体图像对中的一幅图像（如图 7.2-1 中左图像）上选择与实际物理结构相应的图像特征;

② 在另一幅图像（如图 7.2-1 中右图像）中确定出同一物理结构的对应图像特征;

③ 确定这两个特征之间的相对位置,得到视差。

其中的步骤②是实现匹配的关键。特征匹配不直接依赖于灰度,具有较强的抗干扰性,计算量小、速度快。但也同样存在一些不足:特征在图像中的稀疏性决定特征匹配只能得到稀疏的视差场;特征的提取和定位过程直接影响匹配结果的精确度。改善办法是将特征匹配的鲁棒性和区域匹配的致密性充分结合,利用对高频噪声不敏感的模型来提取和定位特征。

相位匹配是近二十年才发展起来的一类匹配算法。相位作为匹配基元,本身反映信号的结构信息,对图像的高频噪声有很好的抑制作用,适于并行处理,能获得亚像素级精度的致密视差。但存在相位奇点和相位卷绕的问题,需加入自适应滤波器解决。

（5）三维重建

在得到空间任一点在两个图像中的对应坐标和两摄像机参数矩阵的条件下,即可进行空间点的重建。通过建立以该点的世界坐标为未知数的 4 个线性方程,可以用最小二乘法求解得该点的世界坐标。实际重建通常采用外极线约束法。空间点、两摄像机的光心这三点组成的平面分别与两个成像平面的交线称为该空间点在这两个成像平面中的极线。一旦两摄像机的内外参数确定,就可通过两个成像平面上的极线的约束关系建立对应点之间的关系,并由此联立方程,求得图像点的世界坐标值。对图像的全像素的三维重建目前仅能针对某一具体目标,计算量大且效果不明显。

7.4　极线几何（Epipolar Geometry）

> 基线：左右两像机光心的连线；
> 极平面：空间点、两像机光心决定的平面；
> 极点：基线与两摄像机图像平面的交点；
> 极线：极平面与图像平面的交线；
> 极线约束：匹配点必须在极线上。

图 7.4-1 形象地表示了极线几何各物理量的位置关系。

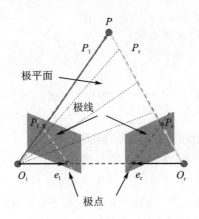

图 7.4-1　极线几何各物理量的相对位置

7.5　双目视觉测量模型

7.5.1　成像几何基础

在成像过程中需要将客观世界的 3D 场景投影到摄像机的 2D 像平面上，这个投影可以用成像变换来描述。成像变换涉及不同坐标系之间的变换，考虑到图像采集的最终结果是要得到计算机能够处理的数字图像，这里介绍一下对 3D 空间景物成像时所涉及的坐标系统。

① 世界坐标系：也称真实或现实世界坐标系统 XYZ，表示场景点在客观世界的绝对坐标（所以也称为客观世界坐标系统）。一般的 3D 空间场景都使用这个坐标系统来表示。

② 摄像机坐标系：以摄像机（观察者）为中心制定的坐标系统 xyz，将场景点表示成以观察者为中心的数据形式，一般常取摄像机的光轴为 z 轴。

③ 像平面坐标系：在摄像机内所形成的像平面坐标系统 $x'y'$，表示场景点在像

平面上的投影。一般常取像平面与摄像机坐标系统的 xy 平面平行，且 x' 轴与 x 轴、y' 轴与 y 轴分别重合，这样像平面原点就在摄像机光学轴上。

　　④ 计算机图像坐标系：表示图像阵列中图像像素的位置，图像处理通常在图像阵列的像素坐标系中进行，其中图像的行数和列数 $[u,v]$ 对应于图像网格的整数坐标，即像素的坐标为整数值，像素 $[0,0]$ 位于图像的左上角，u 指向下方，v 指向右方。这种图像像素坐标系正好与计算机程序中的阵列语法相对应。在计算机内部数字图像所用的坐标系统 MN，由于数字图像最终要输入列计算机内存放，所以要将像平面的投影坐标转换到计算机图像坐标系统中。

　　其中，摄像机坐标系和世界坐标系之间的关系是刚体变换关系。因此，空间某一点 P 在世界坐标系和摄像机坐标系下的齐次坐标若为 $[X\ Y\ Z\ 1]^{\mathrm{T}}$ 和 $[x\ y\ z\ 1]^{\mathrm{T}}$，则存在如下关系：

$$\begin{bmatrix} x \\ y \\ z \\ 1 \end{bmatrix} = \begin{bmatrix} \boldsymbol{R} & \boldsymbol{t} \\ \boldsymbol{0}^{\mathrm{T}} & 1 \end{bmatrix} \begin{bmatrix} X \\ Y \\ Z \\ 1 \end{bmatrix}$$

其中，$\boldsymbol{R}$ 为 3×3 的正交方阵，用于旋转变换，即：

$$\boldsymbol{R} = \begin{bmatrix} r_{11} & r_{12} & r_{13} \\ r_{21} & r_{22} & r_{23} \\ r_{31} & r_{32} & r_{33} \end{bmatrix}$$

$\boldsymbol{t}$ 为 3×1 的平移向量，是世界坐标系的原点在摄像机坐标系中的坐标。

　　在像平面坐标系中，一般以物理单位（如毫米）表示各像素点在图像中的位置，其原点定义为摄像机光轴与像平面的交点，一般为图像中心，而计算机图像坐标系中各像素坐标是以像素为单位，原点定义在图像的左上角，若假定像平面坐标系的原点在计算机图像坐标系中的坐标为 (u_0, v_0)，每一个像素在 x' 和 y' 轴的物理尺寸为 $\mathrm{d}x'$，$\mathrm{d}y'$，则图像中任意一个像素在计算机图像坐标系下的坐标 (u,v) 与其在像平面坐标系下的坐标 (x',y') 有如下关系：

$$u = \frac{x'}{\mathrm{d}x'} + u_0$$

$$v = \frac{y'}{\mathrm{d}y'} + v_0$$

也即：

$$\begin{bmatrix} u \\ v \\ 1 \end{bmatrix} = \begin{bmatrix} \dfrac{1}{\mathrm{d}x'} & 0 & u_0 \\ 0 & \dfrac{1}{\mathrm{d}y'} & v_0 \\ 0 & 0 & 1 \end{bmatrix} \begin{bmatrix} x' \\ y' \\ 1 \end{bmatrix}$$

　　逆关系可写为：

$$\begin{bmatrix} x' \\ y' \\ 1 \end{bmatrix} = \begin{bmatrix} dx' & 0 & -u_0 dx' \\ 0 & dy' & -v_0 dy' \\ 0 & 0 & 1 \end{bmatrix} \begin{bmatrix} u \\ v \\ 1 \end{bmatrix}$$

7.5.2　双目立体视觉测量数学模型

考虑一般情况,对两个摄像机的摆放位置不做特别要求,如图 7.5 - 1 所示。

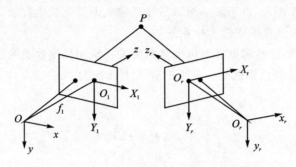

图 7.5 - 1　两摄像机成像示意图

设左摄像机 $O - xyz$ 位于世界坐标系的原点处且无旋转,图像坐标系为 $O_1 - X_1 Y_1$,有效焦距为 f_1;右摄像机坐标系为 $O_r - x_r y_r z_r$,图像坐标系为 $O_r - X_r Y_r$,有效焦距为 f_r,由摄像机透视变换模型有:

$$s_1 \begin{bmatrix} X_1 \\ Y_1 \\ 1 \end{bmatrix} = \begin{bmatrix} f_1 & 0 & 0 \\ 0 & f_1 & 0 \\ 0 & 0 & 1 \end{bmatrix} \begin{bmatrix} x \\ y \\ z \end{bmatrix}$$

$$s_r \begin{bmatrix} X_r \\ Y_r \\ 1 \end{bmatrix} = \begin{bmatrix} f_r & 0 & 0 \\ 0 & f_r & 0 \\ 0 & 0 & 1 \end{bmatrix} \begin{bmatrix} x_r \\ y_r \\ z_r \end{bmatrix}$$

$O - xyz$ 坐标系与 $O_r - x_r y_r z_r$ 坐标系之间的相互位置关系可通过空间转换矩阵 M_{1r} 表示为:

$$\begin{bmatrix} x_r \\ y_r \\ z_r \end{bmatrix} = M_{1r} \begin{bmatrix} x \\ y \\ z \\ 1 \end{bmatrix} = \begin{bmatrix} r_1 & r_2 & r_3 & t_x \\ r_4 & r_5 & r_6 & t_y \\ r_7 & r_8 & r_9 & t_z \end{bmatrix} \begin{bmatrix} x \\ y \\ z \\ 1 \end{bmatrix}, M_{1r} = \begin{bmatrix} R & T \end{bmatrix}$$

其中,$R = \begin{bmatrix} r_1 & r_2 & r_3 \\ r_4 & r_5 & r_6 \\ r_7 & r_8 & r_9 \end{bmatrix}$,$T = \begin{bmatrix} t_x \\ t_y \\ t_z \end{bmatrix}$ 分别为 $O - xyz$ 坐标系与 $O_r - x_r y_r z_r$ 坐标系之间的旋转矩阵和原点之间的平移变换矢量。

由上述可知,对于 $O - xyz$ 坐标系中的空间点,两摄像机像面点之间的对应关系为:

$$\rho_r \begin{bmatrix} X_r \\ Y_r \\ 1 \end{bmatrix} = \begin{bmatrix} f_r r_1 & f_r r_2 & f_r r_3 & f_r t_x \\ f_r r_4 & f_r r_5 & f_r r_6 & f_r t_y \\ r_7 & r_8 & r_9 & t_z \end{bmatrix} \begin{bmatrix} z X_1/f_1 \\ z Y_1/f_1 \\ z \\ 1 \end{bmatrix}$$

于是,空间点三维坐标可以表示为:

$$x = z X_1/f_1$$

$$y = z Y_1/f_1$$

$$z = \frac{f_1(f_r t_x - X_r t_z)}{X_r(r_7 X_1 + r_8 Y_1 + f_1 r_9) - f_r(r_1 X_1 + r_2 Y_1 + f_1 r_3)}$$

$$= \frac{f_1(f_r t_y - Y_r t_z)}{Y_r(r_7 X_1 + r_8 Y_1 + f_1 r_9) - f_r(r_4 X_1 + r_5 Y_1 + f_1 r_6)}$$

因此,已知焦距 f_1、f_r 和空间点在左、右摄像机中的图像坐标,只要求出旋转矩阵 R 和平移矢量 T 就可以得到被测物体点的三维空间坐标。

如果用投影矩阵表示,空间点三维坐标可以由两个摄像机的投影模型表示,即:

$$s_1 \rho_1 = M_1 X_w$$

$$s_r \rho_r = M_r X_w$$

式中,ρ_1、ρ_r 分别为空间点在左、右摄像机中的图像坐标,M_1、M_r 分别为左、右摄像机的投影矩阵,X_w 为空间点在世界坐标系中的三维坐标。实际上,双目立体视觉测量是匹配左右图像平面上的特征点并生成共轭对集合 $\langle(p_{1,i} \quad p_{r,i})\rangle$,$i = 1,2,\cdots,n$。每一个共轭对定义的两条射线,相交于空间中某一场景点。空间相交的问题就是找到相交点的三维空间坐标。

7.6 本质矩阵与基础矩阵

左右两幅图像相对应的点之间的关系可以通过本质矩阵(Essential 矩阵)或是基础矩阵(Fundamental 矩阵)来表明。

本质矩阵是摄像机标定情况下用的,其公式为:

$$(p_r)^T E p_1 = 0$$

p_r 和 p_1 分别是两个齐次摄像机坐标向量。本质矩阵是奇异矩阵,并有两个相等的非零奇异值,秩为 2。

基础矩阵是摄像机非标定的情况用的,其公式为:

$$(q_r)^T F q_1 = 0$$

q_r 和 q_1 分别是空间内某点在左、右摄像机相平面成像的坐标。基础矩阵的秩同样为 2。

7.7　图像校正

图像校正的目的是规范化极线约束中的极线分布,使得匹配效率得到进一步的提高。校正后的图像不需要求极线方程,因为相对应的匹配点在图像相对应的扫描线(Scan-line)上。在校正图像中所有极线都平行。图像校正效果示意图如图 7.7-1所示,校正效果示意图如图 7.7-2 所示。

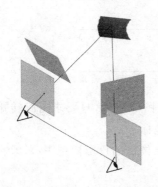

图 7.7-1　图像校正原理示意图　　　　图 7.7-2　图像校正效果示意图

7.8　立体匹配

在立体视觉中,匹配包括特征匹配和稠密匹配。

特征匹配中常用的特征包括边缘特征、灰度特征、线特征及角点特征。匹配过程包括:在左、右摄像机拍摄的图像中抽取特征;定义相似度;利用相似度和极线几何寻找匹配。图 7.8-1 形象地表达了特征匹配的过程,即对于左图像中的每一个特征在右图像中寻找该特征的位置,当相似度达到最大时的偏移量就是视差。

图 7.8-1　特征匹配的过程

特征匹配具有如下特点：速度快、匹配效率高；特征的提取可以到亚像素级别，精度较高；匹配元素为物体的几何特征，对照明变化不敏感。

稠密匹配的过程如图 7.8 - 2 所示。假设左图中给定的像素的坐标系为（x_1，y_1），分别以该像素以及右图上具有同样坐标的像素为中心各自设置一个窗口，计算这两个窗口中的图像的一致程度。可以用相关、均方差之和或者方法计算。当两个窗口包含相同特征时，图像一致性度量在理论上均应达到最大值，对于该点的匹配工作就完成了，继续进行下一个点的匹配。在对左右图像对中搜寻最佳匹配时，设置了一个围绕着像素的正方形邻域，称为匹配模板，模板尺寸的大小对匹配结果的影响较大。大的模板会产生更密集平滑的深度图像，但识别不连续深度位置的精度较差，小的模板对于不连续深度匹配结果较好，但产生的结果较为稀疏且噪点更多。

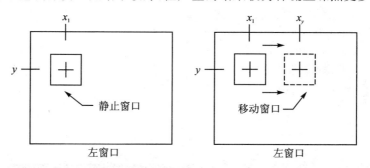

图 7.8 - 2　稠密匹配过程示意图

与特征匹配相比，稠密匹配速度慢，效率低；对于无纹理，纹理不明显的图像匹配效果不理想；对光强、对比度、照明条件敏感。

在立体匹配中常用的约束有：

➤ 极线约束：匹配点一定位于两幅图像中相应的极线上；

➤ 顺序一致性约束：位于一幅图像上的极线上的系列点，在另一幅图像中的极线上具有相同的顺序；

➤ 唯一性约束：两幅图像中的对应的匹配点应该有且仅有一个；

➤ 视差连续性约束：除了遮挡区域和视差不连续区域外，视差的变化应该都是平滑的。

7.9　例程精讲

MATLAB 2012 Computer Vision System 提供了多个关于双目立体视觉的函数，本节通过例程对其进行一一讲解和说明。

（1）disparity

功能：求立体视觉系统左右两幅图像的视差。

调用格式：D＝disparity(I1,I2,ROI1,ROI2)。

输入：I1、I2 -立体视觉系统左右两幅输入图像，这两幅图像需要是都经过校准、尺寸相同且具有相同的数据类型；ROI1、ROI2 -两幅图像的感兴趣区域，其形式为：[X Y WIDTH HEIGHT]，所定义的感兴趣区域的尺寸应该小于等于图像的尺寸。

输出：D -两幅图像的视差图矩阵。

例程 7.9-1 是调用 disparity()函数求视差图的 MATLAB 程序，其运行结果如图 7.9-1 所示。

【例程 7.9-1】

```
% 读入立体视觉系统的左右两幅图像,并将 RGB 图像转换成灰度图像
  I1 = rgb2gray(imread('scene_left.png'));
  I2 = rgb2gray(imread('scene_right.png'));
% 在同一坐标系下叠加显示这两幅图像
cvexShowMatches(I1, I2);
% 计算这两幅图像的视差
d = disparity(I1, I2);
% 显示视差图
cvexShowDisparity(d);
```

图 7.9-1　例程 7.9-1 的运行结果

（2）epipolarLine

功能：计算两幅图像的极线。

调用格式：LINES＝epipolarLine(F,PTS)。

输入：F -立体视觉系统的基础矩阵，其为 3×3 矩阵，数据类型为双精度型或单精度型；PTS -是一个 $M×2$ 矩阵，M 为对应点的个数，矩阵的每一行的两个元素为对应点的坐标。

输出：其输出为一个 $M×3$ 矩阵，表征第二幅图像中的极线；矩阵的每一行是直线 $A*x+B*y+C=0$ 的参数。

例程 7.9-2 是调用 epipolarLine()函数求极线的 MATLAB 程序，其运行结果如图 7.9-2 所示。

【例程 7.9 - 2】

```
%  导入立体视觉匹配点对
    load stereoPointPairs
%  根据匹配点对估计基础矩阵
[fLMedS, inliers] = estimateFundamentalMatrix(matched_points1, matched_points2,
'NumTrials',4000);
    %  显示第一幅图像的内点
    I1 = imread('viprectification_deskLeft.png');
    figure;
    subplot(121); imshow(I1); title('Inliers and Epipolar Lines in First Image');
hold on;
    plot(matched_points1(inliers,1), matched_points1(inliers,2), 'go')
    %  计算第一幅图像的极线
    epiLines = epipolarLine(fLMedS', matched_points2(inliers, :));
    %  计算的交汇点的线条和图像边界
    pts = lineToBorderPoints(epiLines, size(I1));
    %  显示第一幅图像的极线
    line(pts(:,[1,3])', pts(:,[2,4])');
    %  Show the inliers in the second image.
    I2 = imread('viprectification_deskRight.png');
    subplot(122); imshow(I2); title('Inliers and Epipole Lines in Second Image');
hold on;
    plot(matched_points2(inliers,1), matched_points2(inliers,2), 'go')

    %  计算并显示第二幅图像的极线
    epiLines = epipolarLine(fLMedS, matched_points1(inliers, :));
    pts = lineToBorderPoints(epiLines, size(I2));
    line(pts(:,[1,3])', pts(:,[2,4])');
truesize;
```

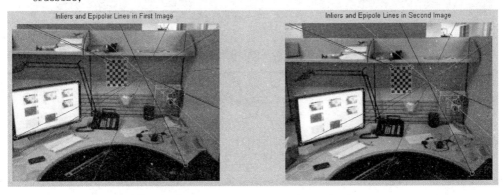

图 7.9 - 2　例程 7.9 - 2 的运行结果

(3) estimateFundamentalMatrix

功能：根据立体视觉系统的对应点估计基础矩阵。

调用格式：F = estimateFundamentalMatrix（MATCHED _ POINTS1，MATCHED_POINTS2）。

输入：MATCHED_POINTS1、MATCHED_POINTS2 -匹配点的坐标矩阵，坐标矩阵为 $M \times 2$ 矩阵，其形式为 $[x_1, y_1; x_2, y_2, \cdots; x_M, y_M]$，其两个匹配点的坐标矩阵大小必须相同。

输出：F - 3×3 基础矩阵。

例程 7.9 - 3 和例程 7.9 - 4 是调用 estimateFundamentalMatrix() 函数求基础矩阵的 MATLAB 程序，其运行结果如图 7.9 - 3 和图 7.9 - 4 所示。

【例程 7.9 - 3】

```
% 读入左右两幅图像,并将其转换为双精度型
    I1 = imread('yellowstone_left.png');
    I2 = imread('yellowstone_right.png');
% 导入已经配准的匹配点
    load yellowstone_matched_points;
% 根据匹配点计算基础矩阵
f = estimateFundamentalMatrix ( matched _ points1, matched _ points2, 'Method',
                    'Norm8Point');
% 显示两幅图像的配准极点与极线
cvexShowStereoImages ('Original image 1', 'Original image 2', I1, I2, matched_points1,
                    matched_points2, f);
```

图 7.9 - 3　例程 7.9 - 3 的运行结果

【例程 7.9 - 4】

```
% 导入立体视觉匹配点
```

```
load stereoPointPairs
```

% 利用导入的匹配点估计基础矩阵

```
F = estimateFundamentalMatrix(matched_points1,matched_points2)
```

% 导入立体视觉系统的左右两幅图像

```
I1 = imread('viprectification_deskLeft.png');
```

```
I2 = imread('viprectification_deskRight.png');
```

% 显示匹配点

```
cvexShowImagePair (I1, I2, 'Matched Points in Left Image','Matched Points in Right
              Image', 'MultipleColors',matched_points1, matched_points2);
```

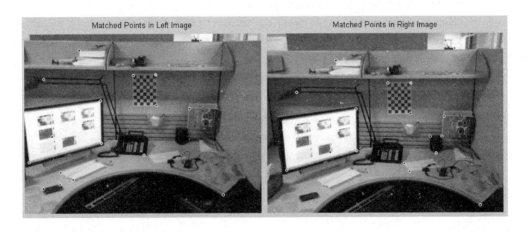

图 7.9 - 4　例程 7.9 - 4 的运行结果

(4) estimateUncalibratedRectification

功能:该函数在不需要摄像机内部参数、外部参数的情况下,估计左右两幅图像的映射转换矩阵,使每条极线平行。

调用格式:[T1, T2] = estimateUncalibratedRectification(F, MATCHED_POINTS1,MATCHED_POINTS2,IMAGESIZE)。

输入:F - 3×3 基础矩阵,其为单精度型或双精度型;MATCHED_POINTS1 - 图像 1 的匹配点坐标矩阵,其大小为 $M×2$,矩阵的每一行为匹配点的坐标(x,y),M 为匹配点的个数,匹配点坐标矩阵的类型为双精度型、单精度型和整型;MATCHED_POINTS2 - 图像 2 的匹配点坐标矩阵,其大小为 $M×2$,矩阵的每一行为匹配点的坐标(x,y),M 为匹配点的个数,匹配点坐标矩阵的类型为双精度型、单精度型和整型;IMAGESIZE - 输入图像 2 的尺寸。

输出:T1 - 用于描述输入图像 1 的变换映射矩阵;T2 - 用于描述输入图像 2 的变换映射矩阵。

例程 7.9 - 5 是调用 estimateUncalibratedRectification()函数的 MATLAB 程序,其运行结果如图 7.9 - 5 所示。

【例程 7.9 – 5】

```
% 导入双目立体视觉系统采集的左右两幅图像.
  I1 = imread('yellowstone_left.png');
  I2 = imread('yellowstone_right.png');
% 导入匹配点
  load yellowstone_matched_points;
% 通过对应的匹配点计算基础矩阵
  f = estimateFundamentalMatrix (matched _ points1, matched _ points2, 'Method',
'Norm8Point');
% 显示立体视觉系统采集的图像、对应点和极线
  cvexShowStereoImages('Original image 1', 'Original image 2',I1, I2, matched_points1,
matched_points2, f);
% 估计左右两幅图像的映射转换矩阵
  [t1, t2] = estimateUncalibratedRectification(f,matched_points1, matched_points2,
size(I2));

  if isEpipoleInImage(f, size(I1)) || isEpipoleInImage(f', size(I2))
    error(['For the rectification to succeed, the epipoles must be',...
      'outside the images.']);
  end
% 显示图像校正后的结果、对应点和极线,在该结果中,每条极线都平行
  cvexShowStereoImages('Rectified image 1', 'Rectified image 2',I1, I2, matched_points1,
matched_points2, f, t1, t2);
```

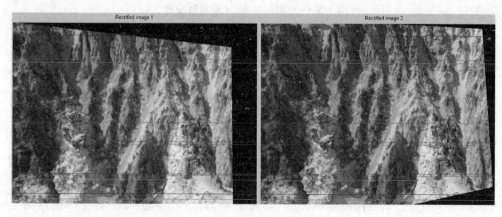

图 7.9 – 5 例程 7.9 – 5 的运行结果

(5) isEpipoleInImage

功能:确定是否图像包含极点。

调用格式:[ISIN,EPIPOLE] =isEpipoleInImage(F,IMAGESIZE)。

输入:F - 3×3 基础矩阵,其为单精度型或双精度型;IMAGESIZE -输入图像的尺寸。

输出：ISIN -该输出为逻辑值，当 ISIN 为 true 时，说明该图像包含极点，当 ISIN 为 false 时，说明该图像不包含极点；EPIPOLE -1×2 向量，表征极点的位置。

例程 7.9 - 6 是调用 isEpipoleInImage()函数来确定输入图像中是否含有极点的 MATLAB 程序。

【例程 7.9 - 6】

```
% 导入匹配点
load stereoPointPairs
% 估计基础矩阵
f = estimateFundamentalMatrix(matched_points1,matched_points2);
% 图像尺寸
imageSize = [200 300];
[isIn,epipole] = isEpipoleInImage(f,imageSize)
```

例程 7.9 - 6 的运行结果如下：

```
isIn =
    1
epipole =
  256.2989    99.8516
```

例程 7.9 - 7 是立体图像校正的 MATLAB 程序，读者可结合该程序及注释，进一步了解立体图像校正的原理和步骤。例程 7.9 - 7 的运行结果如图 7.9 - 6～图 7.9 - 10 所示。

【例程 7.9 - 7】

功能：立体图像校正。立体图像校正是将图像投射到一个共同的图像平面的方式，相应的点有相同的行坐标。通过该过程可将二维立体的相关问题归结为一个一维问题。立体图像校正往往是计算视差或三维重构的必要步骤。

```
%读入立体图像对，并显示
I1 = im2double(rgb2gray(imread('yellowstone_left.png')));
I2 = im2double(rgb2gray(imread('yellowstone_right.png')));
cvexShowImagePair(I1, I2, 'I1', 'I2');
cvexShowMatches(I1, I2);
title('Composite Images (Red - Left Image, Cyan - Right Image)');
% 检测特征点
blobs1 = detectSURFFeatures(I1, 'MetricThreshold', 2000);
blobs2 = detectSURFFeatures(I2, 'MetricThreshold', 2000);
cvexShowImagePair(I1, I2, 'Points in I1', 'Points in I2', ...
  'SingleColor', blobs1.Location, blobs2.Location);
% 寻找匹配特征点对
```

```
[features1, validBlobs1] = extractFeatures(I1, blobs1);
[features2, validBlobs2] = extractFeatures(I2, blobs2);
indexPairs = matchFeatures(features1, features2, 'Metric', 'SAD', ...
'MatchThreshold', 5);
matchedPoints1 = validBlobs1.Location(indexPairs(:,1),:);
matchedPoints2 = validBlobs2.Location(indexPairs(:,2),:);
cvexShowMatches(I1, I2, matchedPoints1, matchedPoints2, ...
'Putatively matched points in I1', 'Putatively matched points in I2');
% 运用几何约束去除外点
gte = vision.GeometricTransformEstimator('PixelDistanceThreshold', 50);
[~, geometricInliers] = step(gte, matchedPoints1, matchedPoints2);
refinedPoints1 = matchedPoints1(geometricInliers, :);
refinedPoints2 = matchedPoints2(geometricInliers, :);
cvexShowMatches(I1, I2, refinedPoints1, refinedPoints2, ...
   'Geometrically matched points in I1', ...
'Geometrically matched points in I2');
% 采用极线约束去除其他的外点
[fMatrix, epipolarInliers, status] = estimateFundamentalMatrix(...
   refinedPoints1, refinedPoints2, 'Method', 'RANSAC', ...
   'NumTrials', 10000, 'DistanceThreshold', 0.1, 'Confidence', 99.99);
if status ~ = 0 || isEpipoleInImage(fMatrix, size(I1)) ...
   || isEpipoleInImage(fMatrix', size(I2))
   error(['For the rectification to succeed, the images must have enough '...
      'corresponding points and the epipoles must be outside the images.']);
end

inlierPoints1 = refinedPoints1(epipolarInliers, :);
inlierPoints2 = refinedPoints2(epipolarInliers, :);

cvexShowMatches(I1, I2, inlierPoints1, inlierPoints2, ...
'Inlier points in I1', 'Inlier points in I2');
% 校正图像
[t1, t2] = estimateUncalibratedRectification(fMatrix, ...
inlierPoints1, inlierPoints2, size(I2));
cvexShowMatches(I1, I2, inlierPoints1, inlierPoints2, ...
'Inlier points in I1', 'Inlier points in I2', t1, t2);
Irectified = cvexTransformImagePair(I1, t1, I2, t2);
figure, imshow(Irectified);
title('Rectified Stereo Images (Red-Left Image, Cyan - Right Image)');
```

图 7.9 - 6　读入的左右两幅图像对

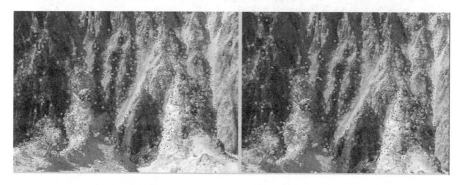

图 7.9 - 7　两幅图像分别提取特征点

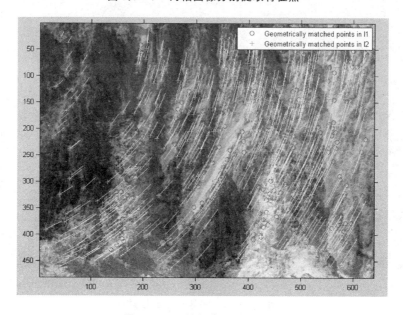

图 7.9 - 8　特征点匹配的过程

图 7.9 - 9 基于特征点的图像校准的过程

图 7.9 - 10 图像校准的结果

7.10　双目立体视觉的最新应用及发展方向

　　双目体视目前主要应用于四个领域:机器人导航、微操作系统的参数检测、三维测量和虚拟现实。

　　日本大阪大学自适应机械系统研究院研制了一种自适应双目视觉伺服系统,利用双目体视的原理,如每幅图像中相对静止的三个标志为参考,实时计算目标图像的雅可比短阵,从而预测出目标下一步运动方向,实现了对动方式未知的目标的自适应跟踪。该系统仅要求两幅图像中都有静止的参考标志,无需摄像机参数。而传统的视觉跟踪伺服系统需事先知道摄像机的运动、光学等参数和目标的运动方式。

　　日本奈良科技大学信息科学学院提出了一种基于双目立体视觉的增强现实系统(AR)注册方法,通过动态修正特征点的位置提高注册精度。该系统将单摄像机注册(MR)与立体视觉注册(SR)相结合,利用 MR 和三个标志点算出特征点在每个图像上的二维坐标和误差,利用 SR 和图像对计算出特征点的三维位置总误差,反复修正特征点在图像对上的二维坐标,直至三维总误差小于某个阈值。该方法比仅使用 MR 或 SR 方法大大提高了 AR 系统注册深度和精度。

　　日本东京大学将实时双目立体视觉和机器人整体姿态信息集成,开发了仿真机器人动态行长导航系统。该系统实现分两个步骤:首先,利用平面分割算法分离所拍摄图像对中的地面与障碍物,再结合机器人身体姿态的信息,将图像从摄像机的二维平面坐标系转换到描述躯体姿态的世界坐标系,建立机器人周围区域的地图;基次根据实时建立的地图进行障碍物检测,从而确定机器人的行走方向。

　　日本冈山大学使用立体显微镜、两个 CCD 摄像头、微操作器等研制了使用立体显微镜控制微操作器的视觉反馈系统,用于对细胞进行操作,对种子进行基因注射和微装配等。

　　麻省理工学院计算机系统提出了一种新的用于智能交通工具的传感器融合方式,由雷达系统提供目标深度的大致范围,利用双目立体视觉提供粗略的目标深度信息,结合改进的图像分割算法,能够在高速环境下对视频图像中的目标位置进行分割。

　　华盛顿大学与微软公司合作为火星卫星"探测者"号研制了宽基线立体视觉系统,使"探测者"号能够在火星上对其即将跨越的几千米内的地形进行精确的定位攻导航。系统使用同一个摄像机在"探测者"的不同位置上拍摄图像对,拍摄间距越大,基线越宽,能观测到越远的地貌。系统采用非线性优化得到两次拍摄图像时摄像机的相对准确的位置,利用鲁棒性强的最大似然概率法结合高效的立体搜索进行图像匹配,得到亚像素精度的视差,并根据此视差计算图像对中各点的三维坐标。相比传统的体视系统,能够更精确地绘制"探测者"号周围的地貌和以更高的精度观测到更远的地形。

由浙江大学研制的一种新型机械系统完全利用透视成像原理,采用双目体视方法实现了对多自由度机械装置的动态、精确位姿检测,仅需从两幅对应图像中抽取必要的特征点的三维坐标,信息量少,处理速度快,尤其适于动态情况。与手眼系统相比,被测物的运动对摄像机没有影响,且不需知道被测物的运动先验知识和限制条件,有利于提高检测精度。

东南大学电子工程系基于双目立体视觉,提出了一种灰度相关多峰值视差绝对值极小化立体匹配新方法,可对三维不规则物体(偏转线圈)的三维空间坐标进行非接触精密测量。

哈工大采用异构双目活动视觉系统实现了全自主足球机器人导航。将一个固定摄像机和一个可以水平旋转的摄像机,分别安装在机器人的顶部和中下部,可以同时监视不同方位视点,体现出比人类视觉优越的一面。通过合理的资源分配及协调机制,使机器人在视野范围、测跟精度及处理速度方面达到最佳匹配。双目协调技术可使机器人同时捕捉多个有效目标,观测相遇目标时通过数据融合,也可提高测量精度。在实际比赛中其他传感器失效的情况下,仅依靠双目协调仍然可以实现全自主足球机器人导航。

火星863计划课题"人体三维尺寸的非接触测量",采用"双视点投影光栅三维测量"原理,由双摄像机获取图像对,通过计算机进行图像数据处理,不仅可以获取服装设计所需的特征尺寸,还可根据需要获取人体图像上任意一点的三维坐标。

就双目立体视觉技术的发展现状而言,要构造出类似于人眼的通用双目立体视觉系统,还有很长的路要走,进一步的研究方向可归纳如下:

① 如何建立更有效的双目体视模型,能更充分地反映立体视觉不确定性的本质属性,为匹配提供更多的约束信息,降低立体匹配的难度。

② 探索新的适用于全面立体视觉的计算理论和匹配策略,选择有效的匹配准则和算法结构,以解决存在灰度失真、几何畸变(透视、旋转、缩放等)、噪声干扰、特殊结构(平坦匹域、重复相似结构等)及遮掩景物的匹配问题。

③ 算法向并行化发展,提高速度,减少运算量,增强系统的实用性。

④ 强调场景与任务的结束,针对不同的应用目的,建立有目的和面向任务的体视系统。

双目体视这一有着广阔应用前景的技术,随着光学、电子学以及计算机技术的发展,将不断进步,逐渐实用化,不仅将成为工业检测、生物医学、虚拟现实等领域的关键技术,还将应用于航天遥测、军事侦察等领域。

第**8**章

应用实例详解

8.1 高效视频监控系统的设计与实现

随着计算机技术、传感器技术的飞速发展,数字图像处理在安防领域的应用日益广泛,视频监控系统就是一个典型的应用。在自主银行、停车场、交通指挥中心,监控系统的监视摄像系统每天都会记录大量的数据,如何存储这些视频信息是一个亟待解决的问题。

传统的方法是使用视频压缩技术,但算法较为复杂,压缩比有限,不能从根本上解决大量数据存储的问题。对于监控录像,人们可能只对监控区域中的发生变化的画面感兴趣,长时间记录静止画面是没有必要的,因此,只记录变化帧图像可大大减少视频图像的存储量。

基于上述分析,本节采用帧间差分检测运动物体的原理建立一个视频监控系统,记录人们"感兴趣"的运动画面。与其他监控系统相比,本节所设计的视频监控系统具体存储数据量低、算法实现简单、对硬件要求低等特点,具有良好的工程应用价值。

8.1.1 视频监控系统的基本原理

本节所设计的视频监控系统,利用帧间差分原理,判断前后两帧画面是否存在差异:

$$SAD = \sum_i \sum_j \left| I_k(i,j) - I_{k-1}(i,j) \right|$$

式中,$I_k(i,j)$,$I_{k-1}(i,j)$ 分别表示当前帧与前一帧,计算得到的 SAD 值若超过设定的阈值,即开始记录当前画面,直到 SAD 值小于阈值则停止记录画面。其流程如图 8.1-1 所示。

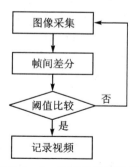

图 8.1-1 监控系统流程图

8.1.2 基于 Computer Vision System 的系统设计

根据图 8.1-1 所示的原理,在 MATLAB 的 Computer Vision System 工具箱中,搭建如图 8.1-2 所示的系统,系统各功能模块及其路径如表 8.1-1 所列。

MATLAB 图像处理——程序实现与模块化仿真（第 2 版）

266

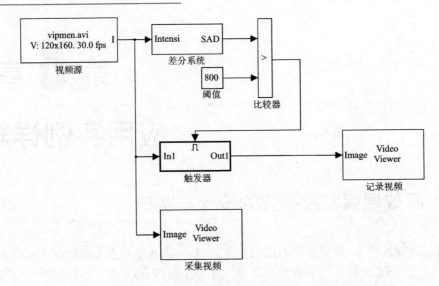

图 8.1-2　基于 Computer Vision System 工具箱所搭建的监控系统

表 8.1-1　图 8.1-2 的各功能模块及其路径

功　能	名　称	路　径
视频源	Image From File	Computer Vision System/Block Library/Sources
差分系统	Subsystem	Simulink/ Commonly Used Blocks
触发器	Subsystem	Simulink/ Commonly Used Blocks
比较器	Relational Operator	Simulink/ Logic and Bit Operation
阈值	Constant	Simulink/ Commonly Used Blocks
采集视频	Video Viewer	Computer Vision System/Block Library/Sinks
记录视频	Video Viewer	Computer Vision System/Block Library/Sinks

　　图 8.1-2 所示的系统中，有两个子系统。首先介绍差分子系统，其内部结构如图 8.1-3 所示，各功能模块及其路径如表 8.1-2 所列。

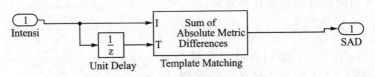

图 8.1-3　差分子系统内部结构

表 8.1-2　差分子系统各模块及其路径

功　能	名　称	路　径
单元延迟	Unit Delay	Simulink/Discrete
对相邻帧差值	Template Matching	Computer Vision System/Block Library/Analysis&Enhancement

双击差分子系统 Template Matching,对其进行如图 8.1-4 所示的设置。

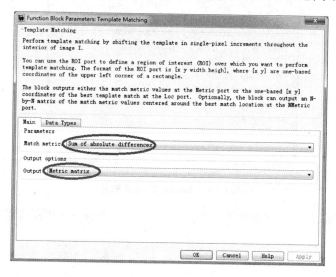

图 8.1-4 **Template Matching 属性设置**

触发器子系统的内部结构如图 8.1-5 所示。

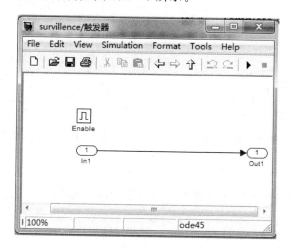

图 8.1-5 **触发器子系统内部结构**

双击触发器子系统,在其添加 Enable 模块(该模块的路径为 Simulink/ports &subsystem),并对其进行如图 8.1-6 所示的设置。

通过上述步骤,两个子系统已经设置完毕。下面讨论图 8.1-2 所示框图中各模块的属性设置。

双击视频源模块(Image From File),进行如图 8.1-7 和图 8.1-8 所示的设置,特别注意的是需要将输入视频的颜色设为灰度(Intensity),将其数据类型设为双精度型(double)。

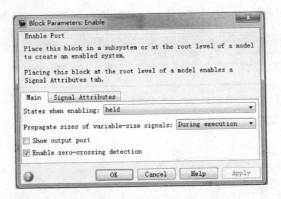

图 8.1 - 6　Enable 模块参数设置

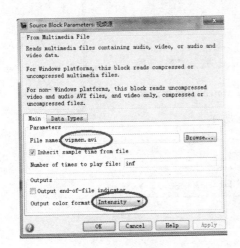

图 8.1 - 7　视频源模块设置 1

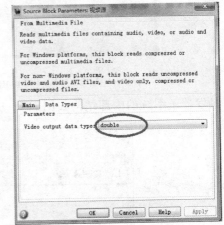

图 8.1 - 8　视频源模块设置 2

双击阈值模块,将其阈值设为 800,如图 8.1 - 9 所示。

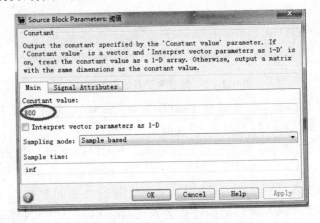

图 8.1 - 9　阈值模块设置

比较器的参数设置如图 8.1 - 10 所示。

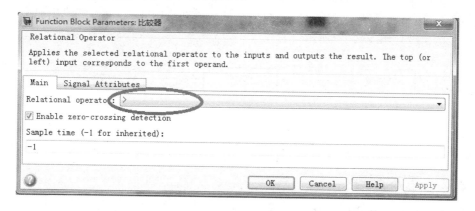

图 8.1 - 10　比较器的参数设置

在完成上述设置之后,便可运行模型了。模型的运行效果如图 8.1 - 11 所示。

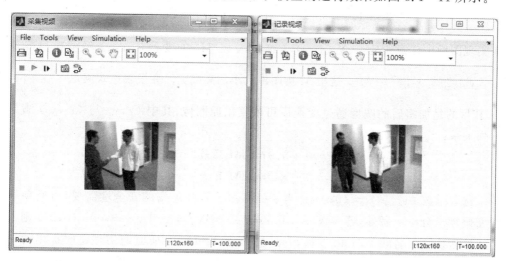

图 8.1 - 11　图 8.1 - 2 所示模型的运行结果

8.2　基于 Arnold 变换的图像加密技术

8.2.1　图像加密概述

随着 Internet 技术与多媒体技术的飞速发展,数字化信息可以不同的形式在网络上方便、快捷地传输,多媒体通信逐渐成为人们之间信息交流的重要手段。在人们通过网络交流各种信息,进行网上贸易的过程中,敏感信息可能轻易地被窃取、篡改、非法复制和传播,因此,信息的安全与保密显得越来越重要。

数字图像加密是在发送端采用一定的算法作用于一幅图像明文,使其变成不可识别的密文,达到图像保密的目的。在接收端采用相应的算法解密,恢复出原文。其通用算法模型如图 8.2 - 1 所示。

MATLAB图像处理——程序实现与模块化仿真(第2版)

图 8.2 - 1　数字图像加密通用模型

8.2.2　基本原理

(1) 置乱变换的加密原理

考虑到图像中任意像素与周围邻域像素间存在紧密关系,利用线性变换表达式:

$$\binom{x'}{y'} = \left[\begin{pmatrix} a & b \\ c & d \end{pmatrix} \begin{pmatrix} x \\ y \end{pmatrix} + \begin{pmatrix} x_0 \\ y_0 \end{pmatrix} \right] \bmod M$$

来实现图像中任意给定位置 $(x,y)(1 \leqslant x,y \leqslant M)$ 的变换,(x,y) 经变换后变成 $(x',y')(1 \leqslant x',y' \leqslant M)$,这里 M 指图像大小的高或宽。变换表达式满足 $\begin{vmatrix} a & b \\ c & d \end{vmatrix} = 1$,其目的是加密后的图像通过变换后可恢复出原图像,其中 (x,y) 与 (x',y') 满足下列关系:

$$x' = ((ax + by) + x_0) \bmod M \text{ 且若 } x' = 0, \text{ 则 } x' = M$$
$$y' = ((cx + dy) + y_0) \bmod M \text{ 且若 } y' = 0, \text{ 则 } y' = M$$

选取参数 $(x_0,y_0) \neq (0,0)$ 是为了提高图像置乱加密的安全性需要,可避免线性密码攻击分析。另外,若参数 $a = 1, b = 1, c = 1, d = 2$ 且 $(x_0,y_0) = (0,0)$,则上述线性变换是著名的 Arnold 变换,它是数学家 Arnold 在研究遍历理论时提出的一种变换。当 $a = b = c = 1, d = 0$ 且 $(x_0,y_0) = (0,0)$ 时,就是著名的 Fibonacci 变换。迭代地对一幅数字图像使用 Arnold 变换,即将左端输出的 (x',y') 作为下一次 Arnold 变换的输入,可得到一系列置乱图像。

需要注意的是,Arnold 变换具有周期性,即当迭代到某一步时,将重新得到原始图像。

对于图像的色彩空间而言,在这里提出两种基于推广的高维 Arnold 变换的置乱方式。

① 基于 RGB 色彩空间的图像置乱加密。

RGB 色彩空间可以看作是三维空间中的一个正方体,其中一个顶点位于坐标原点。通常计算机中表示的 RGB 颜色分量都是整数,所以我们使用的实际上是这个正方体中的离散网格点:$V_{RGB} = \{(x,y,z) \mid x,y,z = 0,1,\cdots,255\}$。

对于如上表示的 RGB 颜色,可以使用扩展三维 Arnold 变换在这个三维网格上做置乱,达到对图像的 RGB 颜色进行置乱的效果。

$$\begin{pmatrix} x' \\ y' \\ z' \end{pmatrix} = \begin{pmatrix} 1 & 1 & 1 \\ 1 & 2 & 2 \\ 1 & 2 & 3 \end{pmatrix} \begin{pmatrix} x \\ y \\ z \end{pmatrix} \mathrm{mod}256, (x,y,z) \in V_{\mathrm{RGB}}$$

此外,这种置乱的一个问题是:对于不同位置的同一种颜色无法进行置乱,因为其 R、G、B 分量值是固定的,所以经过这种置乱变换(无论多少次迭代)后,这些不同位置点的颜色仍是一样的,这样就产生了原始图像(特别是颜色数比较少的图像)轮廓可见的问题。对于这个问题的一个简单的改进是采用下面的置乱方法。

② 基于数字图像行列的 RGB 色彩空间置乱。

对于一个数字图像 F,可以将它表示为一个函数在矩形网格点处的函数值:$F = \{F_{x,y} \mid x,y = 0,1,\cdots,M-1, y = 0,1,\cdots,N-1\}$,即数字图像可以表示为如下矩阵:

$$\begin{bmatrix} F_{00} & F_{10} & \cdots & F_{M-1,0} \\ F_{01} & F_{11} & \cdots & F_{M-1,1} \\ \vdots & \vdots & \vdots & \vdots \\ F_{0,N-1} & F_{1,N-1} & \cdots & F_{M-1,N-1} \end{bmatrix}$$

对于 RGB 色彩而言,其中 R、G 和 B 各基色面,有 $F_{x,y} = 0,1,\cdots,255$。

针对某一基色面,以列为例,任取图像的某一列 $(F_{i0},F_{i1},\cdots,F_{i,N-1})^{\mathrm{T}}$,使用 N 阶扩展 Arnold 变换矩阵 A_N,做如下变换:

$$(F'_{i0},F'_{i1},\cdots,F'_{i,N-1})^{\mathrm{T}} = A_N(F_{i0},F_{i1},\cdots,F_{i,N-1})^{\mathrm{T}}\mathrm{mod}256$$

即可得到一幅置乱图像,将左侧的输出列放回到原始图像的相应位置,还可以迭代重复此过程。

(2) 基于 Arnold 反变换的图像解密原理

针对标准 Arnold 变换 $\begin{pmatrix} x' \\ y' \end{pmatrix} = \begin{pmatrix} 1 & 1 \\ 1 & 2 \end{pmatrix} \begin{pmatrix} x \\ y \end{pmatrix} \mathrm{mod}M$ 进行大小为 $M \times M$ 的图像加密所得结果进行解密时,考虑到图像位置下标是 $(x,y)(x,y = 0,1,\cdots,M-1)$,此时有:

$$x' = (x+y)\mathrm{mod}M, \quad y' = (x+2y)\mathrm{mod}M$$

这意味着存在整数 p,q 使得:

$$x+y-x' = pM, \quad x+2y-y' = qM$$

即:

$$x+y = pM+x', \quad x+2y = qM+y'$$

该方程组有无数多组解,但是在图像处理的背景下,却能得到其唯一解。因为如下条件:

$$0 \leqslant x \leqslant M-1, \quad 0 \leqslant y \leqslant n-1, \quad 0 \leqslant x' \leqslant M-1, \quad 0 \leqslant y' \leqslant n-1$$

成立,所以:

$$0 \leqslant x + y \leqslant 2M - 2, \quad 0 \leqslant x + 2y \leqslant 3M - 3$$

再由不等式的性质以及图像处理的背景可推出 p, q 非负,从而:

$$0 \leqslant x + y - x' \leqslant 2M - 2, \quad 0 \leqslant x + 2y - y' \leqslant 3M - 3$$

即:

$$0 \leqslant pM \leqslant 2M - 2, \quad 0 \leqslant qM \leqslant 3M - 3$$

故 p 只能取 0 和 1, q 只能取 $0, 1, 2$。这样可得到 6 组方程组且求解麻烦。我们可充分利用图像的性质来确定 p 和 q 的值,以下为分析求解过程。

由于 $0 \leqslant (x + 2y) - (x + y) = y = y' - x' + (q - p)M \leqslant M - 1$,因此,可根据 x', y' 的情况具体判别:

① 若 $x' \leqslant y'$,则 $y' - x' \geqslant 0$,从而有 $p = q$,故 $y = y' - x'$。

若 $x' < y$,则 $x = M + x' - y$;否则 $x = x' - y$。

② 若 $x' > y'$,则 $y' - x' < 0$,从而 $q = p + 1$,故 $y = M + y' - x'$。

若 $x' < y$,则 $x = M + x' - y$;否则 $x = x' - y$。

由于 Arnold 变换是一个双射,以上所求则为它的逆映射,于是解集一定在原图像支集范围内,并且刚好填满该支集。由于正、反变换是相对的,故可该算法求出的反变换作为正变换,则相应的反变换就是 Arnold 变换。

下面,进一步将二维 Arnold 反变换推广至三维情形。三维 Arnold 变换定义为:

$$\begin{pmatrix} x' \\ y' \\ z' \end{pmatrix} = \begin{pmatrix} 1 & 1 & 1 \\ 1 & 2 & 2 \\ 1 & 2 & 3 \end{pmatrix} \begin{pmatrix} x \\ y \\ z \end{pmatrix} \mathrm{mod} M$$

其中,(x, y, z) 是原三维图像中的像素点,(x', y', z') 是变换后图像的像素点,M 为图像的阶数。由三维 Arnold 变换的定义,存在整数 p, q, r,满足:

$$\begin{cases} x + y + z = pM + x' \\ x + 2y + 2z = qM + y' \\ x + 2y + 3z = rM + z' \end{cases} \text{且 } 0 \leqslant x, y, z, x', y', z' \leqslant M - 1$$

由隐含条件、不等式性质及图像的背景知识,有:

$$0 \leqslant x + y + z - x' \leqslant 3M - 3,$$
$$0 \leqslant x + 2y + 2z - y' \leqslant 5M - 5,$$
$$0 \leqslant x + 2y + 3z - z' \leqslant 6M - 6$$

即:

$$\begin{cases} 0 \leqslant pM \leqslant 3M - 3 \\ 0 \leqslant qM \leqslant 5M - 5 \\ 0 \leqslant rM \leqslant 6M - 6 \end{cases} \text{,所以} \begin{cases} p = 0, 1, 2 \\ q = 0, 1, 2, 3, 4 \\ r = 0, 1, 2, 3, 4, 5 \end{cases}$$

这样可形成 90 个方程组且其求解麻烦。下面给出简单快速方法。

由上述结论,可得知有:

$$0 \leqslant (x + 2y + 3z) - (x + 2y + 2z) = z = z' - y' + (r - q)M \leqslant M - 1$$

$$0 \leqslant (x+2y+2z)-(x+y+z)=y+z=y'-x'+(q-p)M \leqslant 2M-2$$

从而可根据 x', y', z' 之间关系来简化计算过程。

① 若 $y' \leqslant z'$，于是 $r=q$，故 $z=z'-y'$。把 z 代入上述第 2 个不等式，于是 y 的值由 x', y', z 唯一确定，即 $y=y'-x'-z+(q-p)M$。若 $y'<(x'+z)$ 且 $(x'+z)<M$ 时，则 $y=y'-x'-z+M$；若 $y'<(x'+z)-M$ 时，则 $y=y'-x'-z+2M$；若 $y'>(x'+z)$ 时，则 $y=y'-x'-z$。

② 若 $y'>z'$，则 $r-q=1$，故 $z=n+z'-y'$。同理可求 y,z 的值。

8.2.3 实现流程

➢ 选取一幅将需要加密的图片；
➢ 读取图片内容像素值并存储于矩阵；
➢ 采用 Arnold 变换对图像像素位置移动实现图像加密；
➢ 输出加密图像。

8.2.4 例程精讲

例程 8.2-1 是基于 Arnold 变换进行图像加密的 MATLAB 源程序，读者可以结合程序做进一步的理解。例程 8.2-1 的运行结果如图 8.2-2 所示。

【例程 8.2-1】

```
clear all;
data = imread('lena.jpg');
if isrgb(data)
    data = rgb2gray(data);
end
[M,N] = size(data);
data = double(data);
% M 与 N 相等;
data0 = data;
% l 为控制置乱加密次数;
% Arnold 变换参数：a = 1,b = 1,c = 1,d = 2;
% x0 = 0,y0 = 0;
for l = 1:20
  x0 = 0;
  y0 = 0;
  for x = 0:M - 1
    for y = 0:N - 1
        x1 = x + y + x0;
        y1 = x + 2 * y + y0;
```

```
        x1 = mod(x1,M);
        y1 = mod(y1,N);

        x1 = x1 + 1;
        y1 = y1 + 1;

        data1(x1,y1) = data0(x + 1,y + 1);
    end
end
if l == 6
  figure(l)
  subplot(1,2,1);
  imshow(uint8(data));
  title('原图像');
  subplot(1,2,2);
  imshow(uint8(data1));
  title('加密后图像');
end
end
```

图 8.2 - 2　例程 8.2 - 1 的运行结果

8.3　人脸检测技术及其实现

8.3.1　人脸检测技术研究概况

　　人脸检测是指对于任意一幅给定的图像,采用一定的策略对其进行搜索以确定其中是否含有人脸,如果含有则返回人脸的位置、大小和姿态。人脸检测的应用范围非常广泛,特别是在视频追踪、实时监控和刑事侦查等领域都有非常重要的作用。

　　人类可以毫不困难地检测到空间中的人脸,但计算机进行完全自动的人脸检测仍存在许多困难,是一个复杂的具有挑战性的模式分类问题。

虽然人脸检测技术有了很大的发展,但是由于各种变化因素的影响,还有很多需要解决的问题:

> 由于人脸模式的多样性,人脸图像的空间分布非常复杂,有限的样本集难以覆盖全部人脸图像子空间;

> 对于复杂背景的图像,如何有效地区分类似人脸的区域和真正的人脸区域;

> 目前的人脸检测算法还不能较好地处理任意姿态、光照和遮挡等变化条件;

> 由于大多数应用都是面向实时性处理,这要求人脸检测算法简单、快速。

随着图像处理、模式识别、人工智能以及生物心理学的研究进展,人脸检测技术将会获得更大的发展。

8.3.2 人脸检测方法

对人脸检测的研究最初可以追溯到 20 世纪 70 年代,早期的研究主要致力于模板匹配、子空间方法、变形模板匹配等。近期人脸检测的研究主要集中在基于数据驱动的学习方法,如统计模型方法、神经网络学习方法、统计知识理论和支持向量机方法、基于马尔可夫随机域的方法以及基于肤色的人脸检测。可以将人脸检测的方法分为 4 类。

(1) 基于知识的方法

这个方法将人类有关典型的脸的知识编码成一些规则。通常这些规则包括了脸部特征之间关系的知识(如轮廓规则、器官分布规则、对称性规则、运动规则),如图 8.3 - 1 所示。基于知识的方法主要用于人脸的定位。

该方法其中的一个困难是如何将人类知识转化成为有效的规则:如果规则制定得太细,那么可能有许多人脸无法通过规则的验证;如果规则制定得太宽泛,那么可能许多非人脸会被误判为人脸。

(2) 特征不变量方法

这个方法的目标是寻找那些即使当姿势、视角和光线条件变化时仍然存在的结构特征,并利用这些特征来定位人脸。由于人类能够毫不费劲地"看到"在不同光线和姿态下的人脸和物体,因此研究人员认为有一个潜在的假设:存在一些关于人脸的不依赖于外在条件的属性或者特征。有许多方法

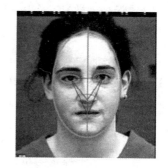

图 8.3 - 1 基于知识的人脸检测方法抽象出人脸的基本特征规则

就是按照这个潜在假设,首先去寻找这种脸部特征(通过大量样本学习的方法),然后用寻找到的特征去检测人脸。

人的肤色被证明是人脸检测的一个有效特征。人脸肤色聚集在颜色空间中一个较小的区域,因此可利用肤色特征能够有效地检测出图像中的人脸。利用肤色特征

检测出的人脸区域可能不够准确,但如果在整个系统实现中作为人脸检测的粗定位环节,它具有直观、实现简单、快速等特点,可以为后面进一步进行精确定位创造良好的条件,以达到最优的系统性能。

本节所介绍的基于 AdaBoost 方法的人脸检测就是基于人脸特征的方法。

(3) 模板匹配的方法

模板匹配法是一种经典的模式识别方法。在模板匹配中,会有一种标准的人脸模式被手动的预先定义或者被函数参数化。给定一个输入图像,我们对它就人脸的轮廓、眼睛、鼻子和嘴分别计算它和标准模式的相关值,根据相关值和预先设定的阈值来确定图像中是否有人脸。由于基于模板的方法比较成熟,因此其实现起来比较简单,但是这个方法对于人脸检测来说,效率并不高。如图 8.3-2 所示的人脸检测模板,这个模板由 16 个区域(图中灰色部分)和 23 种区域关系(用箭头表示)组成。

(4) 基于表象的方法

与模板匹配方法相比,基于表象的方法的模型是从一系列具有代表性脸部表观的训练图像学习而来,再将学习而成的模板用于人脸检测,而不像基于模板的方法,模板是由专家预先定义的。现在许多人脸检测方法都是这种基于表象的方法。

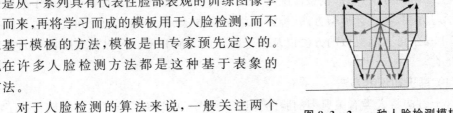

图 8.3 - 2 一种人脸检测模板

对于人脸检测的算法来说,一般关注两个指标:

① 人脸检测率:给定图像中,检测出来的人脸和人脸总数的比率。

② 错误检测数:有多少的非人脸被当成是人脸检测出来了。这个指标非常重要,有些检测算法可以给出甚至 100% 的检测率,但是其错误检测的数量可能非常巨大。

8.3.3 基于 AdaBoost 的人脸检测的基本原理

1. 矩形特征

在给定有限的数据情况下,基于特征的检测能够编码特定区域的状态,而且基于特征的系统比基于像素的系统要快得多。矩形特征对一些简单的图形结构,比如,边缘、线段,比较敏感,但是其只能描述特定走向(水平、垂直、对角)的结构,因此比较粗略。如图 8.3-3 所示,脸部一些特征能够由矩形特征简单地描绘,上行是 24×24 子窗口内选出的矩形特征,下行是子窗口检测到的与矩形特征的匹配。例如,通常眼睛要比脸颊颜色更深;鼻梁两侧要比鼻梁颜色要深;嘴巴要比周围颜色更深。

我们将使用简单矩形组合作为特征模板。这类特征模板都是由两个或多个全等的矩形相邻组合而成,特征模板内有白色和黑色两种矩形(定义左上角的为白色,然后依次交错),并将此特征模版的特征值定义为白色矩形像素和减去黑色矩形像素。

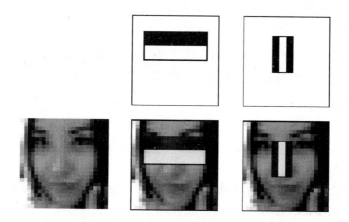

图 8.3 - 3　矩形特征在人脸上的特征匹配

最简单的 5 个特征模板如表 8.3 - 1 所列。

表 8.3 - 1　简单的 5 个特征模板

名称(模板号)	特征模板
边缘特征 (1)(2)	
线性特征 (3)(4)	
特定方向特征 (5)	

特征模板可以在子窗口内以"任意"尺寸"任意"放置,每一种形态称为一个特征。找出子窗口所有特征,是进行弱分类训练的基础。我们不可能把所有的这些特征都用于检测,否则计算量巨大。我们的目的是尽可能少地选取最能区分人脸和非人脸的图像的那些特征,从而大大降低计算开销。具体的选择方法即为基于 AdaBoost 的学习算法,将在后续进行具体介绍。

现在已经有了简单的特征,我们还需要一些简单的分类器。为了能使得这些分类器足够简单,就把分类器和这些矩形特征做一一对应,亦即每个分类器就由一个特征的值来决定。于是得到如下的简单分类器原型:

$$h_j(x) = \begin{cases} 1 & \text{if} \quad p_j f_j(x) < p_j \theta_j \\ 0 & \text{otherwise} \end{cases}$$

其中，$h_j(x)$ 就是基于简单特征的分类器，x 就是待检测子窗口，$f_j(x)$ 就是对于子窗口 x 的矩形特征值计算函数，p_j 就是一个符号因子，θ_j 就是对应分类器的阈值。

2. 积分图

针对已经引入的矩形特征，为了进一步降低所需要的计算成本，我们引入了积分图的概念。这是一种对原图像的中间表达方式，这种表达方式可以使得矩形特征的值能非常快地得到计算。

所谓的积分图像其实就是对原图的一次双重积分（先是按行积分，然后是按列积分），那么它的积分表示为：

$$f'(x,y) = \iint\limits_{0\ \ 0}^{y\ \ x} f(x',y')\mathrm{d}x'\mathrm{d}y'$$

其中，$f(x',y')$ 是原图像，$f'(x,y)$ 是积分图像。

又因为我们计算的是原图中某一点左上方所有像素值的和，它是一个离散的加和，因此，在点 x,y 的积分图像的计算方法就如下所示：

$$ii(x,y) = \sum_{x'\leqslant x, y'\leqslant y} i(x',y')$$

其中，$ii(x,y)$ 是计算后的积分图像，$i(x',y')$ 是原图像，如图 8.3-4 所示。

如图 8.3-5 所示，在矩形 D 中的像素和可以通过 4 点计算得到。在点 1 的积分图像的和可以通过矩形 A 内的点的和得到。在点 2 的值就是 $A+B$，在点 3 的值就是 $A+C$，在点 4 的值就是 $A+B+C+D$。在 D 内的点的和可如下计算得到：$4+1-(2+3)$。如果使用以下函数：

$$s(x,y) = s(x,y-1) + i(x,y)$$
$$ii(x,y) = ii(x-1,y) + s(x,y)$$

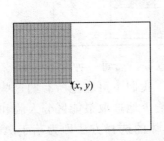

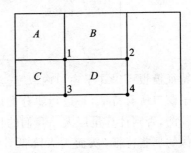

图 8.3-4 在 (x,y) 点的积分图像的值是所有 在这个点的左上方的点的和

图 8.3-5 积分图像计算方法示意图

其中，$s(x,y)$ 是每列像素的和，$s(x,-1)=0$，$ii(-1,y)20$，积分图像可以在对原图的一次遍历后计算得到。

如果使用积分图像,那么任何矩形中的像素和都能通过 4 个顶点的值计算出来。显然,双矩形特征的值可以通过 8 个顶点计算得到。然而,双矩形特征包括了 2 个相邻的矩形和,因此它们可以用 6 个顶点的值计算得到。如果是三矩形就是 8 个点,四矩形就是 9 个点,如图 8.3-6 所示。

特征 A 的值为:$(6-5-3+2)-(5-2-4+1)$;特征 B 的值为:$(4-3-2+1)-(6-4-5+3)$;特征 C 的值为:$(7-6-3+2)-(6-5-2+1)-(8-7-4+3)$;特征 D 的值为:$(6-5-3+2)+(8-7-5+4)-(5-4-2+1)-(9-8-6+5)$。

3. AdaBoost 的基本原理

AdaBoost 学习方法用来达到简单学习算法的分类效果。它通过结合一组弱分类函数来组成一个强大的分类器。这种简单学习算法被称为弱学习机,之所以称其为学习机是因为这个分类器的学习算法会对一个分类器集做一个搜索,运用选择算法来找出那些分类错误最小的分类器,这是一个学习的过程。而这种学习机被称为弱学习机是因为我们不指望那些被找出来的分类器能非常好地区分训练数据。采用多重的、循环的学习训练来构建弱学习机。在第一轮的学习结束以后,训练集范例将被重新赋权值,目的是为了强调那些被前一个弱分类器错误分类的范例。而最终的强分类器由许多带权值的弱分类器组成,并且其本身还有个阈值。

AdaBoost 算法是一种用来分类的方法,它的基本原理就是"三个臭皮匠,顶个诸葛亮"。它把一些比较弱的分类方法合在一起,组合出新的很强的分类方法。

例如图 8.3-7 中,需要用一些线段把红色的球与深蓝色的球分开,然而如果仅仅画一条线的话,是分不开的。注:图 8.3-7~图 8.3-9 中,红色的球用浅灰表示,蓝色的球用黑色表示。

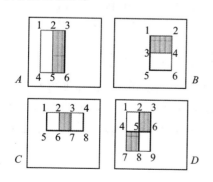

图 8.3-6 4 种不同矩形特征计算示
所需要的顶点的值

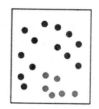

图 8.3-7 待分类的红球与蓝球

使用 AdaBoost 算法来进行划分,先画出一条错误率最小的线段如图 8.3-8(a)所示,但是左下脚的深蓝色球被错误划分到红色区域,因此加重被错误划分球的权重,再下一次划分时,将更加考虑那些权重大的球,如8.3-8(c)所示,最终得到了一个准确的划分,如图8.3-9所示。

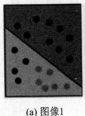 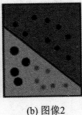 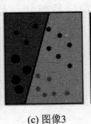  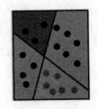

(a) 图像1　　　(b) 图像2　　　(c) 图像3　　　(d) 图像4

图 8.3-8　分类的过程　　　　　　　图 8.3-9　最终的分类结果

人脸检测的目的就是从图片中找出所有包含人脸的子窗口,将人脸的子窗口与非人脸的子窗口分开。下面给出 AdaBoost 的学习训练算法框架:

➤ 为给定训练图像初始化权值;

➤ For $t=1,\cdots,T$;

归一化训练图像权值;

对于每一个特征 j,训练一个分类器 h_j,并计算:$\varepsilon_j = \sum_i \omega_i \mid h_j(x_i) - y_i \mid$;

选出 h_t,使得 ε_t 达到最小;

更新权值:$\omega_{t+1,i} = \omega_{t,i}\beta_t^{1-e_i}$,其中当 x_i 被正确分类时,$e_i = 0$,否则 $e_i = 1$,并且 $\beta_t = \dfrac{\varepsilon_t}{1-\varepsilon_t}$;

➤ 最终的强分类如下:

$$h_j(x) = \begin{cases} 1 & \sum_{t=1}^{T}\alpha_t h_t(x) \geqslant \dfrac{1}{2}\sum_{t=1}^{T}\alpha_t \\ 0 & \text{otherwise} \end{cases} \quad \text{其中 } \alpha_t = \log\dfrac{1}{\beta_t}$$

8.3.4　例程精讲

在 MATLAB 2012 版本中,提供了一个基于 AdaBoost 算法来进行人脸检测的系统对象(System Object)——vision.CascadeObjectDetector,直接调用该系统对象可以实现对输入图像中人脸的检测,详见例程 8.3-1。例程 8.3-1 的运行结果如图 8.3-10 所示。

【例程 8.3-1】

```
% 创建一个人脸检测系统对象(system object)
faceDetector = vision.CascadeObjectDetector();
% 读入视频的每一帧
videoFileReader = vision.VideoFileReader('visionface.avi');
videoFrame      = step(videoFileReader);
```

图 8.3 - 10   例程 8.3 - 1 的运行结果

```
% 对每一帧视频进行人脸检测
bbox              = step(faceDetector, videoFrame);
% 将检测出的人脸在图像上标出并显示
boxInserter  = vision.ShapeInserter('BorderColor','Custom',...
    'CustomBorderColor',[255 255 0]);
videoOut = step(boxInserter, videoFrame,bbox);
figure, imshow(videoOut), title('Detected face');
```

8.4 雾霭天气图像增强技术及其实现

随着计算机技术、传感器技术的飞速发展,数字图像处理在智能交通、侦察勘探、导航定位等领域发挥的作用日益突出。

由于雾霭天气的影响,会使能见度变低,图像采集设备采集的图像一般都会出现比较严重的退化与失真,会对智能交通、航拍测绘、视频导航造成严重的影响。因此,通过现代图像处理的方法提高雾霭天气下拍摄图像的能见度具有重要的作用。本节主要介绍基于 Retinex 理论的雾霭天气图像增强及其实现。

8.4.1 Retinex 理论

Retinex(视网膜 Retina 和大脑皮层 Cortex 的缩写)理论是一种建立在科学实验和科学分析基础上的基于人类视觉系统(Human Visual System)的图像增强理论。该算法的基本原理模型最早是由 Edwin Land(埃德温 • 兰德)于 1971 年提出的一种被称为色彩的理论,并在颜色恒常性的基础上提出的一种图像增强方法。Retinex

理论的基本内容是物体的颜色是由物体对长波(红)、中波(绿)和短波(蓝)光线的反射能力决定的,而不是由反射光强度的绝对值决定的;物体的色彩不受光照非均性的影响,具有一致性,即 Retinex 理论是以色感一致性(颜色恒常性)为基础的。

根据 Edwin Land 提出的理论,一幅给定的图像 $S(x,y)$ 分解成两幅不同的图像:反射物体图像 $R(x,y)$ 和入射光图像 $L(x,y)$,其原理示意图如图 8.4 - 1 所示。

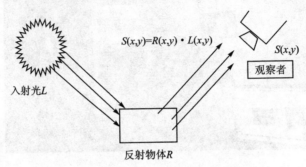

图 8.4 - 1 Retinex 理论示意图

对于观察图像 S 中的每个点 (x,y),用公式可以表示为:

$$S(x,y) = R(x,y) \times L(x,y) \tag{8.4.1}$$

实际上,Retinex 理论就是通过图像 S 来得到物体的反射性质 R,也就是去除了入射光 L 的性质从而得到物体原本该有的样子。

8.4.2 基于 Retinex 理论的图像增强的基本步骤

① 利用取对数的方法将照射光分量和反射光分量分离,即:

$$S(x, y) = r(x, y) + l(x, y) = \log(R(x, y)) + \log(L(x, y));$$

② 用高斯模板对原图像做卷积,即相当于对原图像做低通滤波,得到低通滤波后的图像 $D(x,y)$,$F(x, y)$ 表示高斯滤波函数:

$$D(x, y) = S(x, y) * F(x, y);$$

③ 在对数域中,用原图像减去低通滤波后的图像,得到高频增强的图像 $G(x, y)$:

$$G(x,y) = S(x, y) - \log(D(x, y));$$

④ 对 $G(x,y)$ 取反对数,得到增强后的图像 $R(x, y)$:

$$R(x, y) = \exp(G(x, y));$$

⑤ 对 $R(x,y)$ 做对比度增强,得到最终的结果图像。

8.4.3 多尺度 Retinex 算法

D Jobson 等人提出了多尺度 Retinex 算法,多尺度算法的基本公式是:

$$R_i(x,y) = \sum_{n=1}^{N} W_n \{\log[I_i(x,y)] - \log[F_n(x,y) * I_i(x,y)]\}$$

其中,$R_i(x,y)$ 是 Retinex 的输出,$i \in R,G,B$ 表示 3 个颜色谱带,$F(x,y)$ 是高

斯滤波函数，W_n 表示尺度的权重因子，N 表示使用尺度的个数，$N = 3$，表示彩色图像，$i \in R,G,B$。$N = 1$，表示灰度图像。从公式中可以看出：MSR 算法的特点是能产生包含色调再现和动态范围压缩这两个特性的输出图像。

在 MSR 算法的增强过程中，图像可能会因为增加了噪声而造成对图像中的局部区域色彩失真，使得物体的真正颜色效果不能很好地显现出来，从而影响了整体视觉效果。为了弥补这个缺点，一般情况下会应用带色彩恢复因子 C 的多尺度算法（MSRCR）来解决。带色彩恢复因子 C 的多尺度算法是在多个固定尺度的基础上考虑色彩不失真恢复的结果，在多尺度 Retinex 算法过程中，我们通过引入一个色彩因子 C 来弥补由于图像局部区域对比度增强而导致图像颜色失真的缺陷，通常情况下所引入的色彩恢复因子 C 的表达式为：

$$R_{\mathrm{MSRCR}_i}(x,y) = C_i(x,y)R_{\mathrm{MSR}_i}(x,y)$$

$$C_i(x,y) = f[I_i(x,y)] = f\left[\frac{I_i(x,y)}{\sum_{j=1}^{N} I_j(x,y)}\right]$$

其中，C_i 表示第 i 个通道的色彩恢复系数，它的作用是用来调节 3 个通道颜色的比例，$f(\cdot)$ 表示的是颜色空间的映射函数。带色彩恢复的多尺度 Retinex 算法（MSRCR）通过色彩恢复因子 C 这个系数来调整原始图像中 3 个颜色通道之间的比例关系，从而通过把相对有点暗的区域的信息凸显出来，以达到消除图像色彩失真的缺陷。处理后的图像局域对比度提高，而且它的亮度与真实的场景很相似，图像在人们视觉感知下显得极其逼真。因此，MSR 算法具有较好的颜色再现性、亮度恒常性以及动态范围压缩等特性。

8.4.4 例程精讲

例程 8.4-1 是基于 Retinex 理论进行雾霾天气增强的 MATLAB 程序，读者可结合程序及注释对基于 Retinex 理论进行雾霾天气增强的基本原理进行进一步分析，该程序的运行结果如图 8.4-2 所示。

【例程 8.4-1】

```
clear;
close all;
% 读入图像
I = imread('wu.png');
% 取输入图像的 R 分量
R = I(:,:,1);
[N1,M1] = size(R);
% 对 R 分量进行数据转换，并对其取对数
R0 = double(R);
Rlog = log(R0 + 1);
% 对 R 分量进行二维傅里叶变换
```

```matlab
Rfft2 = fft2(R0);
% 形成高斯滤波函数
sigma = 250;
F = zeros(N1,M1);
for i = 1:N1
        for j = 1:M1
            F(i,j) = exp( - ((i - N1/2)^2 + (j - M1/2)^2)/(2 * sigma * sigma));
        end
end
F = F./(sum(F(:)));
% 对高斯滤波函数进行二维傅里叶变换
Ffft = fft2(double(F));
% 对 R 分量与高斯滤波函数进行卷积运算
DR0 = Rfft2. * Ffft;
DR = ifft2(DR0);
% 在对数域中,用原图像减去低通滤波后的图像,得到高频增强的图像
DRdouble = double(DR);
DRlog = log(DRdouble + 1);
Rr = Rlog - DRlog;
% 取反对数,得到增强后的图像分量
EXPRr = exp(Rr);
% 对增强后的图像进行对比度拉伸增强
MIN = min(min(EXPRr));
MAX = max(max(EXPRr));
EXPRr = (EXPRr - MIN)/(MAX - MIN);
EXPRr = adapthisteq(EXPRr);

% 取输入图像的 G 分量
G = I(:,:,2);
[N1,M1] = size(G);
% 对 G 分量进行数据转换,并对其取对数
G0 = double(G);
Glog = log(G0 + 1);
% 对 G 分量进行二维傅里叶变换
Gfft2 = fft2(G0);
% 形成高斯滤波函数
sigma = 250;
for i = 1:N1
        for j = 1:M1
            F(i,j) = exp( - ((i - N1/2)^2 + (j - M1/2)^2)/(2 * sigma * sigma));
        end
end
```

```matlab
F = F./(sum(F(:)));
% 对高斯滤波函数进行二维傅里叶变换
Ffft = fft2(double(F));
% 对 G 分量与高斯滤波函数进行卷积运算
DG0 = Gfft2. * Ffft;
DG = ifft2(DG0);
% 在对数域中,用原图像减去低通滤波后的图像,得到高频增强的图像
DGdouble = double(DG);
DGlog = log(DGdouble + 1);
Gg = Glog - DGlog;
% 取反对数,得到增强后的图像分量
EXPGg = exp(Gg);
% 对增强后的图像进行对比度拉伸增强
MIN = min(min(EXPGg));
MAX = max(max(EXPGg));
EXPGg = (EXPGg - MIN)/(MAX - MIN);
EXPGg = adapthisteq(EXPGg);

% 取输入图像的 B 分量
B = I(:,:,3);
[N1,M1] = size(B);
% 对 B 分量进行数据转换,并对其取对数
B0 = double(B);
Blog = log(B0 + 1);
% 对 B 分量进行二维傅里叶变换
Bfft2 = fft2(B0);
% 形成高斯滤波函数
sigma = 250;
for i = 1:N1
     for j = 1:M1
       F(i,j) = exp( - ((i - N1/2)^2 + (j - M1/2)^2)/(2 * sigma * sigma));
     end
end
F = F./(sum(F(:)));
% 对高斯滤波函数进行二维傅里叶变换
Ffft = fft2(double(F));
% 对 B 分量与高斯滤波函数进行卷积运算
DB0 = Gfft2. * Ffft;
DB = ifft2(DB0);
% 在对数域中,用原图像减去低通滤波后的图像,得到高频增强的图像
DBdouble = double(DB);
```

285

```
DBlog = log(DBdouble + 1);
Bb = Blog - DBlog;
EXPBb = exp(Bb);
% 对增强后的图像进行对比度拉伸增强
MIN = min(min(EXPBb));
MAX = max(max(EXPBb));
EXPBb = (EXPBb - MIN)/(MAX - MIN);
EXPBb = adapthisteq(EXPBb);
% 对增强后的图像 R、G、B 分量进行融合
IO(:,:,1) = EXPRr;
IO(:,:,2) = EXPGg;
IO(:,:,3) = EXPBb;
% 显示运行结果
subplot(121),imshow(I);
subplot(122),imshow(IO);
```

图 8.4 - 2　例程 8.4 - 1 的运行结果

　　例程 8.4 - 2 是基于 Retinex 理论进行雾霭天气增强的 MATLAB 程序,读者可结合程序及注释对基于 Retinex 理论进行雾霭天气增强的基本原理进行进一步分析,该程序的运行结果如图 8.4 - 3 所示。

　　【例程 8.4 - 2】

```
clear;
close all;
I = imread('wu. png');
% 分别取输入图像的 R、G、B 三个分量,并将其转换为双精度型
R = I(:,:,1);
```

```
G = I( :,:,2);
B = I( :,:,3);
R0 = double(R);
G0 = double(G);
B0 = double(B);
[N1,M1] = size(R);
% 对 R 分量进行对数变换
Rlog = log(R0 + 1);
% 对 R 分量进行二维傅里叶变换
Rfft2 = fft2(R0);
% 形成高斯滤波函数(sigma = 128)
sigma = 128;
F  = zeros(N1,M1);
for i = 1:N1
    for j = 1:M1
        F(i,j) = exp( -((i - N1/2)^2 + (j - M1/2)^2)/(2 * sigma * sigma));
    end
end
F  = F./(sum(F(:)));
% 对高斯滤波函数进行二维傅里叶变换
Ffft = fft2(double(F));
% 对 R 分量与高斯滤波函数进行卷积运算
DR0 = Rfft2. * Ffft;
DR = ifft2(DR0);
% 在对数域中,用原图像减去低通滤波后的图像,得到高频增强的图像
DRdouble = double(DR);
DRlog = log(DRdouble + 1);
Rr0 = Rlog - DRlog;
% 形成高斯滤波函数(sigma = 256)
sigma = 256;
F  = zeros(N1,M1);
for i = 1:N1
    for j = 1:M1
      F(i,j) = exp( -((i - N1/2)^2 + (j - M1/2)^2)/(2 * sigma * sigma));
    end
end
F  = F./(sum(F(:)));
% 对高斯滤波函数进行二维傅里叶变换
Ffft = fft2(double(F));
% 对 R 分量与高斯滤波函数进行卷积运算
DR0 = Rfft2. * Ffft;
```

```
DR = ifft2(DR0);
% 在对数域中,用原图像减去低通滤波后的图像,得到高频增强的图像
DRdouble = double(DR);
DRlog = log(DRdouble + 1);
Rr1 = Rlog - DRlog;
% 形成高斯滤波函数(sigma = 512)
sigma = 512;
F = zeros(N1,M1);
for i = 1:N1
        for j = 1:M1
          F(i,j) = exp( - ((i - N1/2)^2 + (j - M1/2)^2)/(2 * sigma * sigma));
        end
end
F = F./(sum(F(:)));
% 对高斯滤波函数进行二维傅里叶变换
Ffft = fft2(double(F));
% 对R分量与高斯滤波函数进行卷积运算
DR0 = Rfft2. * Ffft;
DR = ifft2(DR0);
% 在对数域中,用原图像减去低通滤波后的图像,得到高频增强的图像
DRdouble = double(DR);
DRlog = log(DRdouble + 1);
Rr2 = Rlog - DRlog;
% 对上述三次增强得到的图像取均值作为最终增强的图像
Rr = (1/3) * (Rr0 + Rr1 + Rr2);

% 定义色彩恢复因子 C
a = 125;
II = imadd(R0,G0);
II = imadd(II,B0);
Ir = immultiply(R0,a);
C = imdivide(Ir,II);
C = log(C + 1);
% 将增强后的 R 分量乘以色彩恢复因子,并对其进行反对数变换
Rr = immultiply(C,Rr);
EXPRr = exp(Rr);
% 对增强后的 R 分量进行灰度拉伸
MIN = min(min(EXPRr));
MAX = max(max(EXPRr));
EXPRr = (EXPRr - MIN)/(MAX - MIN);
EXPRr = adapthisteq(EXPRr);
[N1,M1] = size(G);
```

```
% 对 G 分量进行处理,步骤与对 R 分量处理的步骤相同,请读者参照进行理解
G0 = double(G);
Glog = log(G0 + 1);
Gfft2 = fft2(G0);
sigma = 128;
F = zeros(N1,M1);
for i = 1:N1
        for j = 1:M1
          F(i,j) = exp( - ((i - N1/2)^2 + (j - M1/2)^2)/(2 * sigma * sigma));
        end
end
F = F./(sum(F(:)));
Ffft = fft2(double(F));
DG0 = Gfft2. * Ffft;
DG = ifft2(DG0);
DGdouble = double(DG);
DGlog = log(DGdouble + 1);
Gg0 = Glog - DGlog;
sigma = 256;
F = zeros(N1,M1);
for i = 1:N1
        for j = 1:M1
          F(i,j) = exp( - ((i - N1/2)^2 + (j - M1/2)^2)/(2 * sigma * sigma));
        end
end
F = F./(sum(F(:)));
Ffft = fft2(double(F));
DG0 = Gfft2. * Ffft;
DG = ifft2(DG0);
DGdouble = double(DG);
DGlog = log(DGdouble + 1);
Gg1 = Glog - DGlog;
sigma = 512;
F = zeros(N1,M1);
for i = 1:N1
        for j = 1:M1
          F(i,j) = exp( - ((i - N1/2)^2 + (j - M1/2)^2)/(2 * sigma * sigma));
        end
end
F = F./(sum(F(:)));
Ffft = fft2(double(F));
```

```matlab
DG0 = Gfft2. * Ffft;
DG = ifft2(DG0);
DGdouble = double(DG);
DGlog = log(DGdouble + 1);
Gg2 = Glog - DGlog;
Gg = (1/3) * (Gg0 + Gg1 + Gg2);
a = 125;
II = imadd(R0,G0);
II = imadd(II,B0);
Ir = immultiply(R0,a);
C = imdivide(Ir,II);
C = log(C + 1);
Gg = immultiply(C,Gg);
EXPGg = exp(Gg);
MIN = min(min(EXPGg));
MAX = max(max(EXPGg));
EXPGg = (EXPGg - MIN)/(MAX - MIN);
EXPGg = adapthisteq(EXPGg);
% 对 B 分量进行处理,步骤与对 R 分量处理的步骤相同,请读者参照进行理解
[N1,M1] = size(B);
B0 = double(B);
Blog = log(B0 + 1);
Bfft2 = fft2(B0);
sigma = 128;
F = zeros(N1,M1);
for i = 1:N1
        for j = 1:M1
            F(i,j) = exp( - ((i - N1/2)^2 + (j - M1/2)^2)/(2 * sigma * sigma));
        end
end
F = F./(sum(F(:)));
Ffft = fft2(double(F));
DB0 = Bfft2. * Ffft;
DB = ifft2(DB0);
DBdouble = double(DB);
DBlog = log(DBdouble + 1);
Bb0 = Blog - DBlog;
sigma = 256;
F = zeros(N1,M1);
for i = 1:N1
        for j = 1:M1
```

```
            F(i,j) = exp( - ((i - N1/2)^2 + (j - M1/2)^2)/(2 * sigma * sigma));
        end
end
F = F./(sum(F(:)));
Ffft = fft2(double(F));
DB0 = Bfft2. * Ffft;
DB = ifft2(DB0);
DBdouble = double(DB);
DBlog = log(DBdouble + 1);
Bb1 = Blog - DBlog;
sigma = 512;
F = zeros(N1,M1);
for i = 1:N1
    for j = 1:M1
        F(i,j) = exp( - ((i - N1/2)^2 + (j - M1/2)^2)/(2 * sigma * sigma));
    end
end
F = F./(sum(F(:)));
Ffft = fft2(double(F));
DB0 = Rfft2. * Ffft;
DB = ifft2(DB0);
DBdouble = double(DB);
DBlog = log(DBdouble + 1);
Bb2 = Blog - DBlog;
Bb = (1/3) * (Bb0 + Bb1 + Bb2);
a = 125;
II = imadd(R0,G0);
II = imadd(II,B0);
Ir = immultiply(R0,a);
C = imdivide(Ir,II);
C = log(C + 1);
Bb = immultiply(C,Bb);
EXPBb = exp(Bb);
MIN = min(min(EXPBb));
MAX = max(max(EXPBb));
EXPBb = (EXPBb - MIN)/(MAX - MIN);
EXPBb = adapthisteq(EXPBb);
% 对增强后的图像 R、G、B 分量进行融合
I0(:,:,1) = EXPRr;
I0(:,:,2) = EXPGg;
I0(:,:,3) = EXPBb;
% 显示运行结果
```

```
subplot(121),imshow(I);
subplot(122),imshow(I0);
```

图 8.4 - 3　例程 8.4 - 2 的运行结果

8.5　基于仿生原理的图像分割技术

8.5.1　图像分割技术

在对图像的研究和应用中，人们往往仅对图像中的某些部分感兴趣，这些部分通常被称为前景或目标，其余部分则称为背景。目标一般对应于图像中特定的、具有独特性质的区域。独特性质可以是像素的灰度值、物体轮廓曲线、颜色和纹理等。为了识别和分析图像中的目标，需要将它们从图像中分离提取出来，在此基础上才有可能进一步对目标进行测量和对图像进行利用。图像分割就是指把图像分成各具特性的区域并提取出感兴趣目标的技术和过程。

图像分割的定义为：令集合 R 代表整个图像区域，对 R 的分割可看作将 R 分解为 N 个满足以下条件的非空子集 $R_1,R_2,\cdots,R_N$:

① $\bigcup\limits_{i=1}^{N} R_i = R$;

② 对于所有的 i,j , 当 $i \neq j$ 时，满足 $R_i \bigcap R_j = \varnothing$;

③ 对 $i = 1,2,\cdots,N$, 有 $P(R_i) = \mathrm{TRUE}$;

④ 对于 $i \neq j$, 有 $P(R_i \bigcup R_j) = \mathrm{FALSE}$;

⑤ 对 $i = 1,2,\cdots,N$, R_i 是连通的区域。

上式中，P 为对所有集合 R_i 中元素的逻辑谓词，$\varnothing$ 则代表空集。通过定义可知：对一幅图像的分割结果中全部子区域的并集应能包括图像的所有像素，而分割结果中各个子区域是互不重叠的,即每个像素不能同时属于不同的区域。属于同一区域的像素应该满足某些相同的属性,而不同的区域具有不同的特性。分割结果中同一子区域内的像素应该是连通的。

图像分割在图像工程中占据重要的位置,它是从图像预处理到图像识别、理解的关键步骤。一方面它是目标表达的基础,对特征测量有重要的影响;另一方面,图像分割及基于分割的目标表达、特征提取和参数测量等将原始图像转化为更为抽象、更为紧凑的形式,使得更高层的图像识别、分析和理解成为可能。

8.5.2 脉冲耦合神经网络的基本原理

近年来,基于 Eckhorn 的猫视觉皮层模型的脉冲耦合神经网络(Pulse Coupled Neural Net,PCNN)已被广泛应用于图像平滑、分割以及边缘检测等图像处理领域的研究中,并显示了其优越性。

PCNN 的数学方程描述为:

$$F_{ij}(n) = e^{-\alpha_F \Delta_t} F_{ij}(n-1) + S_{ij} + V_F \sum_{k,l} M_{ijkl} Y_{kl}(n-1)$$

$$L_{ij}(n) = e^{-\alpha_L \Delta_t} L_{ij}(n-1) + V_L \sum_{k,l} M_{ijkl} Y_{kl}(n-1)$$

$$U_{ij}(n) = F_{ij}(n)(1 + \beta L_{ij}(n))$$

$$\theta_{ij}(n) = e^{-\alpha_\theta \Delta_t} \theta_{ij}(n-1) + V_\theta Y_{ij}(n-1)$$

$$Y_{ij}(n) = \text{step}(U_{ij}(n) - \theta_{ij}(n))$$

其中,下标 ij 为神经元的标号,S_{ij}、F_{ij}、L_{ij}、U_{ij}、θ_{ij} 分别为神经元 ij 的外部刺激、馈送输入、链接输入、内部激活(即前突触势)、动态阈值,M 和 W 为连接权矩阵,V_F、V_L、V_θ 为幅度常数,β 为链接系数,α_F、α_L、α_θ 为相应的衰减系数,Δ_t 为时间常数,n 迭代次数,Y_{ij} 为输出。

8.5.3 基本实现步骤

在用 PCNN 进行图像分割时,将一个二维 PCNN 网络 $M \times N$ 个神经元分别与二维输入图像的 $M \times N$ 个像素相对应,像素 ij 的灰度值为网络神经元 ij 的外部刺激 S_{ij},且所有神经元的初始值设为 1。则在第一次迭代时,神经元的内部激活 $U_{ij}(1)$ 就等于外部刺激 S_{ij},若 $U_{ij}(1) \geq \theta_{ij}(1)$,这时该神经元输出为 1,称其发生了自然点火,且其阈值 θ_{ij} 将急剧增大,然后随时间指数衰减。在此之后的各次迭代之中,点火的神经元会通过与相邻神经元的相互连接作用激励邻接的神经元,若邻接神经元的内部激活大于等于阈值则发生被捕获点火,显然,若邻接神经元与前一次迭代点火的神经元所对应的像素具有相似强度,则邻接神经元容易被捕获点火,反之不能够被捕获点火。因此,任何一个神经元的自然点火都会触发其邻接相似神经元的集体点火,这些点火的神经元形成一个神经元集群对应于图像中具有相似性质的一个小区域。因此,利用 PCNN 点火捕获的相似性集群特性便可进行图像分割。

8.5.4　例程精讲

例程 8.5 - 1 是运用 PCNN 算法进行图像分割的 MATLAB 源程序,运行结果如图 8.5 - 1 所示。

【例程 8.5 - 1】

```
function [Edge,Numberofaera] = pcnn(X)
% 功能:采用 PCNN 算法进行边缘检测
% 输入:X—输入的灰度图像
% 输出:Edge—检测到的        Numberofaera—表明了在各次迭代时激活的块区域
figure(1);
imshow(X);
X = double(X);
% 设定权值
Weight = [0.07 0.1 0.07;0.1 0 0.1;0.07 0.1 0.07];
WeightLI2 = [ - 0.03 - 0.03 - 0.03; - 0.03 0 - 0.03; - 0.03 - 0.03 - 0.03];
d = 1/(1 + sum(sum(WeightLI2)));
% % % % % 测试权值 % % % % %
WeightLI = [ - 0.03 - 0.03 - 0.03; - 0.03 0.5 - 0.03; - 0.03 - 0.03 - 0.03];
d1 = 1/(sum(sum(WeightLI)));
% % % % % % % % % % % % % % % %
Beta = 0.4;
Yuzhi = 245;
% 衰减系数
Decay = 0.3;
[a,b] = size(X);
V_T = 0.2;
% 门限值
Threshold = zeros(a,b);
S = zeros(a + 2,b + 2);
Y = zeros(a,b);
% 点火频率
Firate = zeros(a,b);
n = 1;
% 统计循环次数
count = 0;
Tempu1 = zeros(a,b);
Tempu2 = zeros(a + 2,b + 2);
% % % % % % 图像增强部分 % % % % % %
Out = zeros(a,b);
Out = uint8(Out);
for i = 1:a
```

```
   for j = 1:b
      if(i == 1|j == 1|i == a|j == b)
         Out(i,j) = X(i,j);
      else
      H = [X(i - 1,j - 1)   X(i - 1,j) X(i - 1,j + 1);
         X(i,j - 1)     X(i,j)     X(i,j + 1);
         X(i + 1,j - 1) X(i + 1,j) X(i + 1,j + 1)];
   temp = d1 * sum(sum(H. * WeightLI));
   Out(i,j) = temp;
   end
   end
end
figure(2);
imshow(Out);
%%%%%%%%%%%%%%%%%%%
for count = 1:30
  for i0 = 2:a + 1
     for i1 = 2:b + 1
         V = [S(i0 - 1,i1 - 1)   S(i0 - 1,i1) S(i0 - 1,i1 + 1);
             S(i0,i1 - 1)     S(i0,i1)     S(i0,i1 + 1);
             S(i0 + 1,i1 - 1) S(i0 + 1,i1) S(i0 + 1,i1 + 1)];
         L = sum(sum(V. * Weight));
         V2 = [Tempu2(i0 - 1,i1 - 1)   Tempu2(i0 - 1,i1) Tempu2(i0 - 1,i1 + 1);
             Tempu2(i0,i1 - 1)     Tempu2(i0,i1)     Tempu2(i0,i1 + 1);
             Tempu2(i0 + 1,i1 - 1) Tempu2(i0 + 1,i1) Tempu2(i0 + 1,i1 + 1)];
         F = X(i0 - 1,i1 - 1) + sum(sum(V2. * WeightLI2));
% 保证侧抑制图像无能量损失
F = d * F;
U = double(F) * (1 + Beta * double(L));
Tempu1(i0 - 1,i1 - 1) = U;
    if U > = Threshold(i0 - 1,i1 - 1)|Threshold(i0 - 1,i1 - 1)<60
      T(i0 - 1,i1 - 1) = 1;
      Threshold(i0 - 1,i1 - 1) = Yuzhi;
        % 点火后一直置为 1
      Y(i0 - 1,i1 - 1) = 1;
    else
       T(i0 - 1,i1 - 1) = 0;
       Y(i0 - 1,i1 - 1) = 0;
              end
          end
        end
  Threshold = exp( - Decay) * Threshold + V_T * Y;
  % 被激活过的像素不再参与迭代过程
```

```
    if n == 1
        S = zeros(a + 2,b + 2);
        else
        S = Bianhuan(T);
    end
    n = n + 1;
    count = count + 1;
    Firate = Firate + Y;
    figure(3);
    imshow(Y);
    Tempu2 = Bianhuan(Tempu1);
end
    Firate(find(Firate<10)) = 0;
    Firate(find(Firate> = 10)) = 10;
    figure(4);
    imshow(Firate);
% % % % % % 子函数 % % % % % % %
function Y = Jiabian(X)
[m,n] = size(X);
Y = zeros(m + 2,n + 2);
for i = 1:m + 2
    for j = 1:n + 2
        if i == 1&j~ = 1&j~ = n + 2
            Y(i,j) = X(1,j - 1);
            elseif j == 1&i~ = 1&i~ = m + 2
            Y(i,j) = X(i - 1,1);
            elseif i~ = 1&j == n + 2&i~ = m + 2
            Y(i,j) = X(i - 1,n);
            elseif i == m + 2&j~ = 1&j~ = n + 2
            Y(i,j) = X(m,j - 1);
            elseif i == 1&j == 1
            Y(i,j) = X(i,j);
            elseif i == 1&j == n + 2
            Y(i,j) = X(1,n);
            elseif i == (m + 2)&j == 1
            Y(i,j) = X(m,1);
            elseif i == m + 2&j == n + 2
            Y(i,j) = X(m,n);
            else
            Y(i,j) = X(i - 1,j - 1);
        end
    end
end
```

```
% % % % % 子函数 % % % % %
function Y = Bianhuan(X)
[m,n] = size(X);
Y = zeros(m + 2,n + 2);
for i = 1:m + 2
    for j = 1:n + 2
        if i == 1|j == 1|i == m + 2|j == n + 2
            Y(i,j) = 0;
        else
            Y(i,j) = X(i - 1,j - 1);
        end
    end
end
% % % % % 子函数 % % % % %
function Y = judge_edge(X,n)
% X:每次迭代后 PCNN 输出的二值图像,如何准确判断边界点是关键
[a,b] = size(X);
T = Jiabian(X);
Y = zeros(a,b);
W = zeros(a,b);
for i = 2:a + 1
    for j = 2:b + 1
        if
        (T(i,j) == 1)&((T(i - 1,j) == 0&T(i + 1,j) == 0)|(T(i,j - 1) == 0&T(i,j + 1) ==
0)|(T(i - 1,j - 1) == 0&T(i + 1,j + 1) == 0)|(T(i + 1,j - 1) == 0&T(i - 1,j + 1) == 0))
            Y(i - 1,j - 1) = - n;
        end
    end
end
```

(a) 输入的原始图像

(b) 图像增强后的结果

(c) 图像分割后的结果

图 8.5 - 1 例程 8.5 - 1 的运行结果

附录 **1**

系统对象功能汇总

系统对象名称	功　能
视频显示	
vision. DeployableVideoPlayer	在计算机屏幕上显示视频
vision. VideoPlayer	播放视频或显示图像序列
视频读/写	
vision. BinaryFileReader	读入二进制视频文件
vision. BinaryFileWriter	将二进制视频写入文件
vision. VideoFileReader	从文件中读取视频
vision. VideoFileWriter	将视频写入文件
特征检测、提取与匹配	
vision. BoundaryTracer	跟踪二值图像中物体的边缘
vision. CornerDetector	角点检测
vision. EdgeDetector	边缘检测
目标检测	
vision. CascadeObjectDetector	采用 Viola – Jones 算法检测目标
运动分析与跟踪	
vision. BlockMatcher	基于块匹配的运动估计
vision. ForegroundDetector	基于高斯混合模型的背景检测
vision. HistogramBasedTracker	基于直方图特征的目标跟踪
vision. OpticalFlow	基于光流法的物体运动速度估计
vision. TemplateMatcher	基于模板匹配的目标定位
分析与增强	
vision. ContrastAdjuste	对比度调整
vision. Deinterlacer	消除运动伪影的隔行扫描视频信号输入
vision. HistogramEqualizer	采用直方图均衡法增强对比度
vision. MedianFilter	2 – D 中值滤波
图像转换	
vision. Autothresholder	采用自动阈值法转换成二值图像
vision. ChromaResampler	降低采样率或样品色度分量图像

续表

系统对象名称	功　能
vision. ColorSpaceConverter	色彩空间转换
vision. DemosaicInterpolator	将 Bayer 模式图像转换为真正的颜色
vision. GammaCorrector	Gamma 校正
vision. ImageComplementer	求图像的补图
vision. ImageDataTypeConverter	图像数据类型转换
滤波	
integralKernel	积分图像滤波
vision. Convolver	用于计算两个矩阵的离散卷积
vision. ImageFilter	对图像采用输入的矩阵对其滤波
vision. MedianFilter	对输入的图像进行中值滤波
几何变换	
vision. GeometricRotator	图像的旋转变换
vision. GeometricScaler	图像的尺度变换
vision. GeometricShearer	移行或列的图像通过线性变化的偏移
vision. GeometricTransformer	图像的映射变换
vision. GeometricTransformEstimator	基于特征点的几何变换矩阵估计
vision. GeometricTranslator	图像的几何平移
数学形态学操作	
vision. ConnectedComponentLabeler	标注黑白图像中的联通区域
vision. MorphologicalBottomHat	对图像进行 bottom – hat 滤波
vision. MorphologicalClose	形态学闭运算
vision. MorphologicalDilate	形态学膨胀运算
vision. MorphologicalErode	形态学腐蚀运算
vision. MorphologicalOpen	形态学开运算
vision. MorphologicalTopHat	对图像进行 Top – hat 滤波
统计	
vision. Autocorrelator	输入矩阵的 2 – D 自相关运算
vision. BlobAnalysis	联通区域性质
vision. Crosscorrelator	两个输入矩阵的互相关运算
vision. Histogram	输入图像的直方图
vision. LocalMaximaFinder	查找局部极大值
vision. Maximum	查找输入序列的极大值
vision. Mean	计算输入序列的中值
vision. Median	寻找中间值输入
vision. Minimum	计算输入序列的最小值
vision. PSNR	计算图像的信噪比
vision. StandardDeviation	计算输入序列的标准差

续表

系统对象名称	功　能
vision. Variance	发现差异值在输入或输入序列
添加文字和绘图	
vision. AlphaBlender	将两幅图像进行叠加
vision. MarkerInserter	在图像内部添加标记
vision. ShapeInserter	在图像上添加形状（如圆形、长方形）
vision. TextInserter	在图像上添加文字
图像变换	
vision. DCT	二维图像离散余弦变换
vision. FFT	二维图像离散快速傅里叶变换
vision. HoughLines	通过 Hough 变换查找图像中的直线参数
vision. HoughTransform	对图像进行 Hough 变换
vision. IDCT	进行二维离散余弦逆变换
vision. IFFT	进行二维傅里叶逆变换
vision. Pyramid	对图像进行金子塔分解
实用功能	
vision. ImagePadder	对图像进行扩充或剪彩

附录 2

数字图像处理常用词汇解释

代数运算（Algebraic Operation）：一种图像处理运算，包括图像对应像素的和、差、积、商等。

走样（Aliasing）：当图像像素间距和图像细节相比太大时产生的一种人工痕迹。

弧（Arc）：图的一部分；表示一段相连曲线的像素集合。

二值图像（Binary Image）：只有两级灰度的数字图像（通常为 0 和 1，黑和白）。

模糊（Blur）：由于散焦、低通滤波、摄像机运动等引起的图像清晰度的下降。

边框（Border）：一幅图像的首、末行或列。

边界链码（Boundary Chain Code）：定义一个物体边界的方向序列。

边界像素（Boundary Pixel）：至少和一个背景像素相邻接内部像素。

边界跟踪（Boundary Tracking）：一种图像分割技术，通过沿弧从一个像素顺序探索到下一个像素的方法将弧检测出来。

亮度（Brightness）：和图像像素点相关的值，表示从该点的物体发射或反射的光的量。

变化检测（Change Detection）：通过相减等操作将两幅匹准图像的像素加以比较从而检测出其中物体差别的技术。

封闭曲线（Closed Curve）：一条首尾接于一点的曲线。

聚类（Cluster）：在空间（如在特征空间）中位置或特征接近的点的集合。

聚类分析（Cluster Analysis）：在空间中对聚类的检测、度量和描述。

轮廓编码（Contour Encoding）：对具有均匀灰度的区域，只将其边界进行编码的一种图像压缩技术。

对比度（Contrast）：物体平均亮度（或灰度）与其周围背景的差别程度。

对比度扩展（Contrast Stretch）：一种线性的灰度变换。

卷积核（Convolution Kernel）：用于数字图像卷积滤波的二维数字阵列；与图像或信号卷积的函数。

角点（Corner）：角点是两个边缘的交点；角点是邻域内具有两个主方向的特征点。

曲线（Curve）：空间的一条连续路径；表示一路径的像素集合。

去模糊（Deblurring）：一种降低图像模糊，锐化图像细节的运算；消除或降低图像的模糊，通常是图像复原或重构的一个步骤。

决策规则（Decision Rule）：在模式识别中，用以将图像中物体赋以一定量的规则或算法，这种赋值是以对物体特征度量为基础的。

数字图像（Digital Image）：表示景物图像的整数阵列；一个二维或更高维的采样并量化的函数，它由相同维数的连续图像产生；在矩形（或其他）网格上采样一连续函数，并在采样点上将值最化后的阵列。

数字图像处理（Digital Image Processing）：对图像的数字化处理；由计算机对图片信息进行操作。

数字化（Digitization）：将景物图像转化为数字形式的过程。

边缘（Edge）：在图像中灰度出现突变的区域；属于一段弧上的像素集，在其另一边的像素与其有明显的灰度差别。

边缘检测（Edge Detection）：通过检查邻域，将边缘像素标识出来的一种图像分割技术。

边缘增强（Edge Enhancement）：通过将边缘两边像素的对比度扩大来锐化图像边缘的一种图像处理技术。

边缘图像（Edge Image）：在边缘图像中每个像素要么标注为边缘，要么为非边缘。

边缘连接（Edge Linking）：在边缘图像中将边缘像素连成边缘的一种图像处理技术。

边缘算子（Edge Operator）：将图像中边缘像素标记出来的一种邻域算子。

边缘像素（Edge Pixel）：处于边缘上的像素。

增强（Enhance）：增加对比或主观可视程度。

外像素（Exterior Pixel）：在二值图像中，处于物体之外的像素（相对于内像素）。

负误识（False Negative）：在两类模式识别中，将不属于物体标为属于物体的误分类。

特征（Feature）：物体的一种特征，它可以度量。有助于物体的分类，如：大小、纹理、形状。

特征检测（Feature Extraction）：模式识别过程中的一个步骤，在该步骤中计算物体的有关度量。

傅里叶变换（Fourier Transform）：采用复指数 $e^{-j2\pi sx} = \cos(2\pi sx) + j\sin(2\pi sx)$ 作为核函数的一种线性变换。

几何校正（Geometric Correction）：采用几何变换消除几何畸变的一种图像复原技术。

灰度级（Gray Level）：和数字图像的像素相关联的值，它表示由该像素的原始景物点的亮度；在某像素位置对图像的局部性质的数字化度量。

灰度（Gray Scale）：在数字图像中所有可能灰度级的集合。

灰度变换（Gray - scale Transformation）：在点运算中的一种函数，它建立了输入灰度和对应输出灰度的关系。

谐波信号（Harmonic Signal）：由余弦实部和相同频率的正弦虚部组合的复数信号。

Hermite 函数（Hermite Function）：具有偶实部和奇虚部的复值函数。

高通滤波（Highpass Filtering）：图像增强（通常是卷积）运算，相对于低频部分它对高频部分进行了提升。

洞（Hole）：在二值图像中，由物体内点完全包围的连通的背景点。

图像压缩（Image Compression）：消除图像冗余或对图像近似的任一种过程，其目的是对图像以更紧凑的形式表示。

图像编码（Image Coding）：将图像变换成另一个可恢复的形式（如压缩）。

图像匹配（Image Matching）：为决定两副图像相似程度对它们进行量化比较的过程。

图像处理运算（Image - processing Operation）：将输入图像变换为输出图像的一系列步骤。

图像配准（Image Registration）：通过将景物中的一幅图像与相同景物的另一幅图像进行几何运算，以使其中物体对准的过程。

图像恢复（Image Restoration）：通过逆图像退化的过程将图像恢复为原始状态的过程。

图像分割(Image Segmentation):在图像中检测并勾画出感兴趣物体的处理;将图像分为不相连的区域。通常这些区域对应于物体以及物体所处的背景。

内像素(Image Segmentation):在一幅二值图像中,处于物体内部的像素(相对于边界像素、外像素)。

插值(Interpolation):确定采样点之间采样函数的过程称为插值。

线检测(Line Detection):通过检查领域将直线像素标识出来的一种图像分割技术。

直线像素(Line Pixel):处于一条近似于直线的弧上的像素。

局部运算(Local Operation):基于输入像素的一个邻域的像素灰度决定该像素输出灰度的图像处理运算,同邻域运算。

无损图像压缩(Lossless Image Compression):可以允许完全重构原图像的任何图像压缩技术。

有损图像压缩(Lossy Image Compression):由于包含近似,不能精确重构原图像的任何图像压缩技术。

匹配滤波(Matched Filtering):采用匹配滤波器检测图像中特定物体的存在及其位置。

度量空间(Measurement Space):在模式识别中,包含所有可能度量向量的 n 维向量空间。

误分类(Misclassification):在模式识别中,将物体误为别类的分类。

多光谱图像(Multispectral Image):同一景物的一组图像,每一个是由电磁谱的不同波段辐射产生的。

邻域(Neighborhood):在给定像素附近的像素集合。

邻域运算(Neighborhood Operation):见局部运算。

噪声(Noise):一幅图像中阻碍感兴趣数据的识别和解释的不相关部分。

噪声抑制(Noise Reduction):降低一幅图像中噪声的处理。

光学图像(Optical Image):通过镜头等光学器件将景物中的光投射到一表面上的结果。

模式(Pattern):一个类的成员所表现出的共有的有意义的规则性,可以度量并可用于对感兴趣的物体进行分类。

模式分类(Pattern Classification):将物体赋予模式类的过程。

模式识别(Pattern Recognition):自动或半自动地检测、度量、分类图像中的物体。

像素(Pixel):图像元素(Picture Element)的缩写,像素是一个面积概念,是构成数字图像的最小单位。

点运算(Point Operation):只根据对应像素的输入灰度值决定该像素输出灰度值的图像处理运算。

定量图像分析(Quantitative Image Analysis):从一幅数字图像中抽取定量数据的过程。

量化(Quantization):在每个像素处,将图像的局部特性赋予一个灰度集合中的元素的过程。

区域(Region):一幅图像中的相连的子集。

区域增长(Region Growing):通过反复对具有相似灰度或纹理的相邻子区域求并集生成区域的一种图像分割技术。

分辨率(Resolution):在光学中指可分辨的点物体之间的最小的分离距离;在图像处理中,指图像中相邻的点物体能够被分辨出的程度。

行程(Run):在图像编码中,具有相同灰度的相连像素序列。

　　行程长度(Run Length)：在行程中像素的个数。

　　行程编码 (Run‐length Encoding)：以行程列表示的图像压缩技术，每个行程由一个给定的行程长度和灰度值定义。

　　采样(Sampling)：(根据采样网格)将图像分为像素并测量其上局部特性(如亮度、颜色)的过程。

　　清晰(Sharp)：关于图像细节的易分辨性。

　　锐化(Sharpening)：用以增强图像细节的一种图像处理技术。

　　平滑(Smoothing)：降低图像细节幅度的一种图像处理技术，通常用于降噪。

　　统计模式识别(Statistical Pattern Recognition)：采用概率和统计的方法将物体赋予模式类的一种模式识别。

　　结构模式识别(Structural Pattern Recognition)：为描述和分类物体，将物体表示为基元及其相互关系的一种模式识别方法。

　　句法模式识别(Syntactic Pattern Recognition)：采用自然或人工语言模式定义基元及相互关系的一种结构模式识别方法。

　　纹理(Texture)：在图像处理中，表示图像中灰度幅度及其局部变化的空间组织的一种属性。

　　细化(Thinning)：将物体削减为(单像素宽度)的细曲线的一种二值图像处理技术。

　　阈值(Threshold)：用以产生二值图像的一个特定的灰度纹。

　　二值化(Thresholding)：由灰度图产生二值图像的过程，如果输入像素的灰度值大于给定的阈值则输出像素赋为 1，否则赋为 0。

参考文献

[1] AHMED J, JAFRI M N. Best-match rectangle adjustment algorithm for persistent and precise correlation tracking[C]. Machine Vision, 2007. ICMV 2007. International Conference on. 2007:91-96.

[2] SINGH M, MANDAL M. BASU A. Robust KLT tracking with Gaussian and Laplacian of Gaussian weighting functions[C]. Pattern Recognition, 2004. ICPR 2004. Proceedings of the 17th International Conference on. 2004,4: 661-664.

[3] NGUYEN H T, WORRING M, VAN DEN BOOMGAARD R. Occlusion robust adaptive template tracking[C]. Computer Vision, ICCV 2001. Proceedings. Eighth IEEE International Conference on, 2001,1:678-683.

[4] LOWE D. Distinctive image feature from scale-invariant keypoints [J]. International Journal of Computer Vision, 2004,60(2):91-110.

[5] MATAS J, CHUM O, URBAN M, et al. Robust wide baseline stereo from maximally stable extremal regions[C]. Proceeding of British Machine Vision Conference. 2002:384-396.

[6] BAY H, TUYTELAARS T, GOOL L V. Surf: Speeded up robust features[C]. Proceedings of the 9th European Conference on Computer Vision, Springer LNCS, 2006, 3951(1):404-417.

[7] OZUYSAL M, FUA P, LEPETIT V. Fast keypoint recognition in ten lines of code[C]. IEEE Computer Society Conference on Computer Vision and Pattern Recognition 2007:1-8.

[8] REDDY B, CHATTERJI B. An FFT-based technique for translation, rotation, and scale-invariant image registration[J]. IEEE Transactions on Image Processing, 1996, 5(8): 1266-1271.

[9] HUY T H, GOECKE R. Optical flow estimation using fourier mellin transform[C]. IEEE Computer Society Conference on Computer Vision and Pattern Recognition 2008:1-8.

[10] GUEHAM M, BOURIDANE A, CROOKES D, et al. Automatic recognition of shoeprints using fourier-mellin transform[C]. NASA/ESA Conference on Adaptive Hardware and Systems, 2008: 487-491.

[11] LIN C Y, WU M, BLOOM J, et al. Rotation, scale, and translation resilient watermarking for images[J]. IEEE Transactions on Image Processing, 2001,10(5):767-782.

[12] LINDEBERG T. Scale-space theory: A basic tool for analyzing structures at different scales [J]. Journal of Applied Statistics, 1994, 21(2):224-270.

[13] 何友. 多传感器信息融合及应用[M]. 北京：电子工业出版社,2000.

［14］ Bhosle Udehav, Chaudhuri Subhasis, Roy Sumantra Dutta. A fast method for image mosaicing using Geometric Hashing[J]. IETE Journal of Research, 2002,V48(3): 317-324.

［15］ DAUBECHIES I, SWEIDENS W. Factoring wavelet transforms into lifting steps[J]. Journal of Fourier Analysis and Applications,1998,V4930:247-269.

［16］ Guilherme N. DeSonza and Avinash C. kar. Vision for Mobile Robot Navigation: A Survey [J]. IEEE transactions on pattern analysis and machine intelligence, 2002, V24(2):237-267.

［17］ Jagannadan V, Prakash M C, Sarma R R. Feature extraction and image registration of color images using Fourier bases[J]. IEEE transactions on image processing,2005, V2:657-662.

［18］ JIANG Da-zhi. Research and overview of imaging non-linear distortion in computer vision[J] Computer Engineering, 2001,V27(12):108-110.

［19］ Anthony Remazeilles. Image-based robot navigation from an image memory[J]. Robotics and Autonomous System,2007,V55:345-356.

［20］ SHI WZ, SHAKER A. The line-based transformation model(LBTM) for image-to-image registration of high-resolution satellite image data[J]. International Journal of Remote Sensing, 2006,27(14):3001-3012.

［21］ NUNN C,KUMMERT A,MULLER-SCHNEIDENS S. A two stage detection module for traffic signs. Proceedings of 2008 IEEE International Conference on Vehicular Electronics and Safety[C]. 2008:271-275.

［22］ CALAMBOS C, KITTLER J, MATAS J. Gradient based progressive probabilistic Hough Transform[J]. Image Signal Processing,2001,V148(3):158-165.

［23］ KYRKI V, KALVIAINEN H. Combination of local and global line extraction[J]. Real-time Imagimg,2000,V6(2):79-91.

［24］ DAHYOT R. Statistical Hough Transform[J]. IEEE Transactions on pattern analysis and machine intelligence,2009,V31(8):1502-1509.

［25］ VON GIOI RG, JAKUBOWICZ J,MOREL J M. On straight line segment detection[J]. Journal of mathematical imaging and vision,2008,V32(3):313-347.

［26］ HUANG KY, YOU JD, Chen KJ. Hough transform neural network for seismic pattern detection. Proceedings of 2006 IEEE International Joint Conference on neural network[C] 2006:2453-2458.

［27］ AGGARWAL N, KARL W C. Line detection in images through regularized Hough transform [J]. IEEE Image Processing, 2006,V15(3):873-876.

［28］ LONE DG. Distinctive image features from scale-invariant key points[J]. International journal of computer vision,2004,V60(2):91-110.

［29］ ZHAO Xiaochuan. An image distortion correction algorithm based on quadrilateral fractal approach controlling points. Proceedings of the 4th IEEE Conference on Industrial Electronics and Applications[C]. 2009:2676-2681.

［30］ SONG Z, CHEN Y Q, Moore K L. Applications of the sparse Hough transform for laser data line fitting and segmentation[J]. Computer vision,2006,V26(3):157-164.

［31］ CHEN HD, GUO YH, ZHANG YT. A novel Hough transform based on eliminating particle swarm optimization and its application[J]. Pattern Recognition,2009,V42(9):1959-1969.

[32] Low EMP, Manchest IR, Savkin AV. A biologically inspired method for vision-based docking of wheeled mobile robots[J]. Robotics and Autonomous system,2007,V55:759-784.

[33] Petrovic V. , Cootes T. Objectively adaptive image fusion[J]. Information fusion,2007,V8: 168-176.

[34] 贺兴华. MATLAB 7. X 图像处理[M]. 北京：人民邮电出版社,2006.

[35] 罗军辉. MATLAB 7.0 在图像处理中的应用[M]. 北京：机械工业出版社,2005.

[36] 井上诚嘉. C 语言实用数字图像处理[M]. 北京：科学出版社,2003.

[37] 贾云得. 机器视觉[M]. 北京：科学出版社,2003.

[38] 孙兆林. MATLAB 6. X 图像处理[M]. 北京：清华大学出版社,2002.

[39] Keneth R Castleman. 数字图像处理[M]. 朱志刚译. 北京：电子工业出版社,2004.

[40] David A Forsyth,Jean Ponce. 计算机视觉——一种现代方法[M]. 林学间,王宏译. 北京：电子工业出版社,2004.

[41] Rafael C. Gonzalez,Richard E. Woods. 数字图像处理[M]. 阮秋琦译. 2 版. 北京：电子工业出版社,2005.

[42] Rafael C. Gonzalez,Richard E. Woods,Steven Eddins. Digital Image Processing Using MAT-LAB[M]. 北京：电子工业出版社,2005.

[43] 李言俊,张科. 视觉仿生成像制导技术及应用[M]. 北京：国防工业出版社,2006.

[44] 王爱玲,叶明生,邓秋香. MATLAB R2007 图像处理技术与应用[M]. 北京：电子工业出版社,2008.

[45] 张德丰. MATLAB 数字图像处理 [M]. 北京：机械工业出版社,2009.

[46] 杨高波,杜青松. MATLAB 图像/视频处理实例及应用[M]. 北京：电子工业出版社,2010.

[47] 于万波. 基于 MATLAB 的图像处理[M]. 北京：清华大学出版社,2008.

[48] 葛哲学,沙威. 小波分析理论与 MATLAB R2007 实现[M]. 北京：电子工业出版社,2007.

[49] 李培华. 序列图像中运动目标跟踪方法[M]. 北京：科学出版设,2010.

[50] 李弼程. 智能图像处理技术[M]. 北京：电子工业出版社,2004.

[51] 王永明,王贵锦. 图像局部不变性特征与描述[M]. 北京：国防工业出版社,2010.